Leopold Schefer's
ausgewählte Werke.

Siebenter Theil.

Die Osternacht. Das Verbrechen zu irren.

Neue Ausgabe.

Berlin.
Verlag von Veit und Comp.
1857.

Die Osternacht.

Zweite Abtheilung.

Sinnwort:

Soldatenfreuden
Sind Menschenleiden.

I.

Nun wird die gute Zeit wohl aus sein! sprach Christel, mit gesenktem Köpfchen zur Erde sehend und ihre Hände gefaltet.

Vater, die Straße brennt! rief Daniel, durch das Thor in den Hof springend.

Ach, daß die nur brennte, nicht auch unser liebes Zahlbach, und Häuser, Gehöfte, Dörfer und Kirchen im Lande! erwiederte ihm Johannes und nahm ihn an die Hand. Wo erst die Pferde Rauch machen, da machen die Menschen dann Feuer und Elend.

Was für Menschen? frug Wecker, fast erhaben darein sehend, und mit dem Ohre wie vom Himmel auf eine Antwort horchend. Aber, mein Daniel, fuhr er mit belehrender Geberde fort, die da kommen, das sind gar wundersame Menschen, Cento- oder Milletauren aus Taurien, mit vier Pferdebeinen und Pferdeschwänzen, und mit zwei Köpfen — einem Pferdekopf, der sehr klug ist, und Hafer frißt, auch grüne Saat und Dachschoben von den Strohhütten und liebes Brod von den Tischen — und einem Menschenkopf mit einem Bart wie ein Ziegenbock, und mit zwei Händen, wovon die eine so lang ist, wie ein Spieß, und von Holze, und ganz vorn der eine Finger daran von Eisen! — Cavallerie, von Cavallo, nicht von Cavalier! wie euer alter Vater Frommholz sagt, Johannes!

Ach, scherzt doch nicht, Wecker! bat Christel. Mir ist wie vor einem Gewitter, das still heraufzieht.

— Und vorüber! meinte Wecker. Ist am Himmel nur r Eine Wolke von heute früh nur, oder von gestern, von vor dem IJahre, von vor hundert oder tausend Jahren zu sehen! — seht hininauf, mit euren lieben feuchten Aeuglein, liebe Christel: Alle sind d weg! Verflogen, verregnet, verdonnert, verstoben — und der alte Himmel ist hell! Und kommen auch neue Wolken, so wirdd der Schwarm, so groß und barbarisch er ist, auch vorüberziehenn, und die Erde wird wieder rein sein — wie nach der Sündfluth. Der arme Noah! Der litt einmal! Es ist auch ein Elend, viele, viele, ja alle andere Menschen umkommen zu sehen, und selbst fefeuer- und wasserfest und wohlverpicht in seiner Arche zu sitzen, und Tauben und Raben hinaus zu lassen, um zu wissen, ob die Erde wieder gangbar ist? — Und hätte ich nachher den Regenbbogen gesehen, so hätte ich gesagt: Verzeih' mir's Gott! er gefreut t mich nicht; — es sind gar zu viel Menschen ersoffen, denen er — Frieden bedeutet! Das sind nur die Thränen von allen den Leeuten, die zum Himmel geweint haben, aller der desperaten Süünder! Darum lieber selbst etwas mitleiden, etwas mitweinen, ein paar Glieder von den Seinigen oder von seinem Leibe miteinbüüßen, wenn ganze Corporationen in und am corpore — dem coorpus delicti — leiden, das ist in bösen Zeiten ein wahrer Trost!! Das macht uns zu Mitmenschen, Mitkönigen und Mitbauern, je nnachdem wir nun dies oder das sind, liebe Christel. Die Kinder t Gottes **leiden**! Von jeher, und noch wie lange, weiß Niemand!! Und die **Herren** denken: haben sie **so** lange gelitten, mögen die paar Millionen auch noch ein paar tausend Unglücke weiter leeiden. Denn **sie** bleiben es doch. Aber — Wecker bleibt Wecker!

Ach, Ihr meint es rechtschaffen, mit uns und der gaanzen Welt! sprach Christel.

Das wollt' ich nur wissen! erwiederte er weich, da sich oben am Himmel ein Regenbogen aufbaute. Glaubt nur, Kinder, für einen Rechtschaffenen ist das ganze Himmelszelt, so groß es ist, nur eine Hütte! Er ist viel größer, viel leichter als die Bläue, viel fester in seinem Kerne, und lebt und schwebt mitten darin und doch hoch darüber — wie euer alter Vater, Johannes, da droben als Zimmermann an dem Kirchthurme hängt, wie ein Grünspecht mit seiner grünen Jacke, und hackt! Seht nur, jetzt hackt er die Axt fest, und sieht sich um über die Gegend nach Britzenheim zu, und sieht den Schwarm der Feinde kommen, davon wir nur erst noch den Staub erblicken, nicht die Herren Staubmacher, zu Staubmacher und zu Staubwerder selbst!

Jetzt blieben alle eine Weile still, denn es fiel ein Kanonenschuß von der Klubbistenschanze vor der, nur eine Viertelstunde von Zahlbach entfernten Festung Mainz; und als er verdonnert, und in den Thälern verhallt war, sahen sie sich an. Wecker aber fuhr fort: Kinder, das war seit langer Zeit der erste! Die blauröckigen Kinder drin werden wach, und schau ... sie haben den Staub auch gesehen! Aber um hinauf zu dem alten Großvater Frommholz auf den Thurm zu kommen, seht nur, er läßt die Axt eingehackt und kriecht zum Loche hinein! Er wird herunter kommen, und uns berichten ... oder kommt er bloß zum Abendessen? Das wäre besser! Aber dabei bleibe ich: Jetzt in der allgemeinen Noth marschirte ich mit keinem lieben Vieh, je einem Männlein oder Fräulein, und mit meiner seligen Frau, mit Söhnen und Töchtern und sündlosen Anverwandten, auch wenn ich welche hätte, doch nicht in die aufgethane Arche, und lebte darin in Freuden, und wohlverpicht! Denn das erlebe ich, daß auch mein Sohn Friedrich Wecker, der wohlgerathene

Tambour, aber mißrathene Schulmeister, ohne Arme oder ohne Beine — ad lubitum der Herren Feinde, aus Rußland oder aus Deutschland angewackelt kommt — oder nur von Hanau, wo man unserem Hochverehrten den Weg verlegt hat, die Breite und nicht die Länge. Verkehrt! Denn von der Seite reitet man ein Pferd um. Aber mag er kommen ohne Trommel, ohne Arm, ohne Zehrpfennig — er soll mein lieber Sohn sein! Ich will mich im Geiste seiner Mutter, als meiner lieben Ehehälfte im Grabe, wovon die andere Hälfte, als nämlich ich, noch über dem Grabe vagirt — freuen, und wieder einmal weinen, als ein einsamer Mensch, der gar Niemanden mehr schelten kann; denn ihr alle, der alte Großvater Frommholz, Ihr Johannes, Christel und eure Kindlein, ihr seid doch Alle gar zu gut, und ich habe nichts, als im Herzen euch Dank zu sagen! Aber Mann und Weib ist ein Leib. Aber was ist ein Wittwer und eine Verklärte? nämlich meine Ehehälfte. Es ist doch ein närrisches Leben, wenn Einer halb im Grabe liegt mit schwarz bombasinenem Kleide und cannevassener Haube — und zugleich auch halb draußen steht, wie Ich, und als Ich, ganz, gesund, alt, mager und sechs Fuß hoch, wie ein Weinstock — ohne eine einzige Rebe, vor dem Winter eingepackt in einen alten Rock, grob wie eine Matte, und einen Stock im Leibe, damit die ganze Vogelscheuche nicht einfällt! Darum mein großer Friedrich, komme Du heim, komme mir nur heim, ob ich gleich keine Heimath habe! Aber ich habe eine Brust und ein Herz, da sollst Du Schlingel zu Hause sein, weil Du doch einmal darin immer zu Hause gewesen bist — auch so lange Du entlaufen warst, oder wohlgerathener Landstreicher und Tambour — vielleicht . . . Major!

Nun, sprach Christel, das Unglück der Großen ist oft, wenn

nicht immer, der Kleinen Glück; wenn ein Sack — wie Napoleon, reißt, fallen viel Körner heraus; und so kommt vielleicht auch mein Bruder, der Stephan, wieder, der mit Gewalt mitangeworben wurde, weil er kein Weib, keine Kinder, sondern nur ...

— — nur Haus und Hof, Kühe und Kälber, Pferde und Ochsen hatte, fiel Wecker ein. Freilich, um die war's nicht Schade, ob sie ihn gleich vielleicht auch gut gekannt und lieb gehabt haben! Aber wer kann alle Herzensangelegenheiten schonen!

Daniel winkte zu hören, und sprach nach einer langen Pause: Wie sie gesungen kommen —

— daß einem das Herz im Leibe lacht und der Magen, meinte Wecker. So in Fugen singen sie; Einer fällt nach dem Andern ein, der Dritte, der Vierte, und Alle aus vollem Halse. Und wie es fromm klingt! Das sind gewiß gute Menschen! Wer singt, ist gut, nämlich so lange er singt, und den Mund dazu braucht.

— Horcht! nun pfeifen sie gar! rief Daniel, freute sich, und wollte zum Thor gehen, um aus dem Gehöfte auf den Weg das Dorf hinauf zu sehen.

Ach, seufzte Christel, was sollen wir thun? Was ist jetzt gut, oder was ist schlimm von dem, was wir Leute gewohnt sind? Jetzt ist kein Schritt recht oder gleichgültig, kein Fleisch recht gekocht, kein Huhn gut gebraten, keine Suppe recht gesalzen! Da lob' ich meinen Johannes und euch Alle! — Ihr wart immer mit mir zufrieden. Aber darum vernachläßigte ich nichts, in dem guten Zutrauen auf eure Geduld; sondern je begnügter ihr wart, je sorgsamer strengte ich mich an, und lauschte und merkte mir gern, was der Kleinste gern hatte. Nun werde ich nichts recht machen; und ich möchte wahrhaftig mein Sophiechen oder meine Clementine sein! Heut nur in unserm Zahlbach!

Denn . . . seht nur, wie glücklich sind doch die Kinder! Wie leben sie überall und immer im Paradiese! Ohne Sorge und Furcht, glücklich, wenn nur die Mutter lächelt und spricht: Du bist mein liebes Kind! Seht nur, mein kleines Osternachtkind, die kleine Clementine, die ich der guten gnädigen Frau zum Andenken so genannt — sie versprach mir gestern Nacht: ohne mich ganz allein einzuschlafen, wenn ich ihr ein Brodchen mitbüke; und so konnte ich ungestört backen; jetzt hat sie es dort bei sich; und da ihr das Schaukeln so gefällt, so denkt sie: dem lieben Brodchen soll es auch gefallen, und so hat sie es auf den Sitz der Schaukel gesetzt, und schaukelt es mit ihren kleinen Aermchen! Ach mag doch Alles verloren gehen . . .

. . . Also hübsch langsam! schaltete Wecker ein. Verloren gehen, nicht verloren rennen!

Auch das! fuhr Christel fort; mag heut, schnell, gleich Alles verloren werden, und hin sein, selber das tägliche Brod, sogar wie es Luther auslegt, nur nicht . . . nur nicht: Mann und Kinder! Nicht Ein Kind! Weiter bitte ich Gott um nichts . . .

. . . Um nichts weiter! Ei, meine bescheidene Christel, da bittet Ihr recht viel, recht grob den lieben Gott! sprach Wecker. Denn, wie ich Euch kenne, habt Ihr eben nichts weiter, nichts Anderes in Euren Gedanken, in Eurem Herzen, als den Mann und die Kinder. Ihr wollt also nur geradezu Alles behalten, was Ihr habt und besitzt; denn die Tausend Gulden von Eurem Vater, die der alte Herr von Borromäus für Euch am Kaufgelde hat fahren lassen müssen, und die Ihr ausgeborgt habt für die Kinder, die kümmern Euch nicht; auch nicht die dreihundert Gulden Lotteriegewinn vom Gevatter Pathen Leineweber Krieg, die Euch Dorothee wiederbezahlt, weil sie nun mehr hat, und nichts schuldig sein wollte, das protzige Mädchen, das nicht aus Fleisch und Blut zu bestehen scheint, sondern aus lauter Ehre zusammengebacken, und mit Mädchenstolz gesäuert.

Ihr habt nicht ganz Unrecht, ... Meister Wecker, wie Ihr ohne Schule nun einmal wollt genannt sein, damit Ihr doch noch etwas wäret oder hießet; sprach Johannes dazu. Selbst die saubern Geräthschaften, Tische, Stühle, Schränke, Betten, Gebetten, Kisten und Kasten mit Wäsche und sächsischer Leinwand, und was wir Alles aus Herrn Paschalis Schiffchen packten, freute meine gute Christel nur um der Kinder willen; die freuten sich! Aber doch Sonntags, wenn Alles fein sauber aufgeräumt war, die liebe Sonne in die blanke Stube schien, und Christel selbst auch sonntäglich in dem lieben Sonnenschein stand, da gewann ihr die neue Heimath denn doch ein heimliches Lächeln ab. Das Geld haben wir nicht zum Bauen gebraucht; denn als meinem Vater seine zweite Frau gestorben war, mit welcher er Alles erheirathet hatte, da ward ich wieder sein Sohn, da durfte ich wieder zu ihm kommen, da mußte ich sogar Haus und Garten und Feld von ihm nehmen, zum Zeichen, daß er heimlich immer mein guter Vater gewesen.

Jetzt kam der alte Frommholz vom Thurme. Die Kinder liefen ihm entgegen, auch die Kleinste mit ihrem Brodchen, und er mußte sie auf den Arm nehmen. Der alte Mann nahte und trat zu ihnen. Seine Gestalt war hoch, sein Gesicht ernst geworden von dem langen Zuschauen der wechselnden Erde, die ihre schönsten und besten Kinder, die Menschen, wenig zu achten scheint; dennoch war seine Stellung fest, sein Auge getrost, aber seine Hand vom Alter mager, von der Sonne braun; und das Kind hatte sein kleines, weißes Händchen darauf gelegt, wie ein

Blüthenästchen auf einen trockenen Ast; und — wie eine Rose an ein altes Gemäuer — lehnte es sein kleines Gesicht weiß und rosig an das gleichsam wettergraue Gesicht des Alten; und die noch nicht gefärbten weißlichen Haare der Kleinen mischten sich mit den schon wieder entfärbten, und nun auch weißen Haaren des Großvaters, die ihm voll bis auf die Schultern hingen, und er hieß bei Menschen ein ehrwürdiger alter Mann, entweder weil er die Sonne lange gesehen hatte, oder sie nicht mehr lange schauen sollte. — Da will ich die Wahl haben! meinte der lebenssatte Wecker, wenn die Leute demselben Glück zu dem schönen Alter wünschten und ihn bewunderten — wie den eingefallenen Thurm zu Babel, und die vornehme Nase, die nach Damaskus — geschaut hat, in ihrer Jugend.

Nun, Großvater, sagte jetzt Christel, Ihr stellt Euch so ruhig und schweigsam zu uns! Erzählt uns doch! Rathet uns doch!

Wer kommt denn eigentlich? frug Johannes; unsere große, ganz klein gewordene Armee?

— Unser Friedensstifter, Vermittler, Bundruthe unseres Rheinbundes, unser allergroßmächtigster Kaiser und allezeit Mehrer des Reiches, auch wenn er ein Stück von seinem Kaisermantel nach dem andern verliert? fragte Wecker.

Was sollen wir thun? frug Johannes; sollen wir hier bleiben, draußen? oder hineingehen? Kochen, braten oder backen? Und was? Oder sollen wir Alles stehen und liegen lassen, und ein ruhiges Land aufsuchen?

Kinder, sagte der Alte, heut zu Tage kann man immer auf das Entgegengesetzte von dem gefaßt sein, was alle Menschen vermuthen und glauben, selbst die Herren Potentaten. Alles kommt anders und besser, als selbst der Freiestgesinnte und Beste denkt, und ganz etwas Neues! So kommen auch jetzt unsere Feinde, die Kosaken, vor unserer Armee, als ihre Vorreiter, Voresser und Vortrinker. Aber, was Ihr thun sollt, meine Kinder? — Nichts! Wenn böse, gefährliche Zeiten kommen, muß Jeder schon das Seine gethan haben: gelebt, gebaut, geheirathet, gesorgt, verdient und gespart. Die böse Zeit tritt zum Menschengeschlecht als sein Richter, und spricht: So wie du gelebt hast, so wird dir geschehen; mein Buch ist geschlossen, deine Rechnung gezogen. Die sieben fetten Kühe müssen die sieben magern übertragen. Wer die sieben fetten in's Haus geschlachtet hat, der kommt um! — Aber, sprach er mit Lächeln, ein ruhiges Land aufsuchen? — Wo denn? Jetzt nirgend. Wenn Erndte ist, ist überall Erndte, ein Paar Tage, ein Paar Wochen später; aber Erndte ist gewiß, gute oder schlechte, wie und was Jeder gesäet hat. Vielleicht hätten wir sollen mit den verständigen, freien Würtembergern, den Rhein hinunter, nach Amerika ziehen. Wenn in einem Lande Herbst wird, ziehen die Lerchen, die Schwalben und Störche von dannen, und sind unverständige Vögel. Sie nisten über dem Meere nicht, aber der Mensch baut sich an, und gedeiht überall wohl, wo nur die Erde ist, und nur die Erde ist sein Vaterhaus und seine gute gleichnährende Mutter überall. Die große Lehre hat uns Schmach und Schande gelehrt. Uns aber ließ man doch die vorzüglichste Freiheit — wegzuziehen, wenn es uns nicht unter dem neuen Herrn des Landes gefiel; und nur die Freiheit des freien Abzugs mit Weib und Kindern, kleinen und großen, zu jeder Zeit muß den Menschen bleiben, wenn sie so durcheinander gewürfelt und hinüber und herüber verspielt und gewonnen werden, wie bis jetzt anno 1813, als wenn die Unterthanen liebes Vieh wären, und kein Herz hätten, und zu Niemand ein Herz haben sollten. So wollte man, und so ist den ihr Wille geschehen. Amen!

Amen! Amen! In Ewigkeit! sprach Wecker fromm und gläubig dazu. Der Bauer Adam Müller hat doch Recht gehabt! Es ist Krieg geworden, 1812, wie in dem Briefe an den seligen Herrn von Borromäus stand! Vielleicht gehen nun auch die unschätzbaren schlechten Zeiten an, die er verheißen, und worüber sich das Landesväterchen so gefreut!

Die Unsrigen rücken aus Mainz dem Feinde entgegen, und wahrscheinlich begegnen sie hier sich im Dorfe; sagte der Alte erst jetzt. Es kommt darauf an, wer schneller reitet.

Mein Gott! stöhnte Christel. Wer hätte gedacht, daß man unter einer Festung Napoleons nicht sicher wohnte!

Sogar er selber nicht mehr, sprach der Alte. Aber wenn Er sogar nicht mehr sicher ist, so können alle Andern, die nicht solche Männer wie Er sind, nicht ihren festen Sitz auf hundert Jahre verpachten, ohne daß der Pächter nicht vor Ablauf der Pachtzeit — stirbt.

Wecker schüttelte sich und sprach: Mir ist ordentlich als ginge Jemand mit Geisterschritt in den Wolken, und warnte herab mit dem Finger, und spräche große Lehren herab; und auf Erden liefen Teufel umher, und hielten den großen Menschen die Ohren zu, und sprächen: Das da oben ist bloßes Luftgebrause! Unsinn am Himmel! Wer nicht gehört hat, der darf nicht folgen. Erlauben Sie also gnädigst, Ihre hochgeehrten Ohren mit dem weichsten schadlosesten Wachs zu verkleben; es ist gelbes natürliches Wachs, ohne allen Arsenik! Sehen Sie, ich verschlinge ein Stück davon. — Und bei den Worten brach Wecker einen Krumen von Clementinens Brodchen, und verschlang ihn im Eifer.

Der Lärm ist im Dorfe! sprach Christel bestürzt. Riegelt das Thor zu!

Da sprengen sie es ein! und werden erst wüthende Gäste! versetzte der Greis.

— Verbergt Euch!

Da holen sie uns hervor mit Flintenkolben und flachen Klingen.

— Fliehen wir!

Da zünden sie das Haus an, oder richten uns Alles zu Grunde.

— Kommt in das Haus!

Da kommen sie nach, und erbitterter! Das weiß ich als alter Soldat. Thut, als kämt Ihr, sie zu begrüßen. Sagt, Ihr wartet auf sie. Laßt Alles offen! Bleibt, wo Ihr seid; wir sind überall in Gottes Händen! Wer da denkt: Gott hat ihn nur im Mutterleibe gebildet, und da das Leben gegeben; und nicht glaubt, daß Gott ihn jeden Augenblick so wunderbar fort bildet, und seinen Odem ihm leiht, der ist ein Blinder.

Das wollt' ich nur wissen! meinte Wecker.

Wißt, denkt, glaubt es doch auch, Ihr alle meine Lieben; fuhr der Alte fort, während man kaum vor Geräusch und Geschrei und Geklirr und Gestampf seine Stimme recht hörte. Wißt Ihr es auch. Die Rosse hat Er geschaffen, die eisernen Spitzen sind aus seiner Erde, die Menschen sind aus seinem Paradiese. —

Die Wuth aber ist vom Teufel! schloß Wecker.

Denn von den Feinden, die sich eben im Dorfe einnisten wollten, aber schon wieder ihre Feinde: französische Infanterie, begegneten, kam ein Kosak in den Hof gesprengt, der einen Franzosen verfolgte. Der Franzose lief in einem Zickzack um die schönen Linden, die jetzt schon gelbe Blätter verstreuten, auf das

Haus zu. Alle sprangen nach dem Hause; Wecker mit Gotthelf, Christel mit Sophiechen, Johannes mit Daniel, und der alte Großvater Frommholz war mit dem kleinen Osternachtkinde, mit Clementinen, die er auf dem Arme trug, der Letzte. Das Kind sah über die Achsel des Großvaters nach dem weißen Pferde, und hielt sein Brodchen hoch und bereit, es dem fremden Manne zu geben — da verfehlte der Kosak mit der langen, rothen, eschenen Lanze seinen Feind, der eine schnelle Wendung machte, und sich platt mit seinem Gewehr auf die Erde warf, und die eiserne lange Spitze der rothen Stange fuhr dicht über der Schulter des Großvaters mitten in die kleine Brust des Kindes, und durch und durch, daß der alte Mann die Spitze mit seinem rechten Auge erblickte; und er stand wie angewurzelt, wie mit Feuer begossen von dem Gedanken, was da geschehen sei; und ohne Kraft, das Schicksal der leichten, aber unglücksschweren Last zu tragen, sank er auf seine Kniee; vor seinen Augen war gänzliche Nacht, und in der Nacht war gänzliche Wüste; aber das Kind hielt er noch fest.

II.

Nur der Kosak schrie auf — menschlicher Weise gedenkbar: selbst in der eigenen Wuth noch erschrocken über das — Kriegsglück, daß er statt des Feindes, das Kind durchbohrt. Aber es war ein Schuß gefallen; denn der bedachte, absichtlich handelnde Franzose hatte sich gleich wieder auf ein Knie gerafft, richtig den Augenblick ergriffen, sicher gezielt und sicher getroffen, und der Kosak lag am Boden. Niemand konnte erkennen, daß er ein alter Mann mit silberweißem Barte war, kaum daß er ein Mensch sei, wenn es nicht die übrige Gestalt noch hätte schließen lassen; denn über Augen und Gesicht floß lichtrothes Blut von der

Stirn, unter der rothen vierlappigen Mütze hervor, und überfloß den breiten Bart, als sei er aus blühendem Fuchsschwanz künstlich gemacht; und die gerötheten Zähne im Munde klapperten vor Schmerz oder Wuth; denn er war gleichsam nur ein blautuchener Schlauch voll deutscher Beute.

Die indeß genahten Franzosen hatten mit einer Salve der reitenden Artillerie die Kosaken wie sechsbeinige Hasen aus dem Dorfe gebürschet. Man hörte in der Ferne nur schreien und reiten, und sah wieder die Straße brennen. Im Dorfe aber und in Johannes Hofe war es still. Der Franzose hatte den Schimmel am Zaume aufgegriffen, und an der Linde angehangen, stand ruhig, putzte seine Flinte rein, und ladete sie wieder, während er mit finstern Seitenblicken zu dem Kosaken auf die Erde zwischen den Zähnen murmelte: Moskowiter! Ismaeliter! Esauwiter! — Da liegst Du — und Ich nicht! — Du bist mein — und Ich nicht Dein!

Wecker war in heiliger Entrüstung indeß bei dem alten Frommholz vorüber, herausgeschritten, und in Bezug auf den in seinem Blute schwimmenden Asiaten sprach er mit innigem Bedauern und herzlichem Wohlmeinen zu dem Franzosen: Kain! Kain! Kain! o fliehe! fliehe! — Du hast Deinen Bruder erschlagen! Wir wollen unsere Augen indeß zudrücken, daß wir nicht wissen, wohin Du geflohen!

Und so drückte er seine Augen zu, und stand mit geröthetem Angesicht harrend. Da er aber nur ein verwundertes Lachen hörte, schlug er die Augen wieder auf, sah den Lachenden mit Erstaunen an, und frug ihn, ganz irr' an sich und der Welt: Nun so sagt: Wer hat Euch das Recht gegeben, den Mann zu erschlagen?

Ihr seid verrückt! entgegnete der Franzose.

Das habe ich schon von Andern gehört! engegnete Wecker; aber, mein Freund — — denn auch Ihr seid noch mein Freund — aber auch so ein Ungeheurer, wie ich, kann fragen; also ernstliche Antwort: Wer hat Euch das Recht gegeben, geliehen, geschenkt oder vermeint zu geben, zu leihen, zu schenken!

Das Beispiel! närrischer Mensch. Die Trommel, der Feldwebel, der erste Kanonenschuß, das Wort „Marsch!" Kein Mensch hat es uns eigentlich laut gesagt.

An der verschämten Art haben sie wohl gethan! sprach Wekker mit einiger Freude; aber gemeint haben sie es doch!

Und das recht redlich! Die Hohen befehlen, die Kleinen thun, die Alten thun es vor, die Jungen nach.

O Volk, du heiliger Affe! „sacra simia," wie auch Horaz den verfluchten Hunger nennt; aber kennt Ihr nicht aus dem Vorschreibe=Versbüchlein das Symbolum? Daniel! Wo bist Du? Bete doch dem Herrn Todtschläger den Vers vor: „Flieh, wenn Du — —." Da er aber den Daniel nicht gewahrte, dictirte er gleichsam die Zeilen dem Manne in die Feder oder in die Flinte — wie er bemerkte — und sprach laut und warnend:

Flieh, wenn Du Böses siehst,
Und thu' es niemals nach!
Du bist so strafbar sonst,
Als der es erst verbrach!

Der Franzose aber hatte einen großen russischen Hund, Peter, oder der große Peter gerufen, mitgebracht; und der Hund nun beroch den Kosaken; und hungrig, wie Peter sein mochte, leckte er ihm endlich das warme Blut vom Gesicht und aus den Augenhöhlen — und der Kosak stöhnte, schlug die Augen auf und erblickte seinen Schimmel, der sich von der Linde los gemacht, und mit gesenktem Kopfe neben seinem gefallenen Herrn, Freund und Vater stand. Und der Kosak schloß die Augen wieder.

Der kleine Gotthelf aber frug Weckern: Meister Wecker! Ist das ein Centaure?

Ja, mein Söhnchen, mein Gotthelfchen! erwiederte er. Gott helfe ihm! Es ist ein solcher guter, armer Teufel, wie einst ein gewisser Pferde- und Menschendoctor, Chiron benannt! Ist dieser hier nicht so lange todt wie Jener, so wird er es doch bald so lange werden. Aber die Todten holen sich wohl nicht ein? Indeß, so weit her sind sie Beide, und unser Gast wohl noch weiter her, der daher gekommen, um unsere Erde zu kosten, und statt um ein drei Ellen hohes Federbett, nur um ein drei Ellen tiefes Wurmlager bittet, ja nicht einmal bittet — so gut ist der liebe, alte Mensch; mein Gotthelf, mein Gotthelf. O, helfe doch Gott allen Menschen!

So sprach er in heißer Entrüstung und mit zum Himmel gestreckten Händen, und er schickte sich an, dem armen Alten beizustehen, und wo möglich noch Hülfe zu leisten, da er doch noch ein Lebenszeichen von sich gegeben — als Christel laut aufschrie.

Jetzt erst war sie herausgetreten; jetzt erst hatte die Mutter ihr Kind gesehen. Es lag auf dem Rasen neben der Thüre, und als es die Mutter erblickte, streckte es beide Händchen nach ihr. Der alte Mann hätte sein Enkeltöchterchen vielleicht sogleich hineingetragen, wenn er nicht befürchtet, dem Kinde durch eine Wendung oder durch das Nachschleppen der langen, schweren Lanze, an der es steckte, weh oder weher in seiner Brust zu thun; und so hatte er es nur ruhig hingelegt, und sich selbst auf die Bank gesetzt, wo er kraftlos und athemlos saß. Die Mutter bedeckte die Augen vor ihrem Kinde mit ihren Händen. Sie hatte gesehen... Alles mit einem Blick..: es lebte noch! Es blutete nicht! Denn der Speer verschloß seine Wunde zugleich! Aber das holde Gesicht des Kindes war blaß, und die rosenrothen Wangen auf Zeit der Erde oder des Himmels dahin! Der Blick aus den schönen blauen, Hülfe bittenden Augen in ihre Mutterseele hatte ihr schweigend gesagt: sie sei des Kindes Mutter nicht mehr! Die liebe Kleine sei ihr auf einmal vom Herzen gefallen, so fremd geworden, und werde ihr bald so unkenntlich und so unergründlich sein, wie — Erde, und immer ferner, weit, fern, unerreichlich fern, und doch so nahe, so fest, so recht innig im Herzen, wie der durchbohrende, schmerzliche Speer in der kleinen Brust des Kindes. Ihre volle Mutterliebe stand auf einmal an einem grausen Abgrund still, wie ein gefrorner Wasserfall — und nur in der Tiefe schlich noch ein kleiner, zusammengedrängter, warmer Quell unter der eisigen Decke, das ewige schöne Gefühl: sie liebe noch! und jetzt erst unaussprechlich, unausweinbar, und zerflöße sie selber zu Thränen. Der blaue Himmel war ihr sonst nur die herrliche, gleichsam unsichtbare Decke über die Erde gewesen; die Erde selbst aber nur das weite, breite Haus für die Menschen, und die Sonne das stille Geleucht zu den Geschäften und Sorgen und Mühen aller solcher treuen Mütter wie sie, solcher redlichen Väter wie ihr Johannes, und solcher von Liebe der Aeltern gedeihender Kinder wie ihre! Jetzt war ihr die Erde kein fester Boden mehr; denn er schwand unter ihren Füßen hinweg, als habe sie auf falschem, nichtigem Gewölk gestanden; sie taumelte und hielt sich an die Pfosten der Thür. Und so war auch der Regenbogen über ihr nur ein Schatten; und die Sonne — dem Regenbogen gegenüber — war ihr nur ein grauses Gespenst, ein Gesicht ohne Augen, ein kahler, liebloser, lebloser

Scheitel ohne Haar — sie hatte vergessen, daß es eine Welt gab, und ein Leben; denn dieses ihr Kind war hin! Und ihr Mutterherz empfand in dieser ihrer Noth keine andern Kinder mehr, sie waren ihr alle gestorben — und sie schrie laut und durchdringend. Dadurch hatte sie sich selbst aufgeweckt; sie blickte schüchtern und ängstlich und neugierig umher, ob es wahr sei, was sie geträumt — und als sie nun wiederum sah, es ist wahr .... es bleibt und bleibt wahr .... da strömte Eifer zu retten über sie; sie kniete hin und wollte dem Kinde den Speer aus der Brust reißen mit schneller, schonungsloser und schonender Hand.

Der französische Soldat aber sprang hastig hinzu, und wehrte ihr mit den Worten: Junge Frau, thut das nicht! Sonst verblutet sich erst das Kind. Es kann noch leben, bis ein verständiger Arzt kommt, der das vernünftig macht!

Johannes lief auf das Wort sogleich in das Dorf nach dem Dorfbarbier.

Seht, sprach der Soldat weiter, und riß seine breite, weiße, mit Haaren männlich geschmückte, schöne, hohe Brust auf, ich bin mitten hindurch geschossen, und lebe und kann schreien wie Einer: „Es lebe der Kaiser!“ — Mein Gehirn ist abgedeckt worden durch einen mich dumm zu machen meinenden Säbelhieb eines albernen Russen, aber, Gott sei Dank, ich bin noch so klug — wie ein Franzose! — Eine Kanonenkugel ist mir quer an den Augen vorüber gesauset, und hat sich unterstanden mir das Nasenbein verstellen zu wollen — aber seht, meine Nase ist noch musterhaft und der feinste Riecher! Und so schwach ich sehe, so sehe ich doch — aus Uebung den Feind, er sei blau, grün, weiß oder roth, wenn Ihr das versteht, liebe junge Frau! Ich muß denken

— es ist Herbst auf immer für mich geworden, oder Abenddämmerung zwischen Hund und Wolf, oder die Frau Erde hat ihr Schleierkleid für mich angezogen — also sie hat mich ausgezeichnet durch ihre besondere Gunst.

Er sah sie bei diesen Worten an, und mußte zu ihr mitleidig lächeln, so freundlich sprach ihn das schöne, blasse, ängstliche Muttergesicht der Christel an, und er war eigen sanft und mild gegen sie, wie gegen eine frühere liebe Bekannte. Und das war sie auch wirklich. Christel war seine Schwester. Aber als er aus dem Vaterhause gezogen, war sie noch ein ganz kleines Jüngferchen gewesen; und er erkannte sie nicht, weil sie groß, ausgebildet, verändert durch ihre Reife, und verwandelt in ihrem Wesen durch ihr schreckliches Leid jetzt vor ihm stand; und nicht im Vaterhause, sondern im Hause eines fremden, ihm unbekannten Mannes, und als Mutter von erd- und weltfremden Kindern. Christel aber erkannte ihren Bruder Stephan nicht, weil sie sich nur seiner angehenden Jünglingsgestalt und obendrein nur dunkel erinnerte, er aber jetzt ein gebräuntes, bartverwachsenes Gesicht hatte, dem wohlgeheilte Wunden dennoch eine Entfremdung für sie gegeben; und der Mann schien ihr Bruder nicht, der aus einem sanften Knaben jetzt kriegverwildert vor ihr stand, auf die frühere Gutmüthigkeit jetzt rauh, roh und hart erschien, groß und älter geworden, wie sie ihn nie gesehen. Hätte er sie erkannt, dann hätte sie das Bild ihrer Erinnerung von ihm mit seiner gegenwärtigen kriegerischen Gestalt vertauschen müssen; aber ihn hinderte vorzüglich die Unwahrscheinlichkeit: sie könne es seyn, daran; und in ihrer reinen, liebenden Seele wurde jede mögliche Ahnung durch den Gedanken niedergedrückt: Das ist ein Mörder — der hat einen Mann erschlagen — der kann dein Bruder nicht sein! Und dennoch sah sie ihm in die mild auf sie gerichteten Augen, und frug nach seinem Namen.

St. Etienne heiße ich, antwortete er nicht ganz unbefangen, weil er sich durch und durch französisch gemacht hatte; und darauf schlug sie die Augen nieder und seufzte tief, als habe sie keine Ursache dazu, die sie wüßte; und ihr Anblick war wunderbar, bis sie sich über ihr Kind hinbeugte, und ihre Gedanken vergingen in heiligem Mutterschmerz. Aber sie hatte in Wahrheit ihren Bruder doch wiedergesehen. Und so hatte sie das Geschick auf eine zwar unverstandene, doch heilige Weise geheim und zart getröstet — und sie konnte weinen! Und das Kind hielt sich fest an dem Hals der weinenden Mutter geklammert.

Wecker aber hatte sich herzugekehrt, seine Augen waren immer größer geworden, sein Mund offener, sein langes, blasses Gesicht immer länger, seine Hände immer krampfhafter von ihm gestreckt, und zitternd gehalten, bis er nun die beiden stillen, theuern Wesen sah, seinen Nacken beugte und leise zu dem Kinde sprach:

Wie freundlich thust du dich doch zu,
Und greifst mit beiden Armen
Nach aller Welt, in Lieb' und Ruh
Uns ewig zu umarmen!

Denn ich war Dir auch gut, Clementine, ob Du gleich noch nicht schulfähig warst! Nur Aepfel- und Birnenfähig, die ich Dir brachte. O, mein Kind! —

Der Kosak hatte sich mühsam aufgesetzt, und starrte vor sich ihn, als ob er zusähe. Und so gab Wecker ihm gleichfalls seinen Vers: „Hast Du noch etwas einzuwenden, Du armer Teufel! Ei komm' her, versuch' es ob Du was kannst enden; laß horen, was ist Dein Begehr? Doch Trotz Dir, Du verfluchter Geist, daß Du mich von dem Kreuze reißst!" — „Pfeif, pfeif, Du tückische Sirene, und locke, Du vertrackte Welt! Ja, mach' es noch einmal so schöne, und preise, was Dir wohl gefällt: bei einem, der sich hier befind't, da kommst Du Narre viel zu blind!" — Er schämte sich aber, da der alte Mann, auf der That bestraft, wieder umsank; beugte sich zu Christeln, rührte sie an der Schulter an, und sagte ihr, während Thränen aus seinen Augen tropften:

„Wer hätte bei den Mördern
Die Unschuld doch gesucht?
Den Segen zu befördern
Wirst du von Gott verflucht.
Die Dich zu Boden treten,
Woher Dir weh geschicht,
Für diese willst Du beten;
Mehr Rache weißt Du nicht."

Diese Worte erweichten Christel vollends. Und nun wußte sie nicht, was sie dem Kinde vor seinem Tode noch schleunig sagen, Liebes thun, vorsprechen oder versprechen sollte, um es über die böse Stunde hinweg zu bringen, oder nur die Augenblicke noch zu benutzen.

Kennst Du mich denn? mein liebes Kind! frug sie leise und hold, so hold sie es vermochte. Und die kleine Clementine lächelte nur, und drohte ihr mit dem Finger. Und dennoch frug sie, um es noch einmal zu hören: Nun wer bin ich denn?

„Nun meine liebe Mutter!"

Nun so habe mich einmal recht lieb! einmal („nur noch einmal" vermochte sie nicht zu sagen). Und das Kind drückte sie, daß es zitterte, und küßte sie wieder und frug dann: „Mutter, aber was weinst Du denn gar so sehr!"

Und die Mutter antwortete ihr, sich bezwingend: Darum, daß Du nicht aufstehen kannst, nicht herumspringen, daß Dir die Brust wohl weh thut?

„Ach, es ist nur so wenig Luft geworden, und gar so heiß ist es, Mutter. Gieb mir nur mein Brodchen — ich will auch heute wieder ohne Dich einschlafen!

Die Mutter schloß die Augen über das Wort, und gab ihr das Brodchen und sagte ihr dann: Sei nur noch ruhig und gelassen, bis der Vater wieder kommt. Wenn Du hübsch fromm bist, sollst Du auch ein ganz neues weißes Kleid kriegen, neue grüne Schuhe, und in Deine Härchen einen Kranz von den schönen Astern, die Du nicht hast pflücken sollen, und auch nicht angerührt hast, mein folgsames Kind!

Da sie aber den Todtenkranz gemeint, so konnte sie nicht weiter sprechen, wandte sich ab, und schüttete schnell ihre Thränen aus.

„Mutter, lachst Du? Ja, ich freue mich auch!" Und das Kind lachte, klaschte in die Hände, und die Mutter lachte mit ihr, unaussprechliches, sanftes und heiliges Lachen.

Das Kind hatte aber bei der Erschütterung der kleinen Brust große Schmerzen empfunden, und sagte auf einmal: „Mutter, ich werde sterben. Lebe wohl, und grüße den Vater. Sage dem heiligen Christkind, es soll mir bei Euch nicht bescheren, sondern gleich oben — Du weißt schon: wo!"

Der Mutter war fast unerträglich im Herzen, und es kam jener Ernst über sie, wo der Schmerz ein freundlicher Wahn wird, und die Gedanken die Pforten der Heimath der

Menschen aufthun, und die Welt zum schönen Mährchen wird. Und so sprach sie mit verschlossenen Augen: Nun so gehe in Gottes Namen von uns, mein liebes, liebes Kind! Sage dem großen Vater: wir hätten Dich in seinem Namen lieb gehabt, beinahe wie er selber Dich lieb hat; oder beinahe wie wir ihn lieben — ich hätte Dich immer sanft am Morgen mit einem Kusse geweckt, mit einem Kusse seist Du eingeschlafen im Mondschein oder wenn draußen die Sterne standen — — — sage ihm: ich hätte Dich immer sauber und warm gekleidet, Dich auf meinem Schooße getränkt und gespeiset, und Dir von seinem Sohne erzählt, und von ihm selbst, der die schönen Blumen Dir gemacht hat, an jedem Morgen neue! Sage ihm, wir würden Dich sanft in seine Erde senken, und er möchte Dich mir da bewahren, wie einen großen Schatz — und darinnen schlafe Du ruhig, bis ich komme, und mich zu Dir lege. —

„Du kommst doch gewiß?" frug die Kleine.

— Gewiß, Gewiß! Das dauert nicht lange! antwortete die Mutter.

„Aber in die Erde!"

— Habe ich Dir denn nicht gesagt, daß der liebe Gott auch in der Erde ist! Denn Du weißt ja, die andern Sträucher und Blumen können die Blumen nicht machen, und machen sie nicht — und doch hast Du immer welche am Morgen gefunden, die er verborgen Dir aus der Erde heraus gesteckt: frisch, fertig und voller Geruch! Also kommst Du da zu ihm, Du liebe Blume, Du mein Herz!

„Aber der Vater soll auch nachkommen zu Bett, und Brüder und Schwestern!

— Wir kommen! Wir kommen! sprachen sie alle, und reich=

ten ihr die Hände, daß sie sie nicht alle fassen konnte. Und so schloß sie die Augen und lächelte sehr. Die Mutter beugte sich über sie und schwieg, so, lange, während die Abendglocke geläutet ward vom Thurme, weil die Sonne zu Rüste ging und zu Golde ward, und zerschmolz.

Indeß war das Kind gestorben. Und als die Mutter merkte, daß es ausgezittert hatte an ihrem Halse, da entfloh sie und warf sich im Garten in das Gras unter die Bäume — aber durch das so eben geschehende Wunder der Natur war es der armen Mutter: ein weiches smaragdenes Bett, und der Schirm des Baumes über ihr: ein von der untergehenden Sonne purpurn und golden leuchtender Baldachin; und der Herbstwind fuhr eilig, doch sanft, von der Abendröthe daher und streute falbe Blätter leis über sie nieder, und breitete den Hall der Abendglocke wie himmlischen Duft weit über ihr Gefild aus, und bewegte die blauen Astern, die zum Todtenkranz für das Kind bereit standen — und diese schauerten und nickten mit ihren schönen Engelsgesichtern.

Wecker aber sagte langsam zum alten Frommholz: Vater! Großvater! noch immer kaum glaublicher Großvater von einer kleinen Todten! Beweiset nun Eure Zimmermannskunst an dem Kinde; faßt Euch ein Herz; nehmt den Fuchsschwanz und sägt die Länge des unschuldigen Spießes von beiden Seiten ab, sonst muß der Todtengräber ein unmöglich tiefes oder langes Loch machen! Geht, alter Vater, geht! Braucht Euer rechtschaffenes Handwerkszeug einmal dazu! Die schönen grünen sonnigen Hügel auf Erden dienen ja auch zu kleinen grünen Hügeln für Todte! Der Herr hat die schöne Erde also auch dazu bestimmt! Seid nicht dagegen, Großvater! und laßt die Sachen sein, was sie sind, weil sie Gott dazu bestimmt; ob ich Euch gleich sage, daß ich es nicht begreife, wenn so ein Acker schöner weißumblühter und mit gelben Blumen geschmückter Frühlingserde zu solchem Jammer dienen soll! Aber ich mag hinsehen wie ich will: die großen Hügel bleiben grün unter dem blauen Himmel, und die kleinen Todten-Hügel bleiben bunt von gelben und rothen Blumen, die duften und wehen; und die liebe, wahrscheinlich unverständige Sonne wärmt sogar darauf und beleuchtet sie recht. Närrisch, aber wahr! Alter Frommholz — seid einmal von Holze und fromm dabei, so wird es sich sägen mit Gottes Hülfe! Und dann seid hübsch ehrlich — gebt die eiserne Spitze und den rothen Schaft seinem Herrn wieder! Die 5 Zoll Holz aber die dazwischen fehlen, die wird sich das Kind schon verdient und bezahlt haben — durch seine zwei schönen, blauen, zugemachten Aeuglein. Zwei Augen zumachen, ist das schwerste Werk der armen Menschen, geschweige der Reichen! Selbst der kleinen Kinder, geschweige der Großen!

Zu den Kindern aber sprach er: Mein Daniel! geh und setze Dich still dort neben die Mutter! Denn damals als Du aus Mangel an Holz erfroren warst, da bekam sie gleichsam statt Deiner die kleine Osternachttochter Clementine; jetzt, da das Kind durch ganz überflüssiges Holz umgekommen, nun geh Du wieder hin, daß sie Dich habe statt jener, besonders da ich Dich erweckt habe mit einem Strohwisch, als so viel ich Apotheker-Spezerei zur Hand hatte. Und wenn sie Dich ansieht, dann sage nur, Wecker hat mich erweckt, und ist ein bloßer Schulmeister! Jener ist aber der hohe Patron der Schule der großen Menschenkinder, der hat gar andere Mittel die Kinder aufzuwecken, als bloße Strohwische; und alle Apotheken sind bloße Mördergruben gegen seine Offizin mit Lebensbalsam, der alle Frühjahre schon die todten Blumen erweckt, daß sie riechen, daß wir sie riechen und kostbar! Gehe, geh. — Sophiechen, geh Du auch hin; Du bist ein Mädchen, die Mutter muß also sehen, wenn hinter ihrem Mutterauge die Mutterseele nicht am trauerschwarzen Staar leidet, daß sie noch ein Töchterchen hat! Und willst Du, so magst Du auch den Kern-Vers von Johann Menzer beten und sprechen: „Nun ist nur noch der Tod zurücke; jedoch er hat mir wenig an: mein Jesus bricht ihm das Genicke, so ist's um seine Macht gethan: weil er mir Christum nur nicht frißt, so weiß ich gar wohl wie mir ist." Gehe, geh. — Und Du, Gotthelf, gehe auch, und setze Dich hin, und sprich weiter nichts, als: Liebe Mutter, Gotthelf ist da! Und, liebe Mutter, Du hast mir sonst immer gesagt: „Wenn Du der Mutter folgst und das thust und das annimmst von ihr, was sie will, so ist Dir gleich wohl, mein Kind; nun, liebe Mutter, nimm Du auch einmal das an, was der Vater will — so wird Dir auch gleich wohl sein! Gehe, geh.

Und als Wecker sah, daß die Kinder langsam zur Mutter schlichen, da ging er selbst aus dem Gehöft auf den Kirchthurm — um frische Luft zu schöpfen. St. Etienne aber machte sich an das Aussuchen und Ausplündern des Kosaken, des Don Tauro, wie er ihn nannte, oder an das Beutemachen. Aber das erste Wort des Aufgerüttelten, sich wieder Besinnenden und Hülfe Flehenden war: — — „Mutter! — — Schnaps!" —

III.

Unterwegs traf Wecker seinen Schutz- und Brodherrn Johannes außer Athem. —

„Er war nicht da, er war nicht dort, er war nirgends!" sprach er zu Wecker.

Wer denn? frug Wecker. — Nun, der Sonntagsbarbier, der wochentags sechs Handwerke treibt. —

Geht nur heim, Johannes, tröstete ihn Wecker, „der Herr hat schon geholfen!“

Und so eilte Johannes fröhlich nach Hause.

„Aber der Christel steht bei!“ rief ihm Wecker nach, und sprach dann zu sich: „Jetzt ist es in deinem kleinen Oberstübchen nicht richtig, mein lieber Meister, darum gehe du in dein großes Oberstübchen! auf den Thurm! der hilft! Ein Thurm ist ein gewaltiger Freund in der Noth; aber das alberne Volk läuft drunten hinweg, und kennt nicht die Kraft der tausend Riesen, die bloß im Lande umher als dumme Jungen stehen!

In der Halle begegnete er dem Chirurgus, den er herzlich bat, den Kosaken in seine Cur zu nehmen. Der aber entschuldigte sich mit dem Wort: er sei ein bloßer Civilchirurgus, und als solcher habe er keine solche wallfischmaulgroße Wunden von Pferden, Kanonenkugeln, ja von Kanonen selber, zu verbinden oder wohl gar zu heilen — übrigens zahle die Soldateska nichts, es geschehe Alles auf Regiments-Unkosten, und das Regiment — marschire weiter ... mit klingendem Spiel! Kurz er gehe nicht, und werde lieber seine Pfeifen curiren und purgiren; denn sein Herr Bruder komme zu ihm, der Herr Licentiat! mit Frau Licentiatin!

Wecker fielen alle dessen Sünden, selbst das Schweinchen, auf's Herz, und so ergriff er den in der Halle stehenden schwarzen, rußigen Besen, und trillte den störrischen Menschenfreund zum Tempel hinaus, und ein Stück auf dem Weg zu Johannes fort; dann warf er „das chirurgische Operationsinstrument“ in den Winkel, und begegnete auf der Thurmtreppe — dem Teufel

— den er herabwünschte, um Deutschland rein zu kehren, und anfing ihn zu beschwören; aber der brummte: noch nicht; doch bald; — und er erkannte den Schornsteinfeger, der sich nach den brennenden Dörfern umgesehen, und reichte ihm die Hand, um ihm seinen frommen Irrthum abzubitten.

„Euer Breitenthal brennt auch!“ sagte ihm der Schwarze. „Auf dem Striche, der droben auf der Dorf-Rose gerade nach dem Feuer weiset, steht richtig Breitenthal; es kann auch ein Dorf dahinter sein. Bei Tag scheint das Feuer zu weit, bei Nacht zu nah. Aber ehrlicher Freund, stürmt nicht erst mit der Glocke! Welch Dorf soll jetzt dem andern helfen? Jedes braucht seine Beine, Arme, Augen und Ohren zu Hause; und obendrein alles voll Soldaten!“

Wecker aber sah droben von der Zinne des Thurmes den Erdspectakel, den Krieg, wie er laut sagte, wodurch die Menschen zu Vieh ohne Mitleid zu werden — gezwungen waren — so offenbar und hell, wie der Himmel feuerroth zu werden gezwungen war. Und als er einige Zeit hinüber gestarrt und ganz geblendet und wüthend war — stand plötzlich der Teufel neben ihm. Wecker starrte ihn an, indem er die Hände mit ausgespreiteten Fingern gegen das Ungethüm, wie zur Abwehr, hielt; und er hörte es sprechen: „Denkst du, ich bin gestorben? Närrisches Haus! der Teufel — et le Roi — stirbt nicht, als aufgehoben zum letzten Gericht. Und wenn ich mit allen Gestirnen im Abgrund der Welt verschüttet läge, also nicht mit Pfeffernüssen — die kleinste Sünde der letzten Zeit erweckt den Teufel in seiner ersten Kraft wieder auf — und jetzt geschehen tausend Große, nun geht mein Reich wieder an, diesmal nur ein kurzes, aber Höllefüllendes: das Reich der Unterlassungssünden! Wie lange habe ich mit meinen vorzüglichsten Geistern gearbeitet: die Welt klug zu machen, und das wahre, ächte, erste Christenthum auszubreiten! Erschrick nicht ungläubig, Schulmeisterlein, sondern höre mich aus. Erfahren und weise muß die große Welt, oder auf französisch (denn das ist meine Sprache): le grand monde werden, damit sie doppelt strafbar werde, damit doppelt so viel Große und Kleine zur Höllen fahren — und nicht wieder auferstehen. Wenn ein verlorenes Lämmchen zurückkehrt, wird ein Kalb geschlachtet, wenn sich ein Hoher verkehrt, dann brate ich einen Leviathan ganz, als Rost-beef. Wie jener fromme — Kreuzzug mit leckern Ziegen und Gänsen und glattzöpfigen Kuttenträgern an der Spitze nach einem heiligen Grabe, das, wie sie wußten, doch nirgends vorhanden war und keinen Leichnam enthält, — so beginnt nun ein neuer Kreuzzug blutdürstend nach einem lebendigen Leichnam. Und nun sie so erfahren und so weise sind, nun erst will ich alles alte Unrecht, allen alten Unsinn, ich will den Papst und seine — oder meine Schaaren — wieder auf die Beine bringen und sein Regiment durch ein Regiment zu meinem Regiment wieder einsetzen lassen. — Kann ich frömmer und christlicher handeln? Mir ist Niemand auf Erden schätzbarer als Christus. Denn seit das Licht in die Welt gekommen, und die sogenannten Menschen dennoch in Finsterniß wandeln, Werke der Finsterniß fördern und thun, sich im Namen des Lichtes dazu vereinigen, die Finsterniß auszusäen wie Nüß und Mohn; seitdem ist Gedräng in den Pforten der Hölle, und ich habe neue erbliche Pairs müssen creiren, um neue unsterbliche Strafen zu stiften! Es lebe Christus, der Sohn des lebendigen Gottes! Aber Wecker, mein närrisches Haus — denn alle Narren sind mein — beruhige Du Dich! Für jeden Einen, der in den Kreuzzügen hochlöblicher Maaßen umgekommen, sind schon Millionen — Aepfel und Birnen gewachsen; Pflaumen und Kirschen (aus Kerasus mitgebracht) gar nicht gerechnet! Und wie viele St. Lampertsnüsse werden noch wachsen! O schmackhafter Profit der Kreuzzüge, großer, kindlicher Gewinn! Hat Clementinchen Dir nicht nach dem — Kreuzzuge die Taschen oft ausgesucht: Und was hätte sie sonst gefunden, als ächtdeutsche Plunschken und schöne, blaue, abscheuliche Schlehen? So werden auch künftige Kinder die Früchte dieses Kreuzzuges aus den Taschen der Verrückten suchen. Ist das kein Gewinn für die schöne, die große Welt, wenn Weiber, Kinder und Sperlinge etwas zu naschen haben in Ewigkeit! Sage: „Ich bin Wecker, bin verrückt, und ich sage Ja!" Und nun sei ruhig über das Surren und Stechen des Schwarmes, der nur einen Leichnam — meinen großen Sohn in das Grab schaffen wird, und Kindern — wenn nicht Enkeln — und Sperlingen — wenn nicht Adlern nutzen wird, und gewißlich doch mir; durch Weisheit, die Dummheit wird; durch Wahrheit, die Lüge wird; durch Versprechungen, die Wortbrüchigkeit wird. O, meine Sperber freuen sich auch, und ich lasse die Hölle neu dielen, und die Dielen um des Pilzes Stamm in der Mitte voll von den Herren Musicis — mit Blumengewinden malen zum Festball. — Mit der Bande bin ich nun fertig; nun noch ein Wort an Dich, Schulhauptmann! Höre einen großen Vorschlag: Ich gebe Dir alle Reiche der Herrlichkeit, nicht etwa, wenn Du niederkniest und mich anbetest — das ist abgedroschen; nein, wenn Du nur heute das kleine Mädchen willst mit dem Speere durchstoßen haben; — eine pure Kriegslappalie, eine Kinderei gegen die hunderttau=

send Todten, die Millionen Wunden und Billionen Thränen, die daheim Wittwen und Waisen, Väter und Mütter und Brüder und Schwestern um sie weinen werden. Was ist also ein solches albernes Kind, und was sind alle Reiche der Herrlichkeit, Wecker? Wach' auf! Schlag ein! Und Du sollst sie ganz monarchisch, ja türkisch oder autokratorisch besitzen, ohne Constitution, ohne gebundene Hände, ohne gebundenes Maul, oder irgend eine gebundene Gliedmaaße; ja ich gestehe Dir viel zu — ohne Papst und Jesuiten! Schlag' ein, nimm das Kind auf Deine Seele, und sei legitimer Herr Aller."

„Hebe Dich von mir, Satan!" rief Wecker in äußerster Empörung. „Was hülfe es mir, wenn ich die ganze Welt gewönne, und nähme doch Schaden an meiner Seele."

„Das wollt' ich nur wissen!" rief sein Satan lachend. „Sie — sie werden Schaden an ihrer Seele nehmen durch Selbstsucht, Habsucht und elende Seelenkratzerei — und doch nicht die Welt gewinnen, noch sich arrondiren; denn wie können alle Bienenzellen rund werden, Du Esel! Oder wie sollen alle Menschen Hörner bekommen, Du Schaaf!"

Wecker führte einen gewaltigen Streich mit der Faust nach dem Lügengeist. Aber der stürzte sich jäh vom Geländer hinab, und zerfloß drunten wie Wasser in eines alten katholischen Bischofs Grabe, und Leichenduft kam herauf. Aber wie eine wispernde Eidechse, kroch auch noch am Thurme die vergessene Einladung herauf: ... „Wecker, komm' wieder! Ich komme auch wieder. Verstanden?"

— Fahre zum Teufel, also zu Dir selber! Lügengeist! sprach Wecker, von wirbelnder Angst erlöst. Was will der Mensch — oder verzeihe mir Gott, der Extract des Bösen der Menschen, bei Dir? Sollst Du seine Meinung ausposaunen? Bist Du eine Posaune, Wecker! — dann müßte Dich Jemand blasen! und das wollte er! Aber das wären abscheuliche deutsche Herzen, die nicht zufrieden wären mit der Arbeit und Frucht von 30 Jahren der Erde, wenn Diese auch nichts gethan hätten, als den Verunreiner, Hetzer und Schandesäer von Deutschland zu Grabe zu tragen! Und wenn sie auch 15, ja 30 Jahre auf solch eine Höllenarbeit ruhten — und ein langes Leichenessen feierten — ich gönnte ihnen den Sabbath! Wer das gethan, hat auf Jahrtausende gethan, o Du Schänder, Spötter, Lügengeist — Teufel! — Eine neue Volksbewegung mag Neues erstreiten! Und Deine — des Teufels Lobrede auf Christum — und Dein Vivat! — mir stehen noch die Haare zu Berge! —

Indem er so sprach, und sich, aber bedächtiger und menschlicher als der Teufel über — Stufe für Stufe — die Treppe hinab vom Thurme stürzen wollte, um unter Menschen zu kommen, da trat eine weibliche, schwarz gekleidete, tief verschleierte Gestalt heraus auf den Gang, die ihn nicht wahrnahm, niederkniete, den Lockenkopf beugte, die weißen Hände vor die Stirn gefaltet oder gewunden hielt, noch einmal beten wollte, aber nur verworrene Worte murmelte, sich hastig auflöste, sich wild umsah, bebend sich auf das Geländer schwang, und wahrscheinlich sich — gerade an des Teufels Stelle hinunter stürzen wollte.

„Du weiblicher Teufel!" schrie Wecker. „Hier geht's in die Hölle. Halt! in aller Engel Namen, ich fasse Dich an den Haaren!" Und so hatte er sie schon ergriffen, mit beiden Armen um die Kniekehlen gefaßt, und hob sie herab, und setzte sie derb nieder auf ihre Füße. Aber sie setzte sich auf den Boden, und als er sehen wollte, wer sie sei, schrie sie laut, und hielt sich den

Schleier fest über Haupt und Gesicht. Wecker aber nahte ihr ganz, und beim Scheine der Abendröthe sah er — wie er meinte — durch den angezogenen Schleier ein Gesicht, das er kannte — und er fuhr zurück, wie ein redliches Herz vor einem solchen Gedanken.

Und als er sich gefaßt hatte, trat er wieder näher, legte der weinenden Gestalt seine Hand sehr sanft auf das Haupt und sprach vorsichtig-allmählig zu ihr, so mild er nur konnte: — „D ... Do ... Doro ... Dorothea, ja ganze, leibhafte Dorothea, Gott weiß es ja doch, wer Ihr seid — das war albern! Ich weiß, Breitenthal ist abgebrannt — oder brennt noch da drüben — aber wegen Breitenthal, und wenn es Langenthal — Goldenthal dazu wäre — so kenne ich Euch nicht, brave Jungfrau!"

— Sie schauderte. —

„Oder, oder — ich weiß — Ihr seid Braut mit dem gar lieben, jungen Herrn von Ellenroth — ist Euch der etwa untreu geworden? Dann weinen gewöhnlich treue Mädchen, die Gott danken sollten, daß sie vorher klug werden, nicht nachher!"

— Die Gestalt lehnte sich kraftlos an. —

„Oder ist er Soldat geworden, und kann erschossen werden? Oder ist er schon Soldat und zerhauen worden?"

Die Verschleierte stöhnte tief, aber das Stöhnen klang Weckern wie Freude.

„Oder ... wenn nur Euer Vater, der ehrbare Herr Paschalis nicht gestorben ist," sprach er, „so wird sich Alles geben. Ihr lebt ja! Aus Euch ist noch Alles zu machen, die schönste, beste Frau im Lande! Und für allen Dank erbitte ich mir nur auf Eurer Hochzeit erscheinen zu dürfen — ein Hochzeit- oder

Kindtaufenschmaus ist das beste Regal der geplagten Schulmeister! Und da ich nicht mehr geplagt bin, wird es mir desto besser schmecken, und gar erst auf dem Kindtaufenschmaus ..."

— Die Gestalt beugte ihr Haupt, und drückte die Ballen der Hände in die Augen. —

„... Da wird sich Wecker freuen, wie der Großvater Paschalis! fuhr er unwissend fort, gutgemeinte, aber der unerhört Gefallenen oder gewaltsam Herabgerissenen, entsetzliche, unerhörte Worte zu sagen: „Denn wenn der gemeinste Schuft Vater, ach, Vater und endlich gar Großvater wird, und noch so verwerflich gelebt hat, wird er eine Respectsperson, und so betrachtet, so behandelt; und der himmlische Vater stößt Jeden selbst mit der Nase auf seine Würde, und aller Firlefanz fällt nun weg — es geht ihm Niemand mehr darauf ein, wer da weiß, was er ist und vorstellt auf Erden bei Menschen und bei den Seinen. So sicher und herrlich sorgt Gott für Jeden, der nur jemals Eine seiner lieben Jungfrauen recht angesehen hat; denn dann muß er heirathen; über sein, ihm von Gott hingesetztes Kind erschrecken, erstaunen, das Wunder bewundern, das Mysterium der Kindtaufe ausrichten, sich Vater von seinem Weibe rufen lassen', und ein neues, seliges Leben anfangen, er mag wollen oder nicht."

— Die Verschleierte schrie laut. —

Wecker schwieg betroffen, aber in seiner Freude setzte er hinzu: „Ihr seid verschämt, und ein keusches Kind, das wissen wir, darum vergebt! Denn ich habe große Freude. Wäre die arme Clementine der armen Christel nicht umgekommen, so rannte ich nicht auf den Thurm! Wollte mich der Teufel nicht zu einem Teufel machen, so wäre ich nicht Euer Engel geworden und hätte

Euch nicht gerettet — denn ich war fort! Oder gar nicht da! Furchtbar! Entsetzlich! Ja nun freu' ich mich ordentlich, daß ich so alt geworden, so lange gnädiges Brod — sogenanntes Gnadenbrod, aber von der guten Christel: wirkliches — gegessen, und ich möchte bald rufen wie Satan: Es lebe Christus, der Sohn .... aber heut kann ich nicht, vielleicht morgen — wenn ich ihn vergessen. Aber wollt Ihr nicht mit hinunterkommen zu der armen Christel? Ihr könnt ihr helfen das Kinderzeug machen, das letzte weiße Kleid, das nicht mehr gewaschen wird! Kommt!"

— Sie wollte aufstehen und reichte ihm matt die Hand. —

„Haha!" lachte Wecker und rieb sich die Hände, „haha! Das wollt' ich nur wissen! Ihr seid es ... Ihr liebe Person seid Dorothea — die Gabe Gottes — sonst wolltet Ihr nicht zu Christel kommen! Ja, ja, Mitleid läßt gute Menschen nicht sterben, und sie richten sich vom Sterbekissen noch einmal auf ... und leben wieder lange. Weiß Gott, was in der Welt steckt; ich glaube: der liebe Gott!"

Da sprang die Gestalt so plötzlich auf, daß Wecker erschrak und zurückfuhr.

„Nun gut," sprach sie, und riß ihren Schleier empor und hielt ihn so mit der rechten Hand; „ich bin Dorothea — ... oder — ich war sie! — Aber Eure Hand darauf — schweigt, schweigt, schweigt ... daß Ihr mich hier gesehen ..."

„... und was ich gesehen!" setzte er hinzu. „Wecker bleibt Wecker. Ich bin ein alter Mann und keine alte Frau. Und sollt ich mich selber rühmen, daß ich nicht der Teufel war, sondern bei einem guten Engel zugriff! Und wollt Ihr nicht mit mir kommen, kommt nach! Auf der Treppe ist's lange schon dunkel. Euer Vater ist wohl auch da? . . oder kommt doch?"

Und da sie leise nickte, sprach er: „nun so seid ihr gebunden — da kommt Ihr schon; denn Ihr scheint nun wieder so vernünftig wie ich!"

Und so ging er. Und sie seufzte tief.

IV.

In Johannes Hause leuchtete der Kamin hell zu den hellen Scheiben hinaus, und von draußen sah die Wohnung sich so ruhig und erdglücklich an wie je. In Christels Stübchen nach Morgen war auch Licht. Rauch stieg aus der Esse gerade und ein wenig mondbeleuchtet von der Sichel des Neumonds zu dem dunkelblauen herbstlichen Himmel empor, und er hatte seinen alten weißen nächtlichen Friedensbogen sich umgegürtet und die Gestirne schienen still so fort, und jeder Stern brannte ruhig und unbewegt so fort, ohne zu flackern und Strahlen zu schießen, wie in einer heilig dunkeln Todtenkammer — der Lebendigen.

Auf Johannes Hofe aber stand ein — bei Tage und von Prunkthoren sogenannter prächtiger englischer Reisewagen, aber diesmal, statt der geraubten, braunen vier — National-Engländer mit sechs schwarz und weiß großgescheckten holländischen Kühen bespannt, und hinten, statt der Bedienten mit zwei angebundenen Mastochsen. Auf dem Bocke aber saß neben dem englischen Kutscher die Kuhmagd, die besser als er ihr liebes Vieh zu bereden und zu regieren wußte. Die Kühe sollten für Herrn Paschalis und seine Tochter Milch geben; die Mastochsen aber frisches Fleisch, wenn sie in der Festung Mainz vor dem doppelten Feinde, den Russen und der Krankheit sich eingeschlossen hätten, wie in dieser Nacht noch geschehen sollte; und die Viehmagd trug schon die unsichtbare Bestimmung an sich, dann Kammerjungfer zu sein, wozu sie schon jetzt so treu als hübsch genug war. Der englische Kutscher war dann ein nothwendiges Uebel und Ueberlei, und ward bloß auf bessere Zeiten aufgehoben, wie ein leeres gutes Weinfaß von einem Winzer auf bessere Weinlesen.

Paschalis war ausgestiegen und that kaum einen Blick nach der Gluth am Himmel zurück; ein schwerer, ja der allerschwereste Seelenschmerz schien ihn zu bedrücken, ja niederzubeugen; denn er hielt ein weißes Schnupftuch in der Hand, und wie er in dem Düster der Nacht unbemerkt zu sein glaubte, hielt er es plötzlich vor die Augen, als wenn er eine Fluth von Thränen darein ausgießen wollte, ob gleich kein Tropfen darein floß und sein Gehirn wie ausgetrocknet war, und doch wollte er nur — wenn ihn ja Jemand bemerkt — das Ansehen tragen: als habe er genieset; und er nahm wieder Tabak aus seiner goldenen Dose; aber er steckte ihn in den Mund — denn es war schwarzbraunes egyptisches Opium.

Johannes hatte das schöne Vieh brüllen gehört, sich hinaus getraut, seinen dankbaren Freund Paschalis gefunden, sich gewundert, und voll wie sein Herz war — demselben in einfachen Worten das Schicksal mitgetheilt, das sein Haus betroffen, aber keinen Trost erhalten, als einen langen Händedruck und keine Antwort als: „Dankt Gott für dieses reine Leid, mein lieber Johannes!“ und auf die Frage, wo Dorothea sei, erhielt er nur den Bescheid: „sie ist auf Euren Thurm gestiegen, um den Rauch von Breitenthal noch einmal zu sehen.“

Während nun Johannes für die Leute und das Vieh sorgte, schlich Paschalis sacht an die lichten Fenster, lehnte leis die Stirn an und sahe hinein, und er sahe: In der großen Wohnstube, ihm gegenüber an der Wand, hatte der alte Frommholz seine Hobelbank, und er arbeitete mit Daniel an einem kleinen Sarge; denn es waren schon sechs Brettchen zugeschnitten, und der Knabe und der Alte sägten eben an den vier kleineren.

„Ach, Ihr seyd glücklich!" sagte Paschalis und schlich vorüber, an Christels Stübchen. Seine Angst, als Vater Dorothea's, war groß; seine Ungewißheit war halbe Verzweiflung. Denn während in seinem Schlosse sieben Feinde, Kosaken, gelegen, schien seiner Tochter ein unmenschliches Unglück zugestoßen zu sein. Er vermuthete es nur, er wußte es nicht. Er hatte sie nicht gefragt vor Entsetzen und Scham; sie hatte also auch nicht geredet, vor Entsetzen und Scham. Aber in dieser Meinung hatte er ein siebenfaches Verbrechen begangen, und das marterte ihn. Aber auch Dorothea schien ein siebenfaches Verbrechen begangen zu haben, so gut oder so schlimm wie er, nur auf andere Weise. Er vermuthete das gleichfalls nur, und er wußte auch das nicht. Aber Dies zugleich — oder Jenes allein, schien sie zu foltern; und er war kein Vater und kaum ein Mensch mehr, nur sein eigener körperlicher runder Schatten; und seine Seele war nur noch wie der schrillende Klang einer geborstenen Glocke, die er nicht wagte anzurühren mit dem leisesten Gedanken, aus Furcht, sie verrathe den schmählichen Riß — ihm selber. Und noch unglücklicher hätte er sich gefühlt, wenn er nur hätte ahnen können, mit welchen seligen tröstenden Worten von Brautstand und Ehestand Meister Wecker seiner Tochter Dorothea die leidende unschuldig-schuldige Seele zerrissen.

Jetzt sah er in Christels Fenster. Da drinnen aber sah

es anders aus. Denn Christel hatte es unmöglich über das Herz bringen können, den Gebrauch noch vieler Deutschen nachzuahmen, welche die Gestorbenen sogleich aus ihrem Bette reißen, und mit kaum zugedrückten Augen und kaum verbundenem Munde nackend auf ein Brett legen, darauf schon die halbe Stadt oder das halbe Dorf gelegen hat, und dann die Aermsten, zur Dauer für die Würmer, wo möglich in ein finsteres kaltes Gemach stellen, bis zum Tage ihrer Einkleidung für die Gruft. Die herzige Mutter hatte dagegen ihr Kind, nach schicklicher Ruhe, sogleich schön gewaschen und angezogen, ihm über die Bettchen seiner Wiege — worin es noch geschlafen — ihr feinstes weißes Tuch gebreitet, und das liebe Mädchen darauf gelegt. Selbst der Kranz von rothen und blauen Astern schmiegte sich schon wehmüthigschön um das theure kleine Haupt. Und wie es die Mutter so ansah, that ihr sonderbar genug recht eigen leid, daß die Kleine mit einer gefallenen und noch ungeheilten Wunde auf der Stirn in das Grab gelegt werden sollte; wie ein Maler sein eben vollendetes Werk gern recht sauber und ohne Stäubchen aus seinen Händen giebt, es noch einmal zurückverlangt aus den Händen des Empfängers, es genau überblickt, noch ein Sonnenstäubchen vorsichtig von dem goldenen Rahmen haucht, und dann lächelnd und zufrieden es auf immer dahin läßt und spricht: „Nun, so!“ — Christel aber, welche die Wunde nicht hatte weghauchen oder wegküssen, noch mit Thränen wegwaschen können, hatte sie unter eine Blume versteckt — schüchtern sich umgesehen, als ob ihre redliche Seele Jemanden getäuscht habe, und leise gesagt: „Nun, so!“

Zu den Kindern aber hatte sie gesagt: „Meine Kinder, seht

euch noch an eurem Schwesterchen satt! Ihr habt sie nur noch, bis zweimal die Sonne untergeht — dann seht ihr sie lange nicht wieder!" — Und so hatten die Kinder ihre Weihnachtswachsstöckchen aus ihren Schränkchen hervorgeholt, sie in lauter kleine Lichter zerschnitten, sie zu Häupten der Wiege an den Tischrand geklebt, angezündet — alle auf einmal — und nun waren die goldgeschmückten Lichtlein in Kurzem alle auf einmal niedergebrannt, und sie weinten nun, daß es würde finster sein, und sie ihr Schwesterchen nicht mehr sähen. Die Mutter hatte den Schaden gut gemacht durch angezündete Lichter. Aber Sophiechen war über das Weinen eingeschlafen; und Gotthelf war müde und hungrig eingeschlafen und hatte sich nicht getraut, heut von der Mutter ein Abendbrod zu bitten. Und so lagen die lieblichen Kinder alle drei wie vom Schlafe gelöst, noch mit den Gesichtern zusammen; zweien davon blühten die Wangen rosig und sie athmeten leis, aber ihre Haare waren unbekränzt — dem dritten aber blühten die Wangen von einem tiefern Schlafe weiß und rein, und es bedurfte die Erde zu keinem Athemzuge mehr; aber seine Härchen waren bekränzt. Christel aber hatte dem Mörder des Kindes, nachdem er nothdürftig verbunden worden, ihr eigenes Bett eingeräumt; er lag auf demselben; und wie sie jetzt vor ihm stand und ihn ansah, seufzte sie schwer darüber, wie sehr er sie beraubt habe, und sprach, nun ihn deswegen aus tiefer Seele bedauernd: „Armer, armer Mann! Armer Sebastianow! Denn St. Etienne hatte seinen Namen in seinen Sachen aufgezeichnet gefunden und ihr ihn gesagt. St. Etienne hatte ihr aber auch zum Abschied und zum Troste ein Bildniß dagelassen, welches er dem Sebastianow, als dessen Raub und nun seine Beute, mit abgenommen, und welches Christel hatte annehmen müssen, aber noch nicht angesehen, ja nur hingelegt; er aber hatte es ihr an dem goldenen venetianischen Kettchen hingehangen. Denn das Bildniß hatte unläugbare Aehnlichkeit mit der kleinen Tochter Clementine. Christel drehte das funkelnde Geschmeide jetzt kaum neugierig um — aber sie sahe die Brillanten daran nicht vor Ueberraschung: denn das Bild stellte ihre Schwester Martha dar. . . . Niemand anders hatte es getragen, als ihre Dorothea, welcher es der Vater Paschalis geschenkt... Dorothea hätte es lebend Niemandem von ihrem Herzen gegeben . . . es war ihr also nur gewaltsam geraubt . . . und Christel trat hastig drei Schritt nach der Thüre zu. Aber wo wollte sie hin? Was konnte sie ändern? Sie war in der Stimmung, worin sie aus Noth und Tod, aus Vertrauen und Liebe von aller Welt das Beste hoffte. Und mit ganz anderem Sinn stellte sie sich wieder vor den verwundeten Sebastianow und sprach jetzt mit Thränen: „Armer, armer Mann!" — Aber die Worte zerschnitten ihr Herz. Sie blickte auf ihr Kind; sie küßte alle drei schlummernde Häupter; sie setzte sich zu ihnen, und eines davon schlang in halbem Schlafe — die Mutter ahnend — sein Aermchen um ihren Nacken und wandte sich um, ohne aufzuwachen.

Dem weinenden Paschalis aber war zu Muth, als sähe er in die seligen Gefilde eines Mährchens: oder als sei ihm jetzt erst die Welt zu einer großen heiligen Wundergrotte geworden; oder die Welt sei schon lange, lange undenkliche Zeit der Zaubersaal des Gottes, in der That und unläugbar; und es bedürfe nur Augen der Seele dazu, es zu sehen, daß er das sei; und nun dachte er, daß sich der himmlische Vater freuen müßte, wenn auch Er das Alles sähe: — Eine gute Menschenmutter in ihrem heiligen Schmerz! Ein Weib, das freilich keine Unsterbliche sei, und bald selbst auch von der Erde verschwinden werde; aber daß hier ja keine Unsterbliche zu sein brauche, um alles Menschliche richtig zu thun und zu leiden, und das als Sterbliche eben noch wunderbarer daliege, wie in einem Mährchen, mit dem Haupt neben den kleinen Häuptern der drei schlummernden Kinder! Und wenn Er sähe: Gute Kinder voll Liebe, Leid und Mitleid — welche schöne Gefühle alle in ihrem engen Geiste nur Traum seien .... und einen guten Vater, der um alle still und schweigsam besorgt war; vor allem aber: den Großvater, der alle um ihrer Liebe willen liebte und um ihrer Schmerzen willen litt, aber auch für alle gefaßt war und thätig — denn sein eigenes Leben hatte er überstanden und gleichsam zugemacht wie einen schönen Bildersaal, und ihn kümmerte nur noch das Leben und Glück der Seinen. Paschalis aber dachte nicht nur, er glaubte, er empfand, daß der himmlische Vater zugleich mit ihm, und doch ganz anders, in das Stübchen sähe; und er kehrte sich vor unerträglicher Seligkeit des reinen Menschenlebens ab; denn Verzweiflung ergriff ihn, und er — niesete wieder!

„Ei, meine allerbeste Gesundheit! und zugleich meinen allerschönsten guten Abend, theuerster Abgebrannter und Herr Paschalis!" sagte Wecker, der still gekommen. „Nicht wahr ... ein himmlischer Guckkasten, worein Sie beliebten zu sehen! Ein trauliches stilles Hirtenhäuschen — das eben ruht; nur die Papierwände freilich etwas groß von himmelblauem Himmelspapier! Aber still ... da kommt ihre Tochter, unsere Dorothee — was ein wahres Glück ist! Denn gewisse Leute können sogar mit allen zerschmetterten Gliedmaaßen — nicht — füglich — mehr — wandeln — — am wenigsten anhero!" — Und, um seinem Wohlthäter auf eine unverständliche Weise zu verstehen zu geben, wie er ihm heut vergolten habe, setzte er hinzu: „Denn heute habe ich alter Mann — wie Sie mich hier sehen — eine gleich große schöne Jungfrau geschaffen! Mit diesen dürren Meisterhänden! Ja ihr auch eine neue Seele in ihre eigene Rippe geblasen — denn Eva war eine Rippe — aber Adam's, wissen Sie — wie ich weiß — können Sie denken! Der Mann bin ich."

O Wecker, wenn Ihr das könntet! sprach Paschalis leise, und zog ihn still um die Ecke des Hauses in's Düstre; und Dorothee ging darauf langsam hinein zu Christel.

Johannes aber, von einer andern Seite kommend, brachte schon wieder etwas Neues: die Ansagung von zwanzig Mann Einquartirung auf ihr Haus, und schon diese Nacht! Beide wurden dadurch gehindert zu sehen, wie Dorothea sich bei Christel bezeigen würde, und zu hören, durch welch ein Wort sie sich vielleicht errathen lasse. Denn auch ihrem Vater war ihre plötzliche Verwandlung in's Tiefe, Abgeschlossene, Finstre, Verschwiegene, Qualvolle und Weltverachtende selbst ein Räthsel, wenn er auch ohngefähr vermuthen konnte: was sie gethan. Denn auch gethan hatte sie etwas, ja ein Grausames und Schreckliches. Aber das behielt er als Vater für sich, und niesete nur auch jetzt wieder auf diese neue Nachricht. Wecker wünschte aber diesmal sein höflichstes: „Gotthelf!" wozu Paschalis nur leise verneinend den Kopf bewegte.

Hoho! sagte Wecker, kann auch der nicht mehr helfen!

Johannes aber hatte eine große Bitte auf dem Herzen und sprach: Ich getraue mich kaum es zu sagen, wenn Ihr es nicht wäret — unser lieber Herr Paschalis, der an uns schon so viel gethan. Darum habe ich auch jetzt mein Vertrauen auf Euch gesetzt, und bitte Euch: nehmet unsere Kinder mit! Nach der Stadt ins Sichere! Wir sind gewarnt auf Zeitlebens! Und hat der Großvater aus zu großem Vertrauen die Vorsicht uns versäumen lassen, möge Gott nicht auch mein Mißtrauen gegen unsere Lage, im Dorfe hier einsam und unter der Schanze, mit Unglück bestrafen! Aber wie es auch komme — ich nehme es auf mich; denn ich meine es gut; und so wird es gewiß auch der himmlische Vater meinen — meinet Ihr es auch gut mit den Kindern, mit Christel und mir! Nur der Großvater wird in der Sicherung der Kinder einen stillen Vorwurf gewahren, und nur deswegen möcht' ich kaum bitten .... aber ich bitte doch!

Wenn das nur Christel zufrieden ist; meinte Paschalis; die Kinder wird Dorothea schon wohl besorgen; und — liebe Sorge thut dem Herzen wohl, und trägt uns furchtlos über grause Wogen!

Lieber Herr Paschalis, sagte Johannes, was einem Manne so recht wohlgemeint in die Gedanken kommt, das will seine Frau gewiß auch, sonst käme es ihm gar nicht ein, oder er bliebe nicht lange dabei! Ich rede aber aus ihrer Seele, wie sie immer aus meiner; denn wir sind Eheleute — Ihr wißt das nicht; nehmt das nicht übel; aber Ihr werdet meine Rede bestätiget finden! —

Als sie nun alle hineingegangen in die Wohnstube, wo Frommholz und Daniel arbeiteten, kam Christel herüber, grüßte Paschalis, und — als könne sie es vor Angst nicht länger ertragen, bat sie unverweilt: er möchte sie selber mit nach Mainz nehmen!

Paschalis lächelte niedergeschlagen darüber, als habe Dorothea ihr das gerathen, und sagte dagegen: Die Kinder! liebe Christel. So meinte Johannes.

Ja, ja, die Kinder! rief sie bestimmt.

Und Johannes sagte zu Paschalis: Sie hat nicht, wie ich, gewußt, daß sie 20 Mann Einquartirung bekommt.

„Zwanzig Mann, nicht Männer!" erklärte Wecker.

O Gott, scherzt nicht! verwies ihm Christel und eilte Anstalt zu treffen für die „Mann" und die Kinder. „Dorothea schläft!" hatte sie Paschalis noch gesagt.

„Ungegessen? oder: ohne gegessen zu haben — wie ich die Schulkinder verbesserte; eine sonderbare Braut!" sprach Wecker.

„Die schlafende Clementine hat sie angesteckt!" meinte Paschalis, zu welchem Daniel jetzt bescheiden trat und ihn frug, was für einen Text aus der Bibel, die er ihm hinhielt, er auf dem Kreuze der kleinen Schwester zitiren solle?

Und Paschalis nahm das Buch, setzte sich an das Kaminfeuer, blätterte, seufzete, las, blätterte wieder und sagte ihm endlich: „Lieber Daniel, hier! Zitire Deinen Namens-Vater Daniel oder das sechste Capitel aus dem Buche der Weisheit, das paßt jetzt auf alle Welt. Denn die Schrift ist für alle Zeiten geschrieben, und jeder Mensch und jedes Jahrhundert findet seine Lehre, und sein Urtheil darin. Gebe nur endlich Gott, daß die ganze Welt zusammen nur Einen Vers daraus hält, als etwa gleich diesen!" — Er wollte Einen sagen, aber seine Leiden verwandelten ihm die Worte im Munde und er sprach, zu aller Verwunderung diese: „Ach, daß ich wüßte, wie ich ihn finden, und zu seinem Stuhl kommen möchte, und das Recht vor ihm sollte vorlegen, und den Mund voll Strafe fassen, und erfahren die Rede, die er mir antworten, und vernehmen, was er mir sagen würde!"

Und Wecker sprach leise zu den Andern: Stille, stille! Er meint den lieben Gott! Er ist jetzt Hiob! Laßt ihn schlafen; er senkt schon sein Haupt auf die Brust. Setze Dich neben ihn, Daniel, und nimm ihm nachher die Bibel leise aus seiner Hand, damit er nicht aufweckt, wenn sie zu Boden fällt! Ich aber übernehme das diesmal leichte Colfactoramt am Kamin, und will — nicht mehr anlegen! So wird ihm der Kopf nicht noch heißer vom Feuer! Lasset ihn schlafen, und ruhet Ihr auch!

Und so setzte er sich hin. Das Feuer erlosch nach und nach, und es ward trauliches Dunkel und heimliche Stille im warmen Zimmer, und die Sterne schienen herein zu den Schlummernden.

V.

Als aber der Mond purpurhell aufgegangen, und alles zu der kurzen Reise besorgt war, trug Johannes seine schlafenden drei Kinder in Paschalis Wagen — nicht ahnend: daß er Keines mehr wiedersehen würde. Und so war er froh, als er den Daniel aufgehoben, ohne daß er aufgewacht war, und ihm und sich nicht den Abschied erschwert, oder das Scheiden wohl gar unmöglich gemacht, wenn er gar so sehr gebeten hätte: bei Vater und Mutter zu bleiben und versprochen, Alles zu thun und zu dulden, was über sie käme. Daniel aber war doch halb wach, und redete im Schlafe, weil er während des Tragens doch merkte, daß etwas mit ihm vorging, und erzählte seinen Geschwistern im Traume, ohne die Augen zu öffnen, das Mährchen: „Die sieben Raben," und fuhr jetzt laut darin fort: „Nun ging das Schwesterchen immerzu, weit, bis an der Welt Ende, um seine sieben Brüder zu finden. Da kam es zur Sonne; aber die war zu heiß und fürchterlich und fraß die kleinen Kinder; eilig lief es weg, und hin zum Mond; aber der war gar zu kalt und auch grausig und bös; und als er das Kind merkte, sprach er: „ich rieche Menschenfleisch! ich rieche Menschenfleisch! — Diese Worte klangen aus eines Traumredenden Munde, in der Mondnacht und in der Nähe des todten Schwesterchens zauberhaft-ängstlich, und Johannes war herzlich froh, als er seinen Knaben glücklich hingelegt, und Daniel sagte nur noch: „da machte es sich geschwind fort und kam zu den Sternen, die waren ihm freundlich und gut. Der Morgenstern aber stand auf . . .“

Damit schwieg er. Die jüngern Kindern aber, Sophiechen und Gotthelf ängsteten den Vater nicht so, da sie fester schliefen; und nur Sophiechen hatte ihn fest um den Hals gefaßt und wollte die Arme nicht wieder wegnehmen. Johannes aber löste sie ihr langsam und legte sie ihr in den Schooß, und die Hand des Brüderchens darein, als sei es die Mutter. Und so, vom Mondlicht beschienen, sahe er seine Lieben noch einmal an, und Freude durchwallte sein Herz, sie in Sicherheit zu schikken, und empfand schon, wenn nicht ihr Glück, doch ihr Leben in der nächsten Zukunft, welche für ihn selbst, seine Kinder und ihrer Kinder und Kindeskinder fernste Zukunft war. So täuschte ihn sein Gefühl, und Ahnung künftiger sicherer Tage beglückte ihn.

Obgleich Paschalis gern versprochen hatte, für alles zu sorgen und es neu und gefällig anzuschaffen, was die Kinder bedürfen könnten, so brachte doch Christel zuletzt noch ein Körbchen mit den bekannten Spielsachen der kleinen Kinder, „damit sie doch gleich in der neuen Stadt ihre alten lieben Bekannten sähen und fänden, und glaubten zu Hause zu sein, wenn sie in ihren

Spielen Vater und Mutter vergessen hätten; so gut wie die Kinder ja oft auch daheim lieber ihre Bilder, ihre kleinen Teller und Schüsseln und Becher und Fläschchen und ihre Hochzeiten und Kindtaufen, selbst Vater und Mutter stundenlang vergessen. Und sagt nur immer: „ich komme Morgen!“ sprach sie zuletzt zu Paschalis; und ich komme heimlich so bald ich kann. Da soll Freude sein in Mainz!“ —

Als aber die Wagen langsam fortgefahren und nicht mehr zu sehen waren, fiel Christel ihrem Johannes um den Hals und weinte. Und er sprach: Ja, meine Christel, das ist eine schreckliche Zeit, die die Menschen am Leben hindert, an Arbeit und redlicher Sorge für die Seinen. Aber sie sind in guten Händen; die Stadt ist nicht weit — und wir haben ja noch ein Kind — das auch in guten Händen ist! Komm hinein!

Und während jetzt, beim Einmarsch der Soldaten ins Dorf, die Trommeln wirbelten, gingen sie ruhiger Hand in Hand hinein; denn sie waren bei einander voll Unschuld und Muth und Vertrauen und Schmerz, und glaubten dem allgemeinen Elend ihr Opfer gebracht zu haben, und zwar ihr Liebstes. Was sollte noch Schlimmeres kommen, was Theuerers von ihnen gefordert werden? — sie fühlten das nicht, denn sie hatten sich, und rechneten sich beide für Eins.

St. Etienne, Christels unerkannter Bruder, trat jetzt bei ihnen als Sergeant mit 20 Mann ein, und meldete sich mit kurzen Worten diesmal als — Werber. Er hatte Vollmacht, aus jedem Hause alle gangbaren schießfähigen und erschießensfähigen Mannspersonen zu nehmen — ausgenommen den einzigen Wirth oder Stamm des Hauses. Selber Weckern hatte er gedroht in den Soldatenrock zu stecken, da er keine Wirthschaft, keine Schule, keinen Kix noch Kegel habe. Und wenn er nicht recht bei Verstande scheine, das sei eben recht! Selbstdenker brauche sein Herr nicht zu Soldaten; die Dummen raisonnirten so gut wie gar nicht, oder nur Dummes; und ein Verrückter werde, wenn er auch noch so Wahres fasele, billig für verrückt gehalten, und dürfe frei reden, was er wolle, weil ihm die Natur das Patent dazu gegeben. Eine Million Wecker, hatte er gesagt, und der Kaiser ist durch! Die Raisonneurs aber, die Besserwisser und die Anderswoller würden ihn als Vogelscheuche allein im Felde stehen lassen mit einer Flinte aus einem Stocke und einem Säbel von Span. So hatte St. Etienne sich zornig geredet und sich gelobt, Keinen zu schonen, sondern jeden Brauchbaren aus dem ja so bald von dem Feinde besetzten Lande herauszuziehen und dem Kaiser hinüber zur Hülfe zu schleudern, damit der Geschonte nicht sein Feind werden könne. Denn das unterstehe sich jetzt jeder Hasenfuß. —

Wecker kam über die Rede ergrimmt und erschrocken in die Küche zu Christel, die ihn seinetwegen tröstete, aber selbst erschrak, als sie darauf hineinkam mit dem Frühstück, das sie ihren Gästen freundlich brachte, denen sie alles, für die Ihren Gesparte, ohne Entgeld oder Dank dafür, hinzugeben verbunden war — denn „der Herr bedarf sein,“ wie Wecker dem Rechte den Titel gab. Sie erschrak, lächelte aber gefaßt und blickte St. Etienne endlich gar lachend an, als sie ihren Johannes im Soldatenrock und einem Chacot mit hohem rothen Stutze zugleich mit am Tische sitzen sah.

So gefällt mir mein Mann! sprach sie zu St. Etienne. Aber ich bitte Euch, zum Scherz sei's genug! Gott sei Dank, daß die Kinder nicht da sind! Die schrien sich todt, und Daniel fiel Euch zu Füßen, wenn er in seines Vaters Hand „ein Pasquill auf das fünfte Gebot" sähe, wie unser Wecker einen Säbel oder eine Flinte nennt! Eine Kanone aber nennt er gar den letzten Verstand *) der Menschheit. Pfui Johannes, ziehe Dich aus!

Und Wecker trat auch herzu und fragte St. Etienne: „Weß ist der Rock und das Bandelier?"

„Des Kaisers!" sprach der Sergeant.

„Nun so gebet dem Kaiser was des Kaisers ist, und Gotte, was Gottes ist!" verlangte Wecker.

Christel wollte ihrem Johannes nun helfen, die im Scherz ihm aufgeredete Soldatenmaskerade wieder abzuthun. Der Sergeant wehrte ihr aber und sprach: Es ist nicht leerer Scherz; es ist voller Ernst, des Kaisers Ernst und meiner. Ihr habt noch den alten Frommholz zum Wirth — und euern Wecker zum Voigt in dem Bischen Wirthschaft: der Daniel wächst auch heran — und wie Ihr weint, mein junges hübsches Weib, so haben schon Viele geweint in aller Welt, und Viele schon aufgehört in aller Welt, und so fügt Euch darein in dieser Welt. Gebet dem Landesherrn, was des Landesherrn ist — und Er hat gesagt: „Der letzte Thaler und der letzte Mann ist mein!"

— Es ist Etwas Majestätisches um Einen großen Mann, sprach Wecker. „Denn die Erde ist des Herrn und alles, was darinnen ist. Er sitzet über dem Kreis der Erden, und die darauf wohnen, sind wie Heuschrecken! Der die Fürsten zu nichte machet, und die Richter auf Erden eitel machet: als hätte ihr Stamm weder Pflanzen, noch Saamen, noch Wurzel in der Er-

*) ultima ratio.

den; daß sie, wo ein Wind unter sie wehet, verdorren, und sie ein Windwirbel wie Stoppeln wegführt."

St. Etienne hatte das betroffen angehört, denn es klang gewaltig, und er sprach lächelnd: Das kann kommen! Den König von Westphalen hat schon der Wirbelwind fortgeführt.

Die Wirbelwinde haben immer verschiedene Namen, je nach dem Ort, wo sie einherblasen, und werden sie immer haben, sprach Wecker; wie hieß denn also der Wirbelwind Hieronymi?

Tzschernitschef; hört' ich, antwortete St. Etienne.

So ist das schöne Land ohne König! sprach Christel. So hört doch, St. Etienne! Das geht weiter! Was werbt Ihr also!

Johannes aber klagte aufrichtig aus seinem treuherzigen Sinne: Mein Gott, ein Land ohne König, wie soll das gehen? Das ist das größte Unglück. Mir däucht ordentlich als könne da keine Saat mehr keimen, kein Baum blühen und kein Weinstock tragen! Wenn ein Land auch Alles verloren, Menschen, Häuser, Habe, Vieh, Getreide, Geld und Wohlsein, wenn alle Uebel drin hausen und alle Krankheiten darin sich satt fressen, und es hat nur noch einen König, wie ein Bienenstock einen Weisel, so erholt sich der Stock wieder, setzt Brut, höselt Wachs, baut Zellen, schleppt Honig, und das ganze Land hat wieder ein süßes Maul. Wer wird nun die Steuern empfangen? Wer wird befehlen? Denn ohne Befehlen hört der Gehorsam auf O schlimme amerikanische Zeit! —

Wir wollen Gott bitten, sprach Wecker, daß er sich wieder erbarmt und das Herz eines Andern regiert, der sich wieder des verwaiseten Thrones erbarmt!

Bittet nur bald, sonst bittet Ihr guten Leute zu spät; sprach St. Etienne. Ich bin glücklich! Wir sind glücklich! — Wir haben noch einen Kaiser; und der braucht Soldaten, nachdem er Sechsmalhunderttausend in Rußland — angeführt hat! Tüchtig angeführt! Also werbe ich! Denn ohne Soldaten bleibt Er sogar nicht vier Wochen auf dem Throne, geschweige ein Anderer fünfzehn Tage. Darum werden wir Soldaten auch beinahe auf Händen getragen, wenigstens, wenn's Noth thut, auf Wagen gefahren zur Schlacht. —

„— Bank!" setzte Wecker hinzu.

Also zur Schlachtbank — meinen Johannes! meinen einzigen Sohn, den einzigen Vater der Kinder, den einzigen Mann unsrer Christel! sagte der alte Frommholz betäubt: „Das ist der Kaiser nicht werth. Viel Hunde sind des Hasen Tod, und er wird es nicht lange mehr bleiben — aber jetzt freilich bin ich noch hier in dieser eurer Gewalt."

„Ihr nicht! alter Mann!" belehrte ihn St. Etienne, noch lachend.

Ja wohl ich, nur ich; stöhnte der Alte verworren und schwieg.

Ihr bleibt wo und wer Ihr seid, erklärte St. Etienne. Aber, freilich, wäret Ihr nicht, so wäre Johannes der Einzige auf der Bude, die zu Einquartirungen und Lieferungen und Abgaben und zur Zucht von neuen Soldaten gebraucht wird, und Johannes wäre frei.

„Frei!" rief Wecker wie ein Echo aus jener Welt.

Warum hab' ich so lange gelebt! seufzte der Alte. O, die Verheißung Gottes: ein langes Leben und graue Haare, sind nun ein Fluch und eine Strafe geworden! Aber meine Christel, sei ohne Kummer! Ich weiß ein . . . ja ich bin ein sicheres Mittel!

Wecker aber merkte, daß der Herr Sergeant erbittert worden und fragte darein: Aber Johannes, wie seid Ihr denn erst zu dem Rocke gekommen? — Und Johannes antwortete: — Der Herr Sergeant wollte seinen Rock ausbürsten, da sollte ich der ausgestopfte Mann dazu sein, oder der Nothnagel.

Dankt Gott, daß ich ihn Euch nicht am Leibe ausklopfe versetzte St. Etienne. Nachmittags 2 Uhr Exerciren, hier im Hofe! Alles, was noch gesund ist bei Euch im Dorfe, und werth auf dem Felde der Ehre zu sterben, wird auch hieher kommen. Der Tod darf keine alten Krüppel auf dem Schlachtfelde finden, sondern lauter nagelneue, brühwarme. Sollen wir Andere mit Lahmen und Blinden, mit Einäugigen und Buckligen — fallen, welcher brave Soldat wohl vertrüge die Schmach. — Also, Johannes, um zwei! —

Der alte Frommholz aber schlich sich fort in seine Kammer, setzte sich auf sein Bett, blieb erst lange schwermuthsvoll, dann gedankenvoll, und sprach endlich laut mit sich selbst: „Frommholz, altes mürbes Holz, Du hast Dir immer im Leben Rath gewußt; nun rathe Dir auch; oder nimm meinen Rath gleich lieber an, damit Christel keine Wittwe wird, die Kinder keine Waisen, und Du kein Bettelmann mit Weckern! Kein Mensch kann eines andern Treppe brauchen, das weißt Du als Zimmermann; und so hat auch jeder seine eigene passende Leiter zum Himmel. Zum Himmel? Ach, Frommholz! Doch, wer anklopft, dem wird aufgethan; und wer so anklopft wie ich, nicht um selbst hinein zu kommen, sondern um aus stürmischem kaltem Regenwetter gute verlorene Kinder hineinzusichern, den läßt man vielleicht mit einlaufen, wie auf der St. Bernhardsstraße den armen guten Hund, der verirrte Menschen in die warme Stube bringt! Ich wenigstens stieße das gute verständige, vor Kälte stumme Thier nicht wieder mit dem Fuße über die Schwelle zurück in den Schnee und die Kälte, in das Heulen und Zähnklappern hinaus — in die Hölle! Doch Frommholz, Frommholz! Du thust mir recht leid! — Wehe denen, die durch alle Jahre bis in ihr Alter richtig und glücklich gewandelt, und erst im letzten Jahre einen Stein im Wege finden, worüber sie Hals und Beine brechen! — Hals und Beine!" —

Der alte Mann sprang erschrocken auf, und besah sich seine noch ganzen Gliedmaaßen, und versuchte den Kopf auf dem Halse zu drehen, und er war auch noch ganz. — „Nun," sprach er, „so ist es doch schlimm, daß es Dich trifft, denn kein anderer kann helfen! Siehe aber, Du weißt ja, manches Holz macht dem Menschen wenig Plage — einige Mal den Stamm querdurch gesägt, die Himpel mit dem Keile gespalten, einige Schläge darauf, dann die Kloben in Scheite gespalten — so ist es verbrannt und Asche. Ein anderes bloßes Stück Holz aber soll eine Säule zu einer Wendeltreppe werden, oder ein geschnitztes Altarbild, und macht eine lange, saure Plage! Doch Deine ist kurz. Und gestehe nur, Soldat Frommholz, der Du in Deinen vierziger Jahren statt Späne von Balken, Arme vom Leibe, und Köpfe vom Rumpfe hiebst, gestehe nur, Du mein halbvergessener Vorfahr, daß Du die Strafe wohl verdient! Hiebst Du nicht bei Ankona, wo der Papst zur Veränderung auch einmal der Türken Bundesgenosse war, einen bildhübschen jungen Mann zusammen, weil „Erschlagen" befohlen war, und derjenige ein Ehrenzeichen bekam, der es darin am weitesten gebracht! Und kamst Du dann nicht ins Quartier zu der jungen, schönen Gräfin, die ihr Knäbchen wiegte! Hörtest Du sie nicht laut aufschreien, als sie ihren geliebten Mann in der Gestalt herein trugen, in welche Du ihn verhunzt! — Hei! das war ein schönes Ebenbild Gottes! — Frommholz! Sahst Du nicht, wie sie ihr Kind aus der Wiege riß, es hoch empor hielt, und es des Vaters unsichtbarem Todtschläger zeigte — daß Dir die Haare zu Berge standen — und wie sie es Gott dem unsichtbaren Vater zeigte, daß Du vor Furcht Dich bücktest, — und die silberne Klapper aufhobst, die dem kleinen Waisenkinde vor Angst vor der Mutter aus dem Händchen gefallen war! Hörtest Du nicht, wie sie Rache schwur, wenn nicht der Welt, wenn nicht dem guten, schönen Menschengeschlecht, wenn nicht den Frevlern, die den Krieg herauf beschworen und ihn wüthen geheißen, bloß um selbst länger ihr Volk zu beglücken — denn doch Rache dem, der ihn erschlagen und sein schönes Gesicht entstellt, daß sie ihn kaum erkannten. Und Du, Soldat Frommholz, Du mußtest schweigen, und aßest still von ihrem weißen Brode und trankest ihren rothen, süßen Wein! Und mit heiler Haut gingst Du selber heim, legtest den Soldatenrock und die Höllenwaffen ab, und griffst zum Zimmerbeil wie nach einem Kleinod. Aber vergessen habe ich, ich grau werdender Zimmermann, nicht Dich Fleischer, Menschenjäger und Brandstifter auf anderer Leute Gewissen hin! Und ich Zimmermann sage Dir jetzt: Mensch, Du sollst Deinem Gotte mehr gehorchen, als den Menschen! Denn Menschen sind alle, wie sie auch heißen, ob sie Kronen tragen oder Pelzmützen, Sterne oder Knöpfe. Und kein Mensch kann das fünfte Gebot aus der Bibel kratzen, oder das „nicht“ aus demselben vertilgen und Gott zum Trotze mit seinem Kain-Finger in die Gesetzestafel schreiben: „Du sollst tödten!“ ohne daß ihn der Donner des Herrn erschlüge! — „Aber,“ warf ihm der Soldat Frommholz ein: „Sie thun ja doch so — und der Herr läßt regnen über Gerechte und Ungerechte, und seine Sonne scheinen über Gute und Böse." — „Das ist eben entsetzlich! Die sanfte, liebevolle, schweigende, himmlische Mahnung!" entgegnete ihm der alte Zimmermann Frommholz. Manchmal, wenn ich in Frankfurt war, habe ich mich gewundert, warum denn die Juden nicht Christen werden! — Oder doch die Türken! — Da sagte mir ein vornehmer Mann, der meine laute Verwunderung hörte: „Ich würde die Juden und die Türken verabscheuen, wenn sie das werden wollten: was wir sind oder heißen, alter Mann! Und als Mahomed erschien, hatte seine Lehre reißenden Fortgang, weil es schon 300 Jahre vor ihm keine wahren Christen mehr gab. — Ich muß in die Sitzung! Lebt wohl!" So schied er. Und jetzt da Einer 300 Meilen weit hergeritten kommt, um meine kleine, liebe Sohnestochter aufzuspießen, und ich sie nicht einmal vor dem Wirrwar hineingetragen — nun will ich, der Zimmermann, Deine Sünden wieder gut machen, Soldat, gottloser Frommholz! Aber weiche von mir auf Erden, und erscheine mir einst nicht im Himmel! Wir sind geschiedene Leute!"

„Und nun, mein Alter, sprach seine Seele weiter, Deine Sache ist leicht! Du zimmerst am Thurme ja, wie das ganze Dorf weiß; ... Du legst nun das Brett auf einer Seite hohl; ... Du haust fehl — es schwankt; ... Du schwankst — es fällt; Du fällst ... und Johannes ist kein Soldat, so wahr meine alten Gebeine nicht von Eisen sind! Und nur ein Scrupel bleibt: daß sie Dich ehrlich begraben! Johannes beweint mich redlich! Christel geht schwarz in Trauer um mich, und die Kinder pflanzen ihre paar Blumen auf mein Grab, und kommen zu mir, sie an schönen Sommerabenden frisch zu begießen. Und der Mond geht auf, und die Linden duften, und „zum Wahrzeichen" hänge ich angenägelt und aus Holz geschnitzt und mit Oelfarbe bunt gemalt, an der Ecke des Thurmes — und die thörichten Kinder im Dorfe sprechen: „Das ist der alte Frommholz!" Aber der Wahre hat die Seinen aus der Gewalt der erbärmlichen Zeit errettet. Denn was ein Mensch kann, das wissen die Millionen nicht!

VI.

Johannes mußte nun auf Christels Fürbitte für den armen Sebastianow und auf des Sergeanten Befehl den Sonntagsbarbier holen. Dieser aber lag — krank, weil ihm schon Wecker im Thurme gedroht hatte: er müsse zu einem Russen kommen, der also wahrscheinlich die ansteckende gefährliche Krankheit an sich haben und ihm mittheilen konnte. Darum lag der vorsichtige Mann gleich lieber selbst gesund im Bette krank, und pflegte sich ganz im Geheim endlich einmal recht aus. Aber sein Bruder, der Licentiat war gekommen, um sich gleichfalls nach Mainz ins Sichere zu begeben, und hatte bei seinen Kunden umher, auf die Furcht vor der grassirenden Krankheit sich — das Reisegeld und die Aufenthaltskosten geborgt, und von den furchtsamen Leuten, die alle Hülfe vom Arzte erwarten, es auch gern, gefällig und richtig geliehen erhalten — und ohne Schuldschein. Starben sie also während der Abwesenheit seines Leibes — denn Geistesgegenwart besaß er nirgend — so waren sie bezahlt; oder er bezahlte die Familie durch neue Liquidationen, die gerade die Summe erreichten oder um einige Gulden oder Kreuzer noch übersteigen, damit die Rechnung nicht studirt schien. Der Licentiat nun konnte seinem alten Freunde Johannes nicht ausweichen, der mit Holenlassen zu drohen beauftragt war, und erwiederte: „Lieben Leute, Ihr thut wahrhaftig den Aerzten zu viel Ehre an, in dieser letzt betrübten Zeit, wo ich wenigstens meinen Bankrott gestehe. Wir sind so gewöhnlich gut, wo nichts ist; aber jetzt, wo diese Krankheit herrscht, da beweisen wir der Welt, daß Jeder selbst sein bester Arzt ist, wenn er sich vor ihr und vor uns fein in Acht nimmt — wie ich, und meine liebe Frau! Denn wir wissen das sicherste Mittel selbst gegen die Pest: — „Pest fliehe bald! Fliehe weit! Und spät erst kehre zurücke!" — Und Jetzt kann man bei jedem Leidenden das Leiden vermuthen! O Gott, wann werden wir wieder drei Monate Zeit haben eine Krankheit zu curiren! Denn diese läßt sich nicht spinnen! Und Ein Thaler bei Tag für den ersten Besuch ist auch der letzte! Wie soll das werden?" — Doch als die Frau Licentiatin gratulirend und lächelnd gefragt und gehört hatte, daß die vorher so preßhafte ganze Familie sich nun in gesegneten Umständen befinde, nicht bloß mehr die liebe Hausfrau Christel, also bezahlen konnte und gut bezahlen mußte, so legte sie bei ihrem Manne ein bittendes Fürwort ein, das aber wie er wußte, ein unweigerlicher Befehl war. Und so versprach er zu kommen — doch in der Dämmerung, aus besondern Gründen. Frau Licentiatin räucherte, daß Alle husten mußten; selbst der Kranke im Bett in dem Alkoven; und als Johannes schied, sagte sie ihm noch zum Troste in der Thür: „Vertraut nur der Christel . . ."

Das thue ich immer in Allem; versetzte Johannes.

„. . . Nein vertraut ihr nur das: „ihr Schweinchen hatte Finnen! So vergißt sie es leichter."

Johannes aber schied stumm. Aber wie erschracken sie Alle, als am Abend — ein Elephant die Thür aufmachte, und seine lange, bis auf die Erde reichende und riechende Nase, oder den Rüssel, vorsichtig über die Schwelle zog — und „Guten Abend!" sagte, hinter einer Larve mit Glasaugen hervor. Denn es kam nur der Anfang, das Vordertheil eines jungen Elephanten herein, dem der Körper fehle; denn die glanzleinewandene Erscheinung sagte gleich selbst: „Ich bin der Licentiat, der seine Sicherheitsnase, die nur etwas reine Luft an der Erde holt, nicht zu fürchten bittet!"

Sebastianow aber sprang von dem Bette; man hielt ihn, bedeutete ihn schwer, daß die Gestalt sein Doctor sei, und er ließ sich endlich zum Niedersitzen bewegen; schloß aber die Augen, als Christel Licht brachte, damit er verbunden werden könne, und bat unter nachlassendem Zittern um etwas Niederschlagendes für ihn, und rief: „Mutter, Schnaps!"

Entweder dieses niederschlagende Getränk, der Schreck, der Verband, die Hoffnung, oder Alle zugleich, stärkten Sebastianow, daß er dann aufblieb, und seines Glaubens eingedenk war, sobald er sich wieder allein befand mit der kleinen Todten. Er suchte sich aus den Bildern an der Wand Jemand aus, der seinem Schutzheiligen am ähnlichsten sah; zündete Lichter an, und las, nach seinen Gebräuchen, aus seinem Büchlein nun unaufhörlich Gebete, bald leise, bald laut, bald still, um auszuruhen. Das that er dem Kinde zum Nutzen im Himmel, und sich zum Vortheil auf Erden, weil auf die Beerdigung dann, seiner Meinung nach, ein prächtiges Abendessen zu hoffen stand, oder weil er sich dadurch Christels Gunst erwerben wollte, der die einfache Feier gefiel, die aber von selbst schon Alles an ihm that, um nicht zu ihrem Schmerz noch Rache zu fühlen, und sich nicht die heiligsten Tage einer Mutter zu verderben.

Als nun das Särglein fertig war, und grün und weiß gemalt mit der Farbe der Unschuld und Hoffnung, und Wecker den Text auf das Kreuz geschrieben, da schritten sie zu dem Begräbniß. Und Wecker las latent, wie er es nannte, erst selbst als Schuljunge oder Custos, an der Hausthüre mit nachgemachter Knabenstimme, die schöne Verkündigung von den Todten; dann las er wiederum selbst mit Baßstimme drinnen an der offenen Stubenthür die Trostworte des Engels, als geistlicher Herr, mit viel mehr innerer Würde; und wer ihn sah, der wußte, was er las, und weinte latent mit, wie er; denn das Haus war voll fremder, unbekümmerter Menschen. — Darauf sprach Wecker als bloßer angemaßter Schulmeister und treue Hausseele: „Nun sind wir so weit! Liebe Christel! Wenn nur Jemand Todtes da ist, so kann man immer begraben, nämlich einmal, nicht alle Abende, wie die Kinder den Staar. Wir warten vergebens auf einen ruhigern Tag, und Johannes steht schon seit Mittag im Hofe exerciren mit einem Prügel statt einer Flinte, wie ein Bär; und der abgewachsene Mensch und Ehemann lernt nun auf einem Beine stehen, wie eine Gans — ganz prachtvoll! und lernt den Kopf drehen, wie ein Wendehals, ganz wunderbar! Hört nur das Commando: Köpfe — — — links! Köpfe — — — rechts! und so fliegen ihnen die Köpfe, als wären sie nun jemand Anderm! — Prachtvoll! Und jetzt treten sie gar den Gänsemarsch an — Einer hinter dem Andern! Prachtvoll! Und nun Köpfe links! und Köpfe rechts dazu — schwer! doch nun ganz erstaunend! Hei, nun schwenken sie! sie defiliren hierher, wie Enten, Alle an einem Faden Zwirn, und der Hinterste hat den Speck im Leibe; und die Arme haben sie Alle ohne Windelschnur fest am Leibe, wie Wickelkinder — und schreien, ja mucken auch nicht, sondern sehen ganz jämmerlich-ehrwürdig aus! Soll ein Mensch nicht erstaunen, was aus einem vernünftigen Menschen werden kann, sogar eine Maschine! Also die Kunst ist nicht gelungen: eine Maschine zum Menschen zu machen, wie man schon einen Trompeter hat. Aber die Kunst florirt: Menschen zu Einer Maschine von Einem zu machen. Und die stille Musik dazu! Nein, ich bin außer mir vor Freuden! Laßt uns begraben, daß ich weinen kann! Denn ehe die Rekruten — schon ein ganz himmlischer Name — ein Rekrut — ehe nicht zwanzig Stück halb todt umgefallen vor Müdigkeit und Gänsestehen und Entenmarschiren, jetzt hier niedrig, jetzt drüben, ehe läßt man sie nicht aufhören zu exerciren. Johannes kommt also vor Nacht nicht in sein Haus, und marschirt wie ein Betrunkener vor seiner eigenen Thüre herum und vorbei! Laßt ihm die Freude! Uns aber laßt allein zu dem Werke schreiten; da die lieben, kleinen, weißen Mädchen des Dorfes nicht mittrippeln mit ihren Kränzen, so schreite ich mit. Denn Alte gehen nur mit Alten, Weiber mit Weibern, Jungfrauen mit Jungfrauen, und Männer mit Männern zu Grabe, nach unserem schönen Gebrauche in Zahlbach. Jetzt aber lassen die Aeltern, wie keine Gans und keine Henne noch Ente, auch die lieben Kindlein nicht heraus aus dem Wirrwar in allen Häusern in den Wirrwar vor allen Häusern; Sr. Auchwohlerwürden der Herr Schulmeister, kann auch nicht mit schreien, noch mit schreiten, denn er hat „vom Volke" — wie wir mit Recht den Ausschuß desselben nennen — mit Unrecht Schläge bekommen, weil er die Suppe zu heiß ausgethan und die Herren sich die Schnäbel verbrannt, und ist ausgetreten. Sr. Hochehrwürden, der Herr Pfarrer Ladenmann aber kann nicht mit einherschlendern, weil er erst ein junges Weib, einen schönen, lustigen Finken aus Bockenheim, genommen; ist also noch eifersüchtig und ganz verschämt oder confus, besonders da sich der gnädige Gottlieb, nunmehriger Lieutenant bei den Cohorten, im Pfarrhause dermaaßen einquartiert, daß er jämmerlich schiert, um sich vorerst Furcht zu machen. Darum schreitet der Herr Pfarrer nicht dreißig Schritt geradeaus mit dem Rücken vom Hause, für dreißig Ducaten; aber zweihundert Schritt um die Ecke der Kirche, nicht um zweihundert Louisd'or. Da ziehen ihn Eure sechszehn Kreuzer denn diesmal nicht. Auch geht man jetzt nicht auf der Straße, sondern bei dem Wetter in der Straße bis an die Waden. — Ich muß also schon mit schreiten oder waten, das seht Ihr ein! Seid nur so gut!" —

Und so fuhr denn der alte Frommholz das liebe Kind auf dem Gras=Schiebbock zu dem ausgeworfenen Grabe, und des Kindes Mutter ging allein still hinter ihm als Leidträgerin; Wecker aber vorn, als Schulmeister, Schule und Custos mit dem Kinderkreuz, und sang — stumm, oder latent, mit sehr beweglichem und bewegtem Gesicht, wie Jemand, der mit vollem Munde kauet; er aber hatte Seelenspeise auf der Zunge, und labte sich recht.

Als sie bei dem Hofthore auf dem rechten Flügel der „Rotte" vorüber kamen, hätte Johannes, der mitten im langen Gliede stand, seelensgern rechts gesehen, um wenigstens seines Kindes kleinen, bunten Sarg noch einmal ins Auge und in die Seele zu fassen; aber die Köpfe waren links commandirt, und er hatte im rechten Auge nur einen mattblendenden Schein von dem sonnebeschienenen Särglein. Es zog ihn unwiderstehlich, doch hinzublicken; er wandte allein von der ganzen Rotte den Kopf rechts; und der gnädige Gottlieb, der als Lieutenant inspiciren gekommen, sprang zu, und rückte ihm denselben bei den Ohren gewaltsam in das heilige Commandowort „Links,“ und hielt ihn dann zornig am Kinn mit der Faust.

Und Johannes alter Vater, der das vorüberfahrend mit angesehen, sprach nur halblaut vor sich: „Es ist schon gut!“ — Johannes aber sah sogar die große soldatenbunte Gestalt des gnädigen Gottlieb nicht, die ihm nahe in die Augen grollte; sondern vom Scheidegefühl und dem stillen Lebewohl ganz anders ergriffen, sprach er nur, im Herzen still, die Worte seinem Kinde nach: „Der Herr behütet Dich, der Herr ist Dein Schatten . . . daß Dich des Tages die Sonne nicht steche, und der Mond des Nachts. Der Herr behüte Dich vor allem Uebel, er behüte Deine Seele. Der Herr behüte Deinen Ausgang und Eingang, von nun an bis in Ewigkeit.“ — „Amen!“ sprach er laut; und der Lieutenant lachte, und das Glied, und er ließ ihm das Kinn los.

Nahe bei der Kirche, wo die Wege sich kreuzen, ward aber Wecker von einer Schaar betrunkener Reiter überritten, deren jeder eine Koppel wilder Handpferde zur Armee führte; und ein, von den betrunkenen Menschen gleichsam mit wie betrunken gemachtes Pferd sprang über das Särglein, riß es dem Alten vom Schubkarren herab und auf, daß der Deckel weit hinflog; ein anderes schlug scheu aus, und traf das Kind, während Christel sich verhüllte, und mit gewundenen Händen darauf nach Hause lief wie vom Feuer verfolgt. — „Es ist Krieg!“ riefen die rohen Gesellen. Und Einer, an dessen Stimme Wecker seinen Sohn zu erkennen glaubte, sprach lachend: „Was führt Euer Weg über unseren Weg? Kronengut geht vor Bauerngut! Und wenn wir die Pest am Leibe hätten, wir zögen frei durch alle Lande, und schliefen in Eurem Bett! Fort aus dem Wege!“

„Es ist schon gut!“ stöhnte der alte Vater wieder. „Mein Sarg steht schon lange auf unserem Boden.“ Und so las Wekker das liebliche, wie vor Schreck blaß gewordene Kind wieder von der Straße in das Särglein, auch den kleinen frischen Asternkranz von heut, und das kleine Brodchen, damit es ohne die Mutter gut schlafe, und deckte den Deckel wieder leise und schonend darauf, daß er dem Kinde ja kein Fingerchen quetsche. — Und während der alte Frommholz stumm es darauf unter einzelnen fallenden Thränen versenkte, und zuwarf mit der immergleichen, unverweslichen Erde, sah Wecker zum Himmel und auch zum Thurme — und sah den Teufel auf der Spitze stehen, der ihn herunter angrinsete unter unhörbarem Hohngelächter, während er die schwere eiserne Fahne mit dem vergoldeten Adler um seinen Kopf schwenkte, so daß ein Kreis von Fahnen mit Adlern sich um den Knopf des Thurmes bildete, wie Schwalben sich an einander hängen. Und die Raben kamen zur Nachtruh in das alte Gemäuer geflogen, und krächzten ihr Lied. Wecker aber riß das neue schon gepflanzte Kreuz wieder aus, und hielt es — seiner Erscheinung empor, und sie verschwand. Zu den Raben aber sprach er empor, indem er seine Hände vor dem Munde zu einem kurzen Schallstück höhlte und rundete: „Ihr wißt nicht, wer ihr seid? Ihr seid Engel gegen die Adler, ja Engel gewiß, die ihr eurem kleinen Gespielen entgegen singt. Es klingt aber schlecht! Ich — ich kann nicht singen — mir ist die Kehle wie zugeschnürt: Der Mann bin ich! . . . Wollt' ich sagen: Der Vater!“

VII.

Am Morgen leuchtete in Johannes und Christels Schlafkammer die purpurne Morgenröthe flammend herein. Christel setzte sich auf im Bett, und glühte geblendet von dem schmückenden Scheine. —

Wo ist denn das Kind? — Bei Dir Johannes? frug sie, sich umsehend. Da gewahrte sie durch das Fenster, daß Berge und Bäume und Garten und Gefilde verschneit waren vom reinsten Schnee. — Ach, seufzte sie, nachdem sie unter bewundernder Betrachtung sich besonnen: Ach, das Kind schläft unter einem andern Tuche! Es ist nicht ohne mich, denn — o mein Gott — es hat mich vielleicht vergessen; aber ich bin ohne seine frühe leise weckende Stimme: „Mutter, mache die Augen auf! . . . mach' doch die Augen auf!" und ohne seine Umhalsung und seine spielende Morgenfreude im Bett, und ohne sein Morgengebet, und das fromme Gesichtchen, das Falten der kleinen Händchen! Ach, ich bin um die kleinen Hemdchen und Röckchen, die Schüchel und die Schürzchen — ich bin um Alles — da hängt es, und liegt es, und sieht ganz erschrecklich aus, so still . . . und möchte doch reden! so bunt — und möchte doch schwarz sein, wie mein Band um die Haare. Und erst die letzte Schmach an ihm! — —

Es war die letzte! sagte Johannes; es ruht.

An ihm, die letzte! klagte Christel. Aber, mein Johannes, nun ist mir erst erschrecklich zu Muth! Denn so wie uns, ist es wenigstens Tausenden gegangen! Tausenden wird es gewiß noch so gehen — und ärger! Und was hilft das Unglück eines Menschen den andern? Was mir — das fremde? Und was den lieben fremden Menschen das meine — oder das unsere, wollte ich sagen, Johannes; sei nicht böse! Jeder leidet doch das eigene, das seine. Und ein Guter leidet noch das Leid des Andern mit, wie mein Kind mir schwer wird, als sollte ich tausend Kinder auf meinen Armen tragen. Aber, mein Johannes, ich habe nun auch das Mitleid erkauft, Du hast es schwer erkauft, aber wir haben es doch! Und Mitleid ist in traurigen Zeiten der heiligste Schatz. Aber ich habe es nun auch mit Dir! Denn Du, Johannes, sollst nun gar ein solcher Mensch werden, der alles Menschliche vergessen, ja mit Füßen treten muß! Das ist das Aergste, und schlimmer, als meine und Deine Einsamkeit, ja schlimmer, als wenn Du nicht wieder kämest, und Du mich verlörest, und ich Dich! Darum hat auch der Teufel die Fahne mit den Adlern geschwenkt — vertraute mir heimlich Wecker, besonders aber, weil der Pferdeknecht, der ihm bei der Pferdethat an dem Kinde so gräßliche Worte gesagt von Kronengut und Soldatenfreiheit — weil der Abscheuliche — sein großer Friedrich, sein lieber Sohn gewesen ist, der ihn nicht vermuthet hat; Wecker aber hat ihn erkannt — als ihn der Teufel gefragt hat: — „Wecker! war das nicht Dein Sohn, der da reitet nach Britzenheim!“— Siehe, und so ist der alte, gute Vater Wecker fort, schon die Nacht, seinem Sohne nach; aber, was er bei ihm und mit ihm will — weiß Gott! Er hat ein Messer mitgenommen....

„Ein Messer?“ frug Johannes erstaunt.

Ja! Aber um eine ungeheure Ruthe zu machen; denn er sagte: „Kein Vater darf sich das Recht über seine Kinder nehmen lassen — ausgenommen sie werden besser und klüger als er, und es werden ihnen vernünftigere und menschlichere Vorschriften gegeben, und heilsamere Handlungen vorgeschrieben, als bei ihm zu Hause! Sonst muß der Vater aufstehen! und lehren und strafen und rathen, wenigstens fortzulaufen und die schreckliche Bande im Stiche zu lassen, worein ihn der Kerl vom Thurme gemengt. Wecker, bleibt Wecker! Aber es ist doch entsetzlich, wenn so ein curioser Mann, wie ich, soll gescheidter sein, als viele ganz curiose Leute; und so ein armer Sünder, wie ich, soll besser sein, als die ruhmgekrönte, geschlossene Gesellschaft von christlichen Türkenhäuptern! Wozu sie noch der Corse, der Corsar zu Lande, macht, — und meinen Sohn! . . ." — So sprach er stöhnend und jammernd, riß mir das verweigerte Messer geschwind aus der Hand, und ließ sich nicht halten!

Laß den guten Wecker mit seiner Ruthe ziehen! sagte ihr Johannes betrübt-lächelnd. Alles zu dulden bin ich auch nicht gemeint! Zum Ackern lassen sich selber die Ochsen geduldig anspannen, und ziehen im Schweiße ihres Angesichtes bis die heilige Sonne zu Rüste geht, und der Acker in Schatten und Dunkel liegt; aber wunderlich ausgeputzt mit goldenen Klapperblechen, werden sie rasend bei der Stierhetze, wie der Großvater von Rom uns erzählt hat. Wir Völker, mit uns allein, ohne Hetzer, sagte er, würden alle in Frieden leben, wenn man diejenigen ruhig beisammen ließe, die einerlei Sprache reden; höchstens würde einmal ein Viehstreit oder ein Hutungsstreit ein paar Stunden dauern. Aber, da sind Andere, die glauben, die Erde zu besitzen und verschenken zu können, wie einen großen grünen Schweizer Schabsickerkäse mit Kräutern und Maden und Milben — als nämlich mit uns Erwachsenen und Kindern, wie der Papst; — und Andere, die glauben: die Länder eigenthümlich, wie ein Müller seine Mühle oder die Mahlsteine zu besitzen, sie rund machen zu müssen, sie Mehl für sich mahlen zu lassen, sie verkaufen, vererben, ja entzweireißen und theilen zu können, als wären es wirklich bloß Steine ... und nun kommt dazu: daß Viele das wollen, oder wie der Großvater eben behauptet: nur Einige; — und so mahlen sich die Steine zu Schanden, von einem dampfenden Menschenblut-Strome getrieben, und von fühllosen Rädern aus Eichenholz; und statt Mehl kommt Menschenasche und Knochenkleie herunter, die auf zum Himmel riecht, und die Müller selber werden elend von dem Elend, schleichen schlaflos auf den Gängen umher, hören mit Angst die Glocken rufen: „neue Menschenknochen aufzuschütten!" und wollen doch Müller heißen und bleiben; denn anders haben sie nichts gelernt. Wenn sie aber Christen wären — ließen sie den lieben Gott seine Gaben auf seine Mühle schütten, ließen ihn das Mühlhaus beglücken, und hätten Freude und Schlaf und Dank. Und wenn der Müller nicht ein Christ wird, so kann es Gott selbst nicht anders bessern, als wenn die Menschen Christen werden, nämlich wir, wir Alle, und nichts mehr thun und leiden, als was Christus der Herr oder die zwölf Jünger gethan oder gelitten hätten. Darum muß sich das Volk nicht unterweisen lassen im Aberglauben, es muß keine Zauber- und Hexereistückchen-Fabrik mehr in Italien geben; das Volk muß nach der wahren Lehre Christi fragen, und darum fleißig das Wort Gottes lesen, um des Teufels Worte auszurotten!

„Nichts weiter!" sagte Christel zum Morgengebet. „Nichts weiter;" ich habe es gestern im Stillen weinend mit angehört, wie Dir Dein Vater das Alles gestern im Dunkeln gesagt hat. Ich war ja in der Stube. Doch indeß — indeß — bis dahin: wer will Dich retten, Soldat zu werden, mein Johannes, und von der Schmach: Deinem deutschen Vaterlande neue Ketten schmieden zu helfen mit Deinem christlichen Seitengewehr!

Denn der Kaiser wird nicht klug! Ein anderer Vater wird menschlich, wenn er einen Sohn erhält; aber nun der seinen kleinen König von Rom hat, nun will er ihm erst das große Reich recht groß machen, wenigstens sicher und fest — aber Du weißt, was der Adam Müller prophezeiet hat! Das klingt ganz anders! Wenn ich den Mann nur einmal sehen sollte, der ein Bauer sein soll, doch was für ein Bauer — ein Prophet wie Daniel! — Ach, was wird mein Daniel machen? — „Ich muß fort, ich muß hin!" sprach sie, von dem Namen des Propheten an ihren Knaben erinnert.

Gehe in Gottes Namen! hieß ihr Johannes. Ich aber habe Muth zu thun und zu leiden. . . . Jedes aber nur, so lange sich jedes mit meinem Gewissen verträgt. „Ich will ein Schaaf scheinen, wenn ich nur keines bin; und ich will ein Tiger scheinen, wenn ich nur keiner bin. Aber ich werde keiner, das fürchte nicht! Nur habe ich durch des Großvaters Worte eine große Hoffnung gefaßt! Wenn nur die Menschen alle die Hoffnung haben und die Aussicht, die das Wort Gottes verheißt, das nicht lügt — eben weil das Wort sich in jedem Menschen selbst wahr macht, und der Mensch selber ist — so sehen sie es eine Weile noch an, wie die Welt läuft, oder wie die Mühle geht; und wenn nicht gut, dann schützen sie selber den Blutstrom ein, und die Müller mögen ihre eigenen Kinder mahlen, nicht unsere! Denn wir, wir legen Alle, ein Jeder die Hand auf das Herz und sagen: Du sollst nicht länger bluten als dafür: — daß wir nicht länger bluten, und daß wir nicht länger zu Staube gemahlen werden, und unsere Kinder! — so sagt der Vater."

Christel tröstete indeß ihren redlichen Mann, mit allen holden Tröstungen, die ein junges schönes liebendes Weib im Ueberfluß hat; und sie saßen in süßer stiller Betrachtung noch einige Zeit neben einander, indem sie sich still an den Händen hielten. „Deines Vaters Geburtstag ist heut," sprach sie endlich; „heut ist er siebzig Jahr." Gott erhalte ihn uns noch lange! besonders nur mir; denn was er mir thut, das thut er Dir und Deinen Kindern. Jedoch wenn er auch nur noch ist, lebendig und gegenwärtig; wenn er ißt, und es ihm schmeckt, und er sein Gutes empfängt von uns in seinen letzten Tagen, so ist ein Alter schon unersetzlich im Hause, ein wahrer Hausschatz, den kein anderes Gut mehr aufwiegt. Denn jedes ist schon ein eigenes, und ein alter Vater auch ein eigenes. Darum wollen wir den Tag still feiern, und kochen etwas Besseres für Alle, oder braten von den Gänsen; und so mögen es heut Alle bei uns gut haben, wenn sie auch nicht wissen: warum? selber der alte Sebastianow und der große Peter, der Hund. Ich aber gehe nach Mittags den kurzen Weg zu den Kindern in die Stadt, und zur armen Dorothea, die einmal nicht glücklich werden soll, das junge Mädchen. Auch bringe ich vielleicht von ihr heraus, was ihr ist, geschehen ist, oder Gott verzeihe mir, was sie vielleicht gefehlt hat! In diesen Zeiten ist Niemand vor großen Fehlern sicher, ja nicht vor Verbrechen; die Angst, die Furcht, die Entrüstung, die Rache sind los, und ergreifen Einen um den Andern, den Schuldigen und den Unschuldigen -- und nichts ist länger, selbst die Gerichtsbank nicht, als Gottes Langmuth — spricht Wecker; aber in der Länge ist Muth und Gewißheit. Und erhasche ich nur ein Wort von Dorothea, verschweigt sie auch nur eine Antwort, so sehe ich durch ihr Wesen, wie durch einen Schleier, und kann ihr dann rathen und helfen! Nur ein Weib löst einem Weibe die Zunge, und weiß sie recht aus dem Grunde zu verstehen, recht aus der Seele Theil an ihr zu nehmen und es mit ihr gut zu meinen als wie mit sich; denn beide sind Weiber, und aus demselben weichen Stoffe — aus Liebe und Thränen! —

Christel brach ab; denn sie sahe durch's Thor einen vornehmen Reiter herein in den Hof gesprengt kommen und halten. Als Johannes hinabgeeilt, kam er wieder und schickte Christel in den Hof. Der fremde, schöne, junge Herr rief sie nahe an sein Pferd und ritt dann an einer einsamen Stelle des Gehöftes, immer im Kreise langsam umher, während er hochglühend im edlen Gesicht, und doch sehr niedergeschlagen sagte: „Ich heiße Ellenroth und bin . . . oder war, oder heiße noch der Bräutigam Euerer Dorothea.“ Er holte schwer Athem, dann fuhr er mit einem Seitenblicke zu Christel geneigt fort: „Und so glaube ich Euch schon ganz bekannt zu sein; denn von einem Bräutigam wissen die Verwandten der Braut schon Alles; und wißt: ich bin ein junger Mann, der ein Mensch werden will durch ein Weib. Denn durch ein Weib wird man ein Mensch, nicht erst ein Mann; der muß man dazu ja gewesen sein. Auch bin ich Euch durch meine Liebe zu einer Verwandten von Euch gewiß schon lieb und vertraut — wie ein Anverwandter — wenigstens habe ich herzliches Vertrauen zu Euch, und bedarf Euern Rath und Euere Hülfe, denn Ihr seid jetzt gleichsam die Mutter der Dorothea, da Euere Schwester Martha dahin ist — dahin, wo . . . fürchte ich . . auch Dorothea bald folgen wird, oder zu folgen glaubt. Denn nehmt nur den Brief hier von ihr! „Sie will nicht die Meine werden“ — weil sie mich liebe und ehre; aber auch keines Andern — weil sie mich herzlich bemitleide und beklage. Ja, sie meint: „Gott erhalte mir nur meinen Verstand, damit ich nicht katholisch werde, weil ich dann in ein Kloster gehen könnte.“

Leset! Erkläret mir, helft! Ich bin unschuldig und rein wie der gefallene Schnee! Und auch Sie ist gewiß so leicht über die Erde gewandelt, wie über Schnee, ohne eine Fußtapfe zu beflecken! Da, nehmt!

Christel nahm den Brief, blieb stehen und las, während Ellenroth in großem Kreise langsam umherritt. Darauf ging ihm Christel entgegen und sagte ihm traurig: „Was ein Mädchen, wie Dorothea sagt, so sagt, und schreibt, das hält sie gewiß, dabei bleibt es. Armer, junger Herr!"

„Geht zu ihr!" bat er; „redet noch einmal zu ihr! Ich bin so thörig wie alle Menschen, die das Theuerste entbehren, das Aeußerste dulden, wenn sie nur klar wissen, warum? und wie es gekommen! Und diese Thorheit beweiset, daß es ein größer Glück giebt als alles Glück oder alles Unglück — und das ist: die Wahrheit, ist die Vernunft! Ach, daß die Liebe zu dem Weibe mir nur nicht höher wäre, liebe Christel! Denn erfahre ich auch den Grund der Zurückweisung und Verweisung meines Herzens auf sich selbst, so ist es doch leer, halb, zerrissen ohne Sie — und der Tod ist jetzt leicht zu finden: ich werde Soldat! oder erlöse durch meine freiwillige Gestellung vielleicht und gern noch einen gezwungenen Vater von Kindern! Vielleicht sollte das nur so kommen, das sollte ich im Leben vielleicht nur thun! Wer weiß, wozu ein jeder bestimmt ist auf Erden. Doch die Tage erst lichten das Leben auf — und die finstern: ein helles! Nur verdenkt mir nicht, daß mir die Augen tröpfeln! Vor Euch will ich es nicht verbergen."

Christel meinte in diesen Worten auch eine Schickung Gottes zu sehen, ward durch und durch froh, und über und über roth, und wollte den verlorenen oder nicht erst erworbenen Freund inständigst bitten ... wenn er denn wollte, was er müßte, oder müßte was er wollte ... diesen Dienst dann ihrem Johannes zu leisten ... den Vater ihrer Kinder frei zu machen von den Soldaten, durch sich! Aber sie erröthete bei dem Tröpfeln seiner Augen ganz anders. Denn Thränen rühren ein Weib am meisten, und unter allen Thränen, die Thränen eines Mannes, der schön und edel und muthvoll ist; ja diese solche Thränen erheben sie über sich selbst, und geben ihr alle ihren weiblichen Adel wieder und eine Himmelsseele dazu, oder erwecken sie nur in ihr, wenn sie schlummerte. Und so erwiederte Christel: „Armer Herr! Ich weiß gewiß, es ist vergeblich — aber ich gehe zu Euerer Dorothea. Bleibt bis zum Abend hier ... und kann ich Euch nicht helfen ... so helfet Ihr uns! Und Ihr ... Ihr könnt es, und wollt es gewiß ... schon um Dorothea's willen! — Die wird sich doch freuen über Euch!"

„Sagt es dann gleich lieber jetzt!" bat er. Aber sie beruhigte ihn damit, daß sie gleich nach Mittag in die Stadt gehen werde, nahm ihm das heißgerittene braune Pferd ab, und als er hineingegangen, sahe er bald darauf — den Johannes exerciren, und faßte im Stillen selbst den Entschluß: den redlichen, einfachen, aber den Seinen so kostbaren Freund zu erlösen ... oder verstand er jetzt erst Christels Worte. Denn manche Worte werden erst spät verstanden, oft Jahre und Jahrhunderte nachdem sie verhallt sind, „wie die ächten wenigen Worte Christi," wie Wekker sagte.

Der alte Frommholz aber wußte von dieser fast gewissen Hülfe nichts, und auch von keiner andern irgend woher. Aber er wußte heimlich aus einem andern Hause den noch verborgen gehaltenen Befehl: „daß übermorgen, oder schon morgen, die

Neugeworbenen, Alte und Junge, selbst halbe Greise und halbe Kinder, die nur verwüstet wurden, über den Rhein auf jene linke Seite geführt werden sollten.“ Darüm hatte er beim Schlafengehen große Sehnsucht nach dem Tage. Der untergehende, prachtvoll schillernde Mond, der vor einigen Tagen schon voll gewesen, täuschte ihn: sehr früh aufzustehen, und zwang ihn gleichsam, die wechselnden aber immer wiederkehrenden Wunder der Nacht noch einmal recht zu genießen; bis er sich in seinen geschnitzten Lehnstuhl setzte, und mit stiller Freude endlich die Tritte seines Johannes über sich hörte. Da löschte er im Kalender, schon in der heiligen Morgenfrühe den Tag aus — den Montag — wie er sonst immer erst nach dem Abendsegen that; dann zog er die stehengebliebene Wanduhr auf; ließ den Kukuk die Stunden nachrufen — und schrieb noch einmal seinen Namen auf das mit Schiefer belegte Tischblatt, sahe ihn an, und löschte ihn lächelnd weg. Dann betete er aus seinem Kubach das sonderbare, doch ächte „Gebet eines Schieferdeckers, so er vom Thurme fällt,“ welches zwei Seiten lang ist, also einen wolkenhohen Thurm voraussetzt, wenn der dabei besonnene Unglückliche nicht eher auf Erden anlangen soll, als er es ausgebetet hat. Er merkte das, und lächelte die geringe Höhe seines Thurmes und seinen Fall, wie ein Kinderspiel, dadurch hinweg — und das Gebet bekräftigte ihn und machte ihn stark! Dann öffnete er die Stubenthür einen Fingerbreit, um noch einmal zu sehen: wie Alles darin morgen stehen würde! .... Wie in fünfzig Jahren .... in hundert Jahren die liebe Sonne so hereinscheinen würde!

Der stille Herr Ellenroth machte das Frühstück still. Doch sagte Christel dem Großvater, daß sie zu den Kindern hineingehen würde, und er ließ sie alle grüßen und bitten: „sie sollten ihn nicht vergessen!" Das durfte er sagen. Aber Johannes durfte ihm nicht sagen, daß sie seinen Geburtstag begehen würden; um ihn beim Mittagsessen zu überraschen.

Als der Alte aber an die Arbeit gehen wollte, bat ihn Johannes: „Vater, bleibt doch zu Hause! nur heute zu Hause!" Das Wort traf den alten Vater, als sei er verrathen. Doch als der Sohn hinzu setzte: „macht wenigstens Mittags bei Zeiten Feierabend; die paar Schläge an dem Thurme werden ja noch vor dem Winter gethan werden" — da versprach er zu Mittag bei Zeiten bei ihnen zu Hause zu sein — und sahe sich jetzt um, wie es dann in der Stube unruhig aussehen würde, wie er daliegen würde todt und zerschmettert; aber auch, wie er des Sergeanten, ja des Kaisers grausame Befehle zu bloßem Wasser gemacht; und freute sich, daß so Jeder, der stark etwas Gutes will, frei ist von allen über den Ländern liegenden eisernen Gittern; und nur das Eine that ihm in seiner redlichen Seele leid, das ehrliche Begräbniß, das sie ihm würden angedeihen lassen; und das Bedauern, als sei er unglücklich gewesen in seinem Tode; da er doch grade sich säen wollte in Gottes Erde als einen Keim des Glücks für die Seinen. Und so sagte er nur zu Johannes: „Du bist mein lieber, mein einziger Sohn! Und Du meinst es gut mit mir — das merke ich heimlich! Merke nur auch heimlich: Ich meine es auch gut mit Dir — so gut wie ein alter Vater noch kann! — Lebe wohl — indeß!"

So ging er.

Aber auch Christel ging kurz vor Essen noch eilig in die Stadt; denn Paschalis Magd, die Einiges zu holen gekommen, hatte ihr gesagt: daß das kleine Mädchen sehr nach ihr geweint — und mit gewollt! Das war nun schon Stunden vorbei, aber das hielt sie nicht aus, obgleich das Kind gewiß jetzt längst schon wieder ruhig war.

VIII.

Von den Kindern zurückgehalten, ging Christel erst am anderen Vormittage von Mainz nach Hause. So wußte sie nichts aus Zahlbach — und so gewährt der Himmel den guten Menschen das Glück ihrer Treue und Liebe; und wo das Glück ist, kann nicht zugleich Schreck und Pein sein; und so sind sie nicht nur nicht elend, sondern oben darein beseligt. Wie viel Ursache aber Alle, ja alle Völker haben: tagtäglich zu bitten, daß auch ihre Nachbarn und alle die Ihrigen auf unschädlicher, ja wohlthätiger Bahn wandeln mögen, damit sie nicht durch ihren Verkehr mit ihnen und grade durch ihre Neigung und Freundschaft und Liebe recht Bitteres von ihnen leiden — das erfuhr sie heute.

Daniel begleitete sie in Mainz bis an das Thor. Unter dem hohen dunklen langen Gewölbe wandelnd umfingen sie gleichsam die alten Zeiten sichtbar und doch so wunderlich. Denn wenn draußen auf Markt und Straßen neue Sonnenhelle und neues Leben sich regte, so hingen hier drinnen still, wie Fledermäuse, an den schattigen Mauern, die Spuren vieler hundert verflogener Jahre; und Alles, was sich hier Fröhliches und Trauriges herein oder hinaus bewegt, herein oder hinaus geschollen war, das hatte sich gleichsam nur — als Rauch an die Bogen gehangen, und ihnen die wettergraue, alterbraune Farbe — der vergänglichen Welt gegeben. Die Gewölbe aber hallten nur wieder, selber stumm; und so sagten ihr die Steine nicht, daß so eben die Rekruten aus Zahlbach hier durch geschleppt worden waren, während die armen Teufel ihre Angst in lustigen Liedern zum Himmel gesungen.

„Aber Mutter!" sprach Daniel, „sind das nicht unsere Kühe dort? und unsere vier neuen Räder am Wagen?"

Sie drängten sich hin vor die Wache, vor welcher der Wagen mit einem im Strohe liegenden Manne hielt; aber nahe hinan konnten sie nicht, denn Soldaten und Menschen umstanden ihn. Und ein Bürger sprach zu dem andern: „Das ist ein böses Zeichen! Die Welt hat den Krieg satt; und damit nun grade der Kaiser und seine Brüder, seine Herrn Vetter und Frau Muhmen, Töchter und Schwäger auf den mit Braten gepolsterten und mit Wein besprengten Thronen sitzen, und Niemand Anders, oder Niemand; deswegen wollen sich nun die dummen Bauern nicht mehr selber todt schlagen lassen, noch ihre Söhne als frische Schemmelbeine unter den Thron zerzimmern lassen!" —

„Sie sagten, es wäre ein Zimmermann;" versetzte ein Anderer.

„Ja," bestätigte ein Dritter. „Er ist vom Thurme gefallen; und nun hat der Lieutenant in Zahlbach gesagt: er habe sich hinunter gestürzt — weil er ihn habe früh morgens am Altare knien und beten sehen — weil er einen einzigen Sohn mit Weib und drei Kindern zu Hause habe."

Ach Gott! der Großvater ist todt! sagte Christel zu Daniel.

„Der alte Mann gefällt mir!" sagte der Erste. „Erstlich, weil er ein Mann auf seine Hand ist, der uns Allen vorleuchten sollte; zweitens, weil er soll den Arzt gefragt haben: ob er auch wirklich ein Krüppel wäre, nun er beide Beine zweimal gebrochen habe ..."

Mutter! rief Daniel fast zu laut vor Freuden: der Großvater lebt ja! Er hat nur beide Beine zweimal gebrochen ....

„... und als ihm das ist bestätigt worden, hat er mit Freuden eingestanden: er sei nicht gefallen! Auf dieses sein Geständniß, daß er seinen Sohn dem forcirten Vaterlande habe vorenthalten wollen, ist er nun hier in Ketten hereingebracht und soll ins Gefängniß geworfen werden und, als Zimmermann am richtigsten in den Holzthurm — sie wissen nur noch nicht in welches, denn alle — Holzthürme sind voll: — Verräther, das heißt nur voll Freunde ihres alten wahren Vaterlandes, das da Deutschland heißt.“

„Schwager!“ versetzte der Dritte: „das ist das größte Elend auf der Erde, daß grade das wahre Herz der Völker jetzt ein Scorpion sein soll! und die alte ächte redlichste Treue — Verrath; weil sie nicht mehr paßt, und nicht höflich und artig ist, wenn ein Andrer das Vaterland zerrissen, erbeutet und unterjocht hat, und doch so gut wie ein alter treuer, lieber guter Vater nun Kindesdienste, ja die Kinder selber verlangt! Der gute liebe Mann! Und wenn ich hunderttausend Jahre alt würde — ich würde kein Franzose! Und wenn ich Millionen Jahre alt würde, so würde ich nie ein Russe, geschweige zehn oder tausend Russen mit meinen Kind und Kindeskindern — und wenn ich alle Tage 1000 Napoleons, oder alle Stunden 5000 heilige Andreaskreuze mit Brillanten — geschweige die Knute bekäme; — — denn so Etwas ist nicht möglich, wider den Mann und wider den Menschen, und das sollte man einsehen, besonders: — „Man, der Teufel!“

Darauf sahen sie einen schönen Knaben auf ein Rad des Wagens steigen, und jetzt nur erblaßt und ängstlich nach dem braven Manne darin spähen . . . dann langsam und vorsichtig über die Leiter steigen und sich zu ihm setzen; und der Alte hob sein Haupt auf, sahe ihn wieder an, und rief: „Daniel!" und Daniel rief: „Mein Großvater!"

Darauf war es umher still vor Mitleid und Verwunderung; selbst die Soldaten wehrten dem Knaben nicht; und so überwand auch Christel die Scheu, aber nur durch eine starke innere Aufwallung, sich vor so vielen Augen zu zeigen; und so ließ sie die Menschen die Menschen sein, unbekümmert, ob sie solche heilige Kleinode unter der Stirn besäßen, die da zu sehen vermöchten, was unter der Sonne vorgeht; oder ob solche kleine Hämmer in ihren Ohren ihnen verkündigten, was aus einer Menschenbrust herauf und heraus getönt in die himmlische Luft — — sie drückte dem Vater die Hand, und hielt sie fest, während ihre thränengefüllten Augen über ihm schwebten. Denn sie bedachte mit staunendem Bedauern, wie nahe ihm die Hülfe des Himmels durch den entschlossenen Ellenroth gewesen sei, und welche That er aus Mangel an Vertrauen gethan — und sie drohte ihm mild mit dem Zeigefinger; — er kehrte sein Gesicht ab — und sie hatte nun eisernes Antlitz — vor aller Welt zu weinen! Dann erblaßte sie über und über vor Scham vor der Welt der Großen, und erröthete wieder über ihre eigene Schuld der Verschweigung gegen den Schwiegervater: welchen Trost ihr der Herr von Ellenroth gegeben! Aber „soll ein Weib denn alle Augenblicke Alles sagen? und gleichsam vom Herzen abschlagen, was noch nicht reif ist, sondern erst eine kleine grüne Frucht ansetzt, die noch abfallen kann?" So tröstete sie sich selbst, faßte sich schwer aufathmend, und befahl ihrem Daniel leise, bei dem Großvater zu bleiben und ihn zu pflegen und darum wohl zuzusehen, wohin man ihn ins Gefängniß werfen werde, und dann Herrn Paschalis zu bitten, daß er sich seiner erbarme. Darauf gab sie dem Daniel Geld, stieg rasch vom Wagen und verlor sich unter der Menge.

Und der eine Bürger sagte wieder: „Schwager! Wenn wir nicht alle die Hoffnung hätten, daß eigentlich Nichts lange besteht, was die Großen thun, höchstens von einem Friedensschluß bis zum andern, und wenn es nicht ein wahres Glück wäre, daß ein Friede nicht von Eichenholz ist, also nicht versteinern kann, sondern der ewigste Friede nur etwa fünfzehn Jahr alt wird — so möchte ich kein Schuhflicker sein in Ewigkeit! Sela!“

„Und ich kein Schneider! Schwager!“ versetzte der Andre. „Aber wir hoffen, das deutsche Reich, dieses viel zerrissene und von aller Welt behaltene Gewand, das der liebe Gott am Schöpfungs-Sonntage selber abgelegt, das wird nun endlich wieder auf seine alte rechte Seite neugewandt werden, und auf eine beßre, ja hoffentlich gute Weise mit Cameelgarn und Seide wieder zusammengenäht, daß es so lange hält wie ein Rock der Kinder Israel in der Wüsten — 40 Jahr! Sela!“

„Wenn's nur noch Stich hält!“ schloß der Dritte. „Menschenherzen sollten sie können zusammen nähen! So einen Schneider gebe uns Gott! Desselben Ziegenbock will ich sein in Ewigkeit!“

„Ich auch!“ sprach der Dritte. „Ich auch!“ schrie der Erste. Und von ihrem Gedanken gleich froh ergriffen, meckerten alle drei Freunde laut, und nunmehr erscholl unauslöschliches Lachen. Doch nun meckerten sie erst recht. Und die Kinder umher meckerten, die Lehrjungen meckerten; die Kühe brüllten; die Soldaten fluchten und schlugen ohne Auswahl und ohne Schonung unter die Menge. Und die drei ursprünglichen Ziegenböcke fingen an zu reden und sprachen: „Vergieb ihnen, Herr! denn Soldaten wissen ja nie, was sie thun! — nur was sie leiden!“

Christel, auf den Heimweg fortgeschlichen, hielt öfter ihre — mit den Ellenbogen wie in die Luft gestützte Hand vor die Stirn, wollte eilen, und ging, von Demuth ganz gebeugt, dennoch nur langsam. Denn sie betrachtete, daß das alles um ihrer und ihrer Kinder willen geschehen sei, und erklärte es sich aus gutem Herzen so: — „Johannes liebte sie; das sahe der Großvater; — und dieser liebte als Vater seinen Sohn, der wiederum sie und die Kinder liebte mit seiner Liebe.“ So war es gekommen. Darum beschloß sie, zu Hause nur wenige aber herzliche Worte zu reden, nicht aber zu schweigen, damit Johannes nicht meinte: sie behalte das Schwere auf ihrem Herzen. Und so ward dieses neue Unglück ein neues Band um sie und Johannes; denn jeder Verlust und jeder Gewinn, jeder Segen und jedes Unheil zieht ein gutes Weib nur fester ans Herz ihres Mannes, mit dem sie das Leben trägt, und um dessen willen sich ihr nur Alles begiebt, das Traurige und das Frohe.

Johannes aber stand vor ihr, als sie eingetreten, und frug nur: „Weißt Du?“ — Und sie antwortete nur: „ich weiß!“ Und nach zeitlangem Schweigen setzte er nur noch hinzu: „Deine schönen Kühe sind auch fort!“ — Sie aber versetzte heiter lächelnd: „aber die Kinder — die Kinder sind alle — ach nun alle die wir noch haben — gesund und fröhlich — bis auf den Daniel, der mich begleitete, und ihn nun pflegt, Du kannst Dir denken: Wen!“

Sie schwiegen darauf beide — aber übereinstimmend —

und gingen an ihre Geschäfte, diese wahre Wohlthat des Lebens, oder das Leben des Einfachen selbst, der in ihren nöthigen Kreis unvermeidlich gebannt, nicht Zeit hat, ein Gespinnst aus den Gedanken und Gefühlen darüber zu machen, sondern seine Leiden und Freuden in seine Geschäfte hinein arbeitet oder hineinwirkt, wie ein Weber seinen Einschlag — und das Gottgeheißene willig und still vollendend, ein Mensch ist, ein ächter Träger der Zeit — wenn er bei Andern auch nur ein Handwerksmann, oder ein Bauer heißt.

Der junge Herr von Ellenroth, der Christel entgegen gegangen war, und sie verfehlt hatte, kam darauf; aber er erfuhr nur von ihr, und noch als ein großes Geheimniß kaum verständlich zugeflüstert: Daß Dorothea nichts gethan: — als eine Thüre zugemacht, eine Gewölbthür im Unterstock des Schlosses. — Das Mädchen derselben aber habe ihr, auf ihre weitere Erkundigung gesagt: „in dem Gewölbe habe ein großes Kohlenbecken mit glühenden Kohlen gestanden.“ — Mit diesem unverständlichen Bescheid wollte der verstoßene Bräutigam wieder nach Frankfurt reiten, aber — er nahm seinen Weg über Breitenthal, um zu erfahren: Wie „eine Thür zumachen“ seine Braut und ihn scheiden, und sie oder doch ihn so trostlos machen können.

So war denn im Hause wieder Ruhe, oder doch von Ordnung beherrschte Unordnung, und von Mühe und Sorge bezwungene Noth mit so vielen Gästen, die sich müßig pflegten und schonten bis zum Lord- — Todesschmause auf dem großen grünen Schlachtfeldstische, wobei sie die Speise sein sollten, nicht aber mitspeisen, höchstens ins Gras beißen, oder Erde kauen; — „so wie Bauern beim Schachspiel, welches morgenländische Herrscher mit lebendigen Figuren spielten oder noch spielen, und den verlornen und gewonnenen, vom Stehen müden Statisten die Köpfe abhieben oder noch hauen, abhauen lassen oder es befehlen; ohne daß die armen Schelme ein Wort vom Spiele erfahren als die Parole; oder einen Gewinn davon genossen, als — den Braten gerochen, den sie wie Jäger, noch grunzend im Walde für ihres gnädigen Herrn Wildpretskammer geschossen, und der ihnen den Leib mit den Hauern aufgerissen hat;" wie Wecker gesagt.

IX.

Das Weihnachtsfest kam während deß herbei, aber nicht als ein dankbar-heiteres Fest der Geburt Christi, sondern als ein irdischer Lärm, und als eine Gelegenheit: das wenige Wohlschmeckende noch zu verzehren, was über den unfruchtbaren Winter hinaus bis zu den neuen Gaben der Erde hatte langen sollen. Darum fehlten die Kinder nur Christel am meisten — denen sie Freude machen konnte! Und doch bereute sie nicht ihre übereilte Furcht, aus welcher sie dieselben in die sichere Stadt gebracht. Denn wenn sie jetzt auch nicht am Leben gefährdet schienen, so war ihr kindliches Herz und ihre junge Seele doch in Gefahr der Verwahrlosung durch die rohen Gäste; und bei jedem frechen Worte und jeder frechen Geberde und That derselben, welche die Kinder nicht sahen und nicht hörten, dankte Christel Gott, und empfand nur Freude, als fromme Mutter, welche die Weise gefunden hatte: die Welt sich immer gut zu deuten in dem ihr entgegengesetzten guten Herzen.

Sie wollte den Kindern selbst bescheren gehen, saß in stiller Nacht vor dem Backofen und buck jedem sein Christbrod; und jedes gedieh sehr schön und ward groß; — selber das Christbrod, das sie für die kleine umgekommene Tochter Clementine, voll guter Sachen und voll großer Rosinen mitgebacken, ging hoch auf, und färbte sich lieblich braun; und Christel sah es mit feuchten Augen und weinte und dachte: „es geht Dir also wohl im Himmel, mein Kind, das seh' ich an diesem Zeichen! Deine Bescherung aber soll ein armes Kind bekommen, das dagegen ohne Mutter ist, wie ich ohne Dich!" — Auch für den verschollenen alten Hausfreund Wecker soll sein Christbrod groß und lockend daliegen, und der neue Rock dahängen — bis er kommt! Und zum Weihnachtsfest, oder doch zum Neujahr kehrt ein Jeder gerne heim. Sie freute sich auf Weckern, sah ihn im Geist das liebe Gut verzehren und hörte ihn wieder wie sonst dazu sprechen: „Daß wir durch des Christkindes Geburt nicht mehr Sklaven der weltlichen und geistlichen Tyrannen sind, sondern daß wir armen alten Schulmeister, ja jedermännig klüger sind, auch wohl besser, als anderleuts Narren zu sein oder nur zu scheinen, das verdient wohl, daß man ein paar Tage Christbrod ißt, oder wohl gar ein delikates Stück Mohnstriezel, der einem im Munde zergeht!"

— „Oder auch zwei Stück!" sprach Christel dann fast laut, und legte ihm in Gedanken noch ein tüchtiges Stück hin; und Daniel legte ihm still das Seine auch dazu — und Wecker bedankte sich nicht bei ihr und dem Knaben, sondern bei dem Herrn Christus, besonders aber bei dem fast ganz aus der Acht gelassenen, ja wie in die Acht erklärten heiligeu Geiste, dafür, als welcher es eigentlich so weit gebracht, daß Christbrod in der Welt sei — und gute Menschen!

Darauf weinte sie im Stillen vor alter Freude, und zuletzt vor neuem Leid. Aber das künftige kannte sie nicht, und ahnete es kaum; wie Niemand an bunten warmen Herbsttagen den Alles weiß bedeckenden Schnee. Und doch war ihr Herz voll Angst und Furcht vor der Zukunft, die sie gern gewußt hätte, nur ein Augenblickchen gern hinter den Vorhang der Jahre geguckt, oder nur hinter die Nebelwand, die vor dem nächsten Jahre hängt, um zu sehn, was für Gestalten dahinter standen; blutig, glänzend, wohlthätig, oder schrecklich — alle aber vom Himmel gesandt; — oder schon auf Erden wandelnd, aber ihre eigenen künftigen Thaten und Werke noch nicht kennend, und unerkannt unter der Menge wandelnd; bis ein Engel mit seinem Finger vom Himmel herab auf ihn deutet, laut seinen Namen nennt, ihn anruft und spricht: „Nun sei du selbst! Werde und wirke!"

Am Vorabend des Neujahrfestes 1814 trat da in der Dämmerung ein Mann in Johannes Stubenthür und sprach: „Willkommen!" Sprich „Willkommen," mein liebes sogenanntes Pathchen, denn ich bringe Euch einen Gast mit! — Ich bin der sogenannte Leinweber Krieg mit der Baßgeige; aber ich habe sie heute nicht mit! Und der Fremde wird Euch gewiß lieber sein, denn er brummt nicht so, und ist ein stiller Mann und alter guter Freund von mir — und wird nicht lange bei Euch verweilen —' sage ich Euch zum Troste. Nun tretet nur ein, sogenannter Herr Prophet Adam! Hier wohnen treue verschwiegene Leute. Das sei Gott geklagt! Nämlich: daß nicht in jedem Hause dergleichen Adamskinder wohnen, mein Adam! Denkt, Ihr seid ihr Urvater, macht's Euch bequem, und setzt Euch nieder, als wärt Ihr zu Hause im sogenannten Paradiese. — Marsch, hinein! nicht hinaus! denn ich bin kein sogenannter Engel mit dem Schwert — nur mit dem Stocke, der heut gewiß so müde ist als ich — ob ich gleich als Leinweber das Treten gewohnt bin, aber

— beim Sitzen, nicht beim Laufen! Nun Christel, macht sogenanntes Licht; das heißt: zündet es an, oder den Kamin! das heißt das Holz darauf, damit wir uns sehen und kennen lernen, und Adam nicht glaubt, ich habe ihn in ein sogenanntes Blindenhaus geführt, was jetzt die ganze Welt ist, nämlich nicht für immer, sondern nur bis wieder die sogenannte liebe Sonne aufgeht, das heißt: die Erde unter, das heißt: sich nur herumdreht mit den Betten voll schlafender Halbtodter, das heißt: nur immer eine Nacht Todter. Also nur Licht! Wärme, Brod, ein Schoppen Wein, und dann Stroh zu einem sogenannten Bett, mein liebes Pathchen! Erschreckt nicht über meine lange Eingangsrede; sie ist nicht der Eingang, sondern die Rede selbst, und ist nun aus und heraus! Vorhin war mir das Maul von der Kälte zugefroren — jetzt ist es aufgethaut."

Christel schlug mit freudezitternden Händen Feuer und — machte Licht. Dann nahm sie dem lieben Pathen Leinweber den Pelz ab, und sahe mit sonderbarer Scheu zum ersten Mal in ihrem Leben einen Propheten. Der Mann war schlank und hager; seine großen schwarzen Augen funkelten sie an, und sie sahe darin Gutmüthigkeit, Treuherzigkeit und viel mehr Demüthiges als Stolzes, und vielmehr Offenheit als Schlauheit; wenn auch sein Mund nur freundlich grüßte, aber zurückhaltend dann schwieg, oder nur die nöthigsten Worte sprach. Denn er schien menschliches Wesen, den Lärm um das Heut und das Jetzt immerfort zu belächeln, wie das brennende sich verzehrende Licht; und doch beobachtete er alles Geschehende scharf, und schien es nicht recht fassen oder sich damit vertragen zu können. Und so lag eine gewisse, schwer zu verhüllende Hast und Ungeduld in seinen Geberden und Schritten, bis er wieder in einer Ecke still stand und sah und zusah. Wie Jemand, der selbst auf einer weitschauenden Höhe steht, und hinter den Bergen her viel fremde wunderbare Gäste erwartet, die ihm haben zusagen lassen: „sie würden kommen," und die alle Augenblicke, aber auch in Jahren erst kommen können, und die zu erwarten und zu begrüßen er auf die Höhe gestellt ist. Und so lag auch Ueberdruß auf seinem blassen Gesicht, und seine Kleidung war nur — Kleidung, und schien nicht sorgfältig angezogen, sondern nur umgehangen. Auch seine schweren langen schwarzen Haare hingen ihm grad und schlicht, ohne zu glänzen, bis auf die Schultern herab. Seine Sprache aber drückte selbst das Gewöhnliche so aus, als sei sie bloß für diese jetzige Sache von ihm erschaffen worden, und solle in der Welt nichts anders mehr bedeuten; und so erschien sie klar wie Wasser, das den Grund durchsehen läßt, doch nicht wie geprägtes fertiges Gold, sondern wie solches, das eben geprägt wird, das mühsam aber sauber und fehllos unter dem hörbar arbeitenden Stempel hervorkommt.

Sie hatten kaum zu Abend gegessen und sich ausgeruht, als ein furchtbarer Lärm im Dorfe entstand. Alle Soldaten liefen bewaffnet hinaus, und auch die Bewohner von Zahlbach standen eine Zeitlang betäubt in jenem allgemeinen Erschrecken, in welchem alles Grause, das in der Natur ist, aufgeschrien, wie Ungeheuer des Himmels, des Meers und der Erde drohend und schnappend mit offenen Rachen die Menschen umlagert, und gegen welches das größte Unglück nur Kinderei wird, wenn der Schreck seinen Namen durch die Taufe der Zeit erhalten. Und so ward sogar allen leicht um das Herz, als sich ein nahender Bote erbarmte und kund that: „Mainz brennt!"

Nun eilten Viele auf die Clubbisten-Schanze. Aber es

war nur dort ein matter niedergehaltener Schein über der Stadt zu sehen; oder bisweilen einige leuchtende Funken um die Thurmspitzen, und dumpfes Geräusch scholl auf; dazwischen auch wohl ein Knall, hier einer und dort zwei, auch drei; dann schwieg es wieder und rauschte und rief nur fort und blieb hell. Johannes mit seiner Christel und der Leinweber Krieg mit seinem Propheten Adam Müller stiegen also auf den noch höher liegenden Berg zur Seite. Krieg prophezeihe Unglück — denn die sogenannten Verbündeten gingen in dieser Nacht über den Rhein! . . .

„Friede! Friede! Es ist Friede!" scholl es von der Clubbistenschanze.

„Friede?" rief Adam, aufglühend vor Zorn. „Friede! Der ist nicht! Der wäre schrecklich! Das kann ein Kind begreifen! Die Völker sollen Eins werden — und im Kriege erkennt Jedes das Andre als ein eigenes Wesen mit eigenen Rechten und Ansprüchen, und fühlt sein eigenes Unrecht und seine Sünden... wie seine Wunden! und kann den Himmel mit Händen greifen . . . wie seine Leichen. Friede? Entsetzlich! Wie würde da Frankreichs Licht ausgegossen über Europa! Der Kosak sticht in ein französisches Herz mit der Lanze, wie ein Hammerschmid in den hohen Ofen, und eine ganze Gans, ein Strom Feuer fließet ihm zu! Deswegen sind die rohen unwissenden Völker so kriegslustig — um zu wissen, und sterben gern wie Ameisen; denn sie wissen, ihre Nachkommenden erstürmen die Zuckerdose!"

In Mainz flogen Leuchtkugeln auf, und die nächste Umgebung ward schwach erhellt davon, wie von vielen kleinen zerplatzenden Monden.

„Seht nur," sprach der Leinweber; „das ist ein sogenannter alberner Spaß für einen Propheten, der den Feldmarschall

Blücher wieder besuchen und ihm den Verlauf und den Ausgang des Krieges prophezeien will — nämlich daß alle sogenannten Schlachten jetzt so gut wie halb umsonst geschlagen werden, und daß das viele junge Blut jetzt umsonst fließet, weil Napoleon wiederkommt nach Jahresfrist — und nun machen sie Friede in Mainz!"

„In Mainz!" versetzte Adam. „Der Friedensjubel ist nur eine Maske, in welche die endlich auch einmal schlau gewordenen Deutschen die Feinde gesteckt, damit sie drin tanzen und nicht — den Uebergang über den Rhein sehen."

Also wird der Kaiser vom Throne gestoßen werden? frug Johannes. Sagt uns doch auch Etwas!

„Das kann ein Kind begreifen!" sprach Adam; „freilich der Kaiser; denn ein ganzes Volk läßt sich nicht absetzen von seiner Menschenwürde oder auf den Thron stoßen! Darum sind alle Kanonen nur auf Ihn gerichtet, welche freilich den armen Franzosen Arme und Beine zerschmettern oder den Leib aufreißen, weil ein Potentat nur aus anderleuts Gliedmaaßen besteht. Aber nur ein schwangerer Mann wird ihn überwinden; denn mit einem solchen Elephanten-Unternehmen trächtig gehen, ist kein platter Spaß, sondern ein höherer Ernst, ihr Leutchen! Sein Sieger muß glauben, einen Elephanten gebären zu sollen. Nur wie man das einmal auf's Theater bringen will, oder malen, ist meine Sache nicht; aber auch eingebildete Dinge sind wahr, und wär' es ein junger Elephant. Das Blut muß aber doch vergossen werden."

Und dann wird Friede? frug Christel fröhlich und getrost.

„Das kann ein Kind begreifen!" sagte ihr Adam. „Aber, meine Frau Christel: ein Donnerwetter im Frühjahr ist nur eine sichtbare, hörbare und wandelnde Schaffung der Blüthenzeit auf der Erde. So soll und wird der bekannte gemeine Krieg nicht aufhören, damit der bekannte gemeine Friede wird, sondern damit der reine große ewige Krieg wieder anheben kann, welchen die Menschheit unter sich tagtäglich kämpft. Denn Leben ist der Streit und das Ringen nach Weisheit, Recht und Freiheit; und in diesem soll bewährt werden die Liebe und die Tugend; denn die Thränen und Wunden, die Schmerzen und Tode in dem stillen Kriege der Menschen, der da Frieden heißt, sind unaussprechlich tiefer, schwerer und tödtlicher, und millionenfacher — als in dem lauten Kriege. Darum bete ich um Frieden, auf daß der wahre Krieg wieder seinen großen Verlauf beginne; und der leibliche Krieg muß nicht mehr geduldet werden von keinem Volke, weil er den Welt- und Geisterkrieg nur unterbricht. Und da müßte Einer oder Mehrere blind, stock — blind sein, wenn sie nicht sehen, daß das deutsche Volk nun aufsteht die Auferstehung, die mit dem nie dahin begrabenen Kaiser im Kyffhäuser gleichsam begraben liegt, seine große, ganze Auferstehung! Nicht dafür, daß Jeder wieder seine vorher so beglückten Leute wieder so wie bisher beglücken soll; denn das kann ein Kind begreifen: das Volk steht nicht begeistert auf für Andere, sondern für sich, von einer großen Ahnung voll: das große gemeinsame Vaterland soll leben und dastehn, nicht Heinze oder Kunze, die als Sterbliche doch bald umfallen. Für Heinzen und Kunzen opfert es also scheinbar auch sein Blut; deutlicher aber schon: um die Schande los zu werden, daß es ein fremder Tyrann nach seinem eignen Gefallen beherrscht. Und Deutschland wird durch seinen Sturz sich emporrichten; den ihm Niemand abgewehrt, den im Gegentheil ihm Viele lange herbeigeführt haben durch Habsucht und Uneinigkeit; und Deutschland wird durch seine Erniedrigung erhöhet werden, wozu ihm nur Gott der Herr hilft. Und das weiß das Volk — und Gott! Und das Volk wird siegen mit Gott!"

Jetzt erdonnerten hundert Kanonenschüsse rund um die Stadt, aus feurigen freudigen Schlünden, wie Triumphhall; die deutsche Erde bebte, und die deutschen Augen weinten auf dem Berge. Aber Adam setzte sich traurig nieder, sahe auf Mainz hin und weinte auch, aber ingrimmig; und der Mann schien eine feurige Flamme, die aus der Erde gefahren, und aus der Flamme sprach es: „Ja, jubele nur Du unschuldige Stadt, Neu-Bethlehem, Du Stadt des Unheils der unschuldigen Kinder, um das Wort der Weisen zu Schanden zu machen: daß die Erlösung nun da sei und das Licht geboren! In Dir wird man hören aus thörigen Kindern, was — die Erde will, und um dieser Kinder willen wird man ein Netz über alle Lande legen, ein eisernes Netz, das zehntausend Millionen Goldstücke kosten wird, und in einer Sommernacht zerreissen wird wie von Spinnenfäden, und dann keinen Kreuzer mehr werth sein wird, wie ein zerrissenes Kreuzspinnennetz! Denn die Kreuzspinnen werden es spinnen, und eine große Kreuzspinne mitten darin still sitzen und Spinnen brüten, und hineilen, wo nur ein Fädchen sich lösen möchte. Aber das Netz hat der Spinne letzte Lebenskraft gekostet; sie kann es nicht wieder verschlingen, nicht mehr verdauen, um es neu zu weben, so lange der Himmel bleibt." —

Da erscholl mit erschütternder Wirkung vom Thurme des Domes Posaunenhall durch die Nacht, und himmlische Luft trug unter den heiligen Sternen und über der heiligen Erde die Worte her: „Herr Gott, Dich loben wir!“ — Herr Gott, wir danken Dir!“ —

„Er hat schon geholfen!“ schrach der Leineweber. „Mir ist, 'als spielte ich das Lied mit meinem Basse mit, und striche furchtbar dazu, daß es die adligen vornehmen Todten in den Grüften beim Altare hörten, und die gemeinen Bauern-Todten draußen in schlechter Erde auf dem Gottesacker! Blaset nicht mehr! Ich halte es nicht aus — ohne meine Baßgeige! Hört auf, ihr Menschen!“

Und gleich auf der Stelle trifft das ein, was Ihr voraussagt, Herr! sagte Christel. „Das Netz soll zerreißen“ — und gleich danken sie Gott dafür in Mainz!

„Nicht nur in Mainz, meine Christel! sprach Johannes. „Aber besinne Dich nur! Denn Du vermischest seine wahre Rede mit ihrer falschen Freude; — eigentlich posaunen sie Unsinn! Sie sind nur zum Narren gehabt!“

„Aber nicht Narren! — Hilf Deinem Volke, wirklicher, nicht nur sogenannter Herr und Gott! Das trifft gewißlich ein;“ meinte der Leinweber.

„Alles Gute trifft ein. Denn das Gute ist Gott! Und Gott ist nicht todt zu machen, und Gott bleibt nicht aus! Er ist immer da und nah! Gebt acht!“ — sagte Adam Müller. —

Und eine ungeheure Nachteule, groß wie der Vultur papa, oder auf Deutsch: der Papst der Geier, rauschte niedrig am Boden vor ihnen vorüber, und krächzte schauerlich-furchtbar und furchtsam wieder heran. Denn sie war geblendet, und wahrscheinlich aus dem alten, dunkelrothen Dome der Stadt verblasen und verschossen worden. Sie setzte sich nahe vor ihnen hin; ihre Augen funkelten; ihre Federn standen ihr zu Berge; sie war aufgehuschert, wie zum Schlafe. Und Peter, der Hund, der ihnen nachgekommen war, stürzte sich auf sie, und zerfederte sie; aber die Eule klammerte sich über seinem Maule fest, und hackte nach seinen Augen; und der Hund heulte, von ihren Krallen zerkratzt, durch die Zähne; schnaufte, voll dumpf, wälzte sich, biß sie endlich todt, und schüttelte das schändliche Schloß mit Schmerzen und Qual vom Munde, und kam dann blutend und doch fröhlich zu den Menschen.

Allen war grauenvoll zu Muth.

Ist das auch ein Zeichen heut in der Neujahrsnacht? frug Christel.

„Die Natur verstehe ich nicht auszulegen;" erwiederte der Prophet, „ich sehe nur Gesichte. Aber etwas Aehnliches kann kommen. Denn das deutsche Volk nimmt jetzt einen ungeheuren Anlauf zum Hohen und Großen, wie nie zuvor; und unfehlbar auf immer; und wenn es Eines wird in Sinn und Geist, würde es furchtbar allen Blinden und Taubstummen — wenn es nicht ein treuer Hund wäre, der eher wacht und schützt, als raubt und verschlingt, wie ein Wolf. Deswegen werden die vergrößerungssüchtigen, falschen — Türken seinen Herren falsche Angst machen; daß der Hund nun ein Ungeheuer werden könnte, und bitten und rathen, und befehlen, daß ihm ein Schloß vor den Mund gelegt werde, damit er nicht ... reden lerne wie Bileams Esel, und kaum klagen könne seine Nothdurft, aber nur dumpf, aber nicht bellen noch beißen — das treue arme gute Thier! Seht nur, wie Peter blutet! heißt er nicht so? Denn was jetzt geschehen wird, das kann ein Kind begreifen ... aber in den dreißiger Jahren, wenn der Komet kommen wird ... da wird die Erde Angstschweiß schwitzen, wie ein Roß vor dem Kameel! Und wie die Fliegen, die auf dem Rosse sitzen, von dem Angstschweiß sterben; so werden die Menschen, die Fliegen und Würmer der Erde — sterben. Denn heut ist es ein Jahr, da klopfte es um Mitternacht an mein Fenster. Ich horchte; aber ich las still fort in den großen Propheten. Da klopfte es wieder. Ich sah hin — es schwieg — ich las fort. Aber — ich weiß nicht auf welche Weise, ich schlich leise zur Hausthür, und harrte. Und als es zum dritten Mal pochte, riß ich die Thüre auf, um zu sehen, wer . . . doch ich sah — laßt mich schweigen — ich sah Jemand in einem weißen langen Gewande, weiß, wie der Schnee . . und es blickte mich an mit hohlen Augen . . . und es winkte mir fort — und als ob ich von ihm an einer Kette geführt würde, mußte ich folgen, und wir schritten durch das mondhelle todtenstille Dorf auf den mondhellen todtenstillen Gottesacker — — und die Pforten der Kirche standen offen, und es zog mich hinein, und die Pforten fielen hinter uns zu, und die Schlösser verriegelten sich — die Gestalt deutete nach dem Altar, und versank vor meinen Füßen in die Steine des Bodens, wie Wasser zerrinnt; und ich stand allein in der mondhellen todtenstillen Kirche. Aber sie war heller als von einem bloßen Monde, und so still, daß ich das Blut vor meinen Ohren sausen hörte, wie Rauschen des Meeres. Und aus Furcht schritt ich zu dem Altar hin, wo es heller war, und die Gestalten von Engeln wenigstens aus Stein gehauen um mich waren. Aber da kamen vor meinen Augen — wie drei goldene Kähne still aus einem Wasser tauchen — drei Särge aus dem Boden herauf, und an jedem stand eine Jahrzahl, wie von einem inwendigen Feuer glühend und licht. Und mich zog es wider meinen Willen hinzu, und ich mußte den Deckel des ersten Sarges abheben — und der Sarg war voll von warmem noch dampfendem Menschenblut — aber das Blut schrie leis und unaussprechlich bang zum Himmel, wie ein neugebornes Kind schreit in seinen Windeln. Das Blut aber wimmerte in drei Sprachen zum Himmel ... und nannte drei Namen, und rief über jeden Namen dreimal Wehe! — und die Engel neben mir riefen: „Wehe!" — Und ich konnte es nicht ertragen. Und um Grausen mit Grausen zu vertilgen, riß ich den Deckel vom zweiten Sarge ... und ich sah ... er lag voll Menschengebeine ... und die Gebeine regten sich und klapperten, und dürre Hände falteten sich wie zu beten, und wollten sich aufstellen und konnten nicht, und fielen immer wieder in die Asche zusammen, wie Kartenhäuser den Kindern. ... Und der tiefste Ton in der Orgel fing an zu sausen und mit dem Tremulanten zu zittern, daß die steinernen Glieder der Engel zitterten und klapperten; und die Steine der Kirche zitterten und klapperten mit, und die Fenster klirrten; der Mond von draußen und das Licht von drinnen erlosch, und ich stand in schwarzer Nacht. Und vom Orgelchor sang eine einsame Stimme eines Knaben — vom Tremulanten in einem Tone begleitet, die Worte: „Und dann, wenn kein Elend mehr laut genug ächzen kann, dann wird ein Schaafsterben kommen und die Hirten erschrecken. Endlich muß Jeder dadurch einsehen: „Jeder sorgt zugleich für sich am besten, wenn er für die Andern sorgt: für die Armen, die Hungernden und Nackten, und die zugleich arm, hungernd und nackt sind! Endlich soll nach den sechstausend Jahren seit der Schöpfung im Paradiese, Gottes Ebenbild und alle seine tausend kleine Bilder, nicht mehr tausendmal schlechter sein als das Vieh, das sein Fell — seine Kleidung, sein Gras — seine Nahrung hat für den Leib. Denn selbst das Vieh bleibt nur gesund

und giebt Nutz, wenn es sein Futter bekommt zu rechter Zeit. Aber demüthig, ohne Fell und ohne Futter stehen noch Millionen Kinder Gottes und beten: „O Pest! Stecke nicht durch uns die Reichen an, sondern eröffne die Augen derer, die Zungen haben, daß der ungerechte Ueberfluß aufhört, und die überflüssigen Rechte, daß nicht länger Unbarmherzigkeit sei auf Erden! Darum soll dein Name, o Menschenvertilgerin, genannt werden: „Die endlich barmherzige Mutter der Menschheit!" — Da erklang ein ungeheurer Lärm von lauter verstimmten Instrumenten, Geigen und Bässen, Fagotten und Hörnern und Trompeten und Pauken; die Orgel aber spielte noch obendarein einen halben Ton tiefer dazu, und ein Gelächter erscholl, wie von hundert brüllenden Löwen. Ich sah mich um, und alle Orgelpfeifen waren gleissende dicke Schlangen und hatten Teufelsköpfe, und die Köpfe lachten alle; und eine große Schlange zischte und gebot dem Gelächter Stille, und die Stimme sprach dann herab: Niemand ist barmherzig als Gott! Kein Teufel läßt einen Kreuzer aus seinem Sacke Gold fahren; kein Gewaltiger läßt ein Haar nach von seinen geerbten Rechten, als höchstens gezwungen ein Paar, um die übrigen sich zu erhalten! Niemand ist barmherzig als Gott! Kein Teufel!" — Und die Köpfe verfielen wieder in ihr Gelächter, und lachten sie aus die Barmherzigkeit der Menschen. — Und wie mir da grauenvoll zu Muthe war — siehe da springen die Pforten der Kirche auf, und blendendes Licht bricht herein; und die Halle bricht oben aus einander, und die Gewölbe und das Schiff der Kirche bersten oben auseinander, und als wären die Mauern und Pfeiler und Säulen von blauem Weihrauchduft, werden sie lichter und lichter, durchsichtig und leicht, und duften nach und nach hinweg; und der tiefe blaue

Himmel ist droben und drunten und um mich. Und ein Stern, groß wie zwölf Scheiben des Mondes, und weiß wie Schlehenblüthe, nahet da langsam wie ein Mensch, kommt herein in den Raum, und ich weiche vor ihm bis an den Altar, und er nahet und bleibt ruhig schwebend, wie die Sonne am Untergange anschaubar stehen vor den drei Särgen. Und der Stern war — ein großes himmlisch=schönes Antlitz, und es blickte mit thränenfeuchten Augen auf die Gebeine im zweiten Sarge, und das Blut aus dem ersten Sarge sprach wieder, aber leise: Das ist das leidende Gesicht der Menschheit! Sieh es an! — Und ich schaute es nun getroster an, und das Blut sprach: Siehst Du das leidende Gesicht der Menschheit von solchem Nebel umblasen, daß es wie blind ist und nicht gern die Augen aufmacht, weil ihm die Augen übergehen! Verwegene Buben haben ihm Nießwurz unter die Nase gestrichen, und es muß niesen, und schlägt mit dem Kinn auf das vor ihm zugemachte in Eisen eingebundene harte Buch, worin es gern lesen möchte . . . die Weltgeschichte. Das Haupt ist wie ein Engelshaupt, ohne Leib, ohne Hände und Füße, und rückt nur höher wie die Sonne; aber in tausend Jahren nur eine Spanne hoch, und sieht noch kaum die Erde vor Nebel und Glanz. Aber ach, es hat auch nicht Flügel wie Engel, und es muß auf Erden bleiben, es mag ihm gehen wie es will. Andere Dämonen wollten ihm die Augenlieder abschneiden, wie griechisch=gläubige Kaiser ihrem Vorgänger, damit es niemals schlafen könne, sondern nur, unschädlich, in einem irrigen Traume dahin starre! Sieh nur; das kindlich fromme Gesicht hat Wunden über und über aus tausend Kriegen, und Pestspuren, und sieht hungersatt, arbeitsmatt und kummervoll aus, und trägt einen Ausdruck in seinen götterschönen Zügen, der selbst dem härtesten Menschen das Herz im Leibe erweichen müßte, wenn er eins hätte — und ihm das leidende Gesicht der Menschheit einmal erschiene. Du aber bist gewürdigt worden es zu sehen, und sage es nur, sage nur die Wahrheit: das erbarmungswürdigste, ehrwürdigste, leidendste und doch das schönste, was es geben kann, ist das leidende Gesicht der Menschheit! — — Ich selbst nun wollte ihm einen frommen Trostspruch aus Gotteswort in das Ohr rufen — aber das Ohr war taub! und ich hatte zu viel Ehrfurcht, um zu schreien; aber das Haupt neigte sich, wie ein stillwahnsinniges Kind, und seine frommen großen milden Augen sahen freundlich auf mich; über das Antlitz flog einmal — ein trauriges Lächeln, und die schönen Lippen zuckten, als wollten sie sprechen. Aber es bedeckte seine Augen wie blaue Glockenblumen, mit den schöngewölbten, langbewimperten Augenliedern — und schwieg. Und ich rief außer mir: „Geduld, Geduld, wenn's Herz auch bricht; mit Gott im Himmel hadre nicht!" und es war, als hätte das Haupt sein Herz in der Erde, und das Herz desselben schlug laut unter mir, und hämmerte wie ein tiefes unterirdisches Werk in stiller weithörender Nacht. — Und der Chorknabe stand jetzt drunten neben mir in himmelblauem Gewande und frug, und Thränen rannen ihm dabei über seine reinen Wangen, er frug: „Ist es möglich, giebt es wohl so harte selbstsüchtige Herzen, dies Himmelsantlitz so tief zu kränken! Ist es möglich, ihm nicht alles Liebe und Holde zu thun, ihm selbst sein Herz zu opfern — nicht wie dem Abgott Fitzliputzli — denn das Antlitz ist Gottes Ebenbild und Gottes des Sohnes Ebenbild — und was ihr ihm thut, das habt ihr ihm gethan — oder ihm „nicht" gethan. Aber hast Du Muth zu sterben und nur eine Viertelstunde todt zu sein (wenn Du, der schändlichen Welt entrissen, nicht immer unter den Seligen bleiben willst), so will ich Dich schauen lassen, welche Strafen und Qualen alle die leiden, die diesen Himmelsaugen nur eine Thräne ausgepreßt, über die das in der Erde schlagende Herz nur einmal verborgen geseufzet!"— Und er sank hin vor meinen Augen und starb und war todt — und eine geheimnißvolle innere Macht hielt mein Herz an, wie eine Uhr, nahm den Hauch aus meiner Brust und schloß mir leicht und süß die Augen zu, und ich war gestorben und todt — aber ich wunderte mich, daß ich noch lebte, als der Knabe mir an einem fremden Orte leuchtend entgegentrat, daß ich sah; aber Alles klarer, so daß ich zugleich es einsah; und daß ich hörte, aber aus ungemessenen Fernen, und doch Alles deutlich unterscheidbar und unterschieden. Und wir standen auf einem Berge, mitten in grüner, großer Ebene, groß, wie dem Schiffer die offenbare See um ihn her; doch die Ebene schien wie die Erde voll Saatfelder, Bäche, Flüsse mit Bäumen besäumt, mit Hügeln und Felsen und wunderlichen Gebäuden und altem Gemäuer besetzt, und sonderbare Gestalten regten sich emsig im ganzen Gefilde. In der Mitte desselben stand ein riesengroßer Kandelaber, und erleuchtete den ganzen Raum mit hellem Purpurlicht; denn keine Sonne, kein Mond und kein Stern war hier zu sehen; denn diese hatten noch alle ihre göttliche Arbeit in der lebendigen Welt. Auf dem Kandelaber aber stand als rubinrothe Lampe — ein Menschenherz. Es war durchsichtig, und man sah das Blut in den Adern desselben umlaufen, und zu den Ohren des Herzens lüfteten sich von Zeit zu Zeit lichte Flämmchen heraus, wie wenn man Stahl in Lebensluft verbrennt; und in dem Kandelaber liefen Röhren, wie Adern, hinauf, die dem leuchtenden Menschenherzen sein Oel — das vergossene Blut aus der Erde überall zusammensaugten und heraufführten. Wärme aber gab ein ungeheures Felsenthor in einem Gebirge zur Seite, worin man Flammen brennen sah — „das Feuer, das bereitet ist vom Anbeginn" — sagte mein Führer. Am Himmel waren keine Wolken zu sehen, nur reine azurne Wand, aber in den vier Himmelsgegenden: vier himmelhohe Bilder, nicht gemalt, sondern nur in Umrissen, ausgelegt mit buntschimmernden falschen Edelsteinen. Ein Anblick, wie ihn selbst so groß und erstaunend der gestirnte Himmel nicht zeigt, der dagegen nur aussieht, wie eine — blaue Wiese, oder eine blaue Höhe mit gelben Schmergelblumen. Aber hier war Arbeit! Gegen Morgen ragte das Bild der Herrschsucht empor, und die Gestalt hatte ein Kind mit einer eisernen Spindel statt des Rückgrates auf ihren Armen — den Stolz, der eine barbarische verachtende Unterlippe hatte, an welcher drei schwere Ordenskreuze hingen. Gegen Mittag aber stand die Habsucht, mager und lauschend, mit gierig umhergreifenden Händen wie Polypen, die jappend und schnappend im Leeren sich selber faßten und ansaugten und fraßen; weil der Himmel umher, wie eine Wand mit Eisenspitzen bewaffnet war, daß sie sich blutig ritzten. Gegen Norden aber stand die Furcht, wie auf dem Sprunge zu entfliehen, aber zu schwer gepanzert, als daß sie entfliehen konnte; und sie trug an ihrem Gürtel viele Arten Waffen. Ihr Mund aber war mit Schlangenzähnen besetzt, und statt des Herzens, sah man durch die Gestalt — trug sie einen grünen Beutel voll Scorpionen, und auf dem Beutel stand: „Das böse Gewissen." Gegen Abend aber stand die Religion, aber sonderbarer Weise nur als ein großer Deckmantel abgebildet, mit wunderlichen Zeichen, Mützen, Ketten, Bullen und Bullenbeißern und Fackeln farbig gestickt. Wie eine große

Gallerie aber lief, über den Köpfen der vier Riesenbilder, horizontal unter der Kuppel des Himmels umher, ein breiter schwefelgelber Streif mit einer schwarzen Umschrift, die aber nicht still harrte, wie eine andere Schrift, bis sie Jemand läse; sondern sie rief immerfort selbst ihre eigenen Worte laut umher aus: Du sollst nicht begehren Deines Nächsten Land. Denn, sagte mein Engel: Gott hat zwar gesagt im neunten Gebot: Du — also Jedermann, wer es sei, denn Gott redet jeden Erdenwurm aus Machtvollkommenheit mit „Du" an: Du sollst nicht begehren Deines Nächsten Haus; und im zehnten Gebote hat er gesagt: Du sollst nicht begehren Deines Nächsten Weib, Knecht, Magd, Vieh oder Alles, was sein ist. Aber weil der gute Vater der Menschen nicht erst die Vermessenheit eines sterblichen Sünders für möglich gehalten, daß Einer hunderttausend Häuser, nebst Millionen Weibern, Millionen Knechten, Mägden, unzählbares Schaaf- auch Rindvieh und Alles, was ihr ist, begehren, ja sogar nehmen, ja sogar behalten würde; darum steht nun hier deutlich ausgedrückt: Du sollst nicht begehren Deines Nächsten Land! Auch hatte er jene Gebote nur mit dem Finger auf stumme Steine geschrieben; darum spricht sich nun sein erläutertes Gebot ohne Rast und Ruhe Tag und Nacht, wie von Gott gerufen, selbst ganz laut aus, und Niemand kann die göttliche Stimme hemmen oder zum Schweigen bringen, noch in sich und in Andern betäuben; denn sie übertönt Alles, und nach ihr wird an jenem großen Tage ein Jeder unerbittlich gerichtet werden. Denn wie soll der gerechte, ja der barmherzige Gott Jemandem seine tausend Pfund, oder so etwas Heiliges wie sein Weib und seine Kinder, seinen Vater und seine Mutter wiedergeben, und die Seligkeit dazu, wenn ein Mensch so etwas

Sorgenvolles und kurz Besessenes wie ein Land, seinem Nächsten auf Erden nicht wiedergegeben? Die zehn Pfund! — Mitten in dem Aetherdome aber hing ein erstaunend und furchtbar großes Kreuz, ganz einsam und allein, an einer langen, langen Wurzel des Lebensbaumes herab; doch Christus hing nicht an dem Kreuze, sondern es war nur verhüllt und umwunden mit schwarzem Trauerflor, und statt der Inschrift: I. N. R. I., an der Stelle wo sein Haupt für die Menschheit gestorben, glühten rubinroth die Worte: Bis heute vergebens! Aber sie riefen sich nicht selber laut aus über die Welt, wie des Gebotes Erfüllung: Du sollst nicht begehren Deines Nächsten Land, sondern sie schwiegen unbeschreiblich wehmüthig anzublicken, und weinten immerfort, wie ein still rinnender lebendiger Quell in Tropfen herab, die verblinkten wie Thau und verdufteten wie Himmelsthau. Hoch droben aber, über dem Kreuze hing im Schlusse der Kuppel des Alles umfangenden Aetherdomes die große Posaune zum Weltgericht an Spinnenfäden; und ein Engel schwebte Wache um sie, mit einem silbernen Mundstück in der immer bereiten Hand. — Gerade unter dem trauerumflorten gewaltigen Kreuze aber war ein Chor erbaut, auf welchem sechshundert auf Erden ermordete Tyrannen und Herrscher, in Bärenhäute gekleidet, saßen, mit ihren Weibern nnd Kindern und Brüdern und Schwestern und Vätern und Müttern. Und ich hörte sie singen, und frug; und der Engel antwortete mir: Höre nur, wie befangen, widerwillig und immer trotzig sie singen; denn sie singen die Marseiller Hymne immer durch, und vom Ende wieder zum Anfang in einem ewigen da Capo, bis der, wie ein feuriger Stahl und Strahl auf die Erde gefallene Gesang, dessen gleichen seit Paulus Worten nicht erschienen, und seit welchem für die Menschheit das neue Reich anhebt, bis er in ihr Haupt gestiegen, und wo möglich in ihr Herz, damit ihre Seelen nicht verloren gehen. Denn das will der große Vater nicht! Sie singen ihn aber zugleich zur Ermunterung der Millionen Arbeiter in diesem großen Fabrikgefilde. Denn siehe, für alle Verbrechen muß erst Wiederersatz geleistet werden; und das konnten sie Alle nicht im Leben, im immer gedrängtvollen, breit mit Werken besetzten Hause der Menschen; darum müssen sie Schadenersatz und Genugthuung leisten im Tode. Und hier in diesen Räumen — dem Orte des Wiederersatzes — hier ist unendlicher unbehinderter Raum dazu, und unendliche unbehinderte Zeit. — Denn ehe nicht Jeder und Alle: Jedes und Alles wieder in den Stand gebracht, in welchem es war, ehe er es verdorben, verwüstet oder zerstört, ehe kann ja nicht das Weltgericht beginnen, wo erst die Sünde jeder That gewogen und vergolten wird! Hier also ist die bloße Vorbereitung zum Weltgericht, zum Gericht der Seelen, wo Herz und Nieren geprüft werden. Und der Engel rief einen alten Griechen, der Gesanglehrer bei dieser Singacademie war, und frug: Dionysius! Wer kann die Hymne? — Sie singen und brummen alle die Weise, die wir wissen: Du einem Menschen eingegeben hast; aber ... aber ... ich will fragen! und nun frug er: — He! Cäsar! — Und mit Mühe und Noth sang Cäsar — der vor Lange unsern Calender verbessert — den ersten Vers:*) „Sei uns gegrüßt du holde Freiheit! Zu „dir ertönt froh der Gesang! Du zerschlägst das Joch der Be„zwinger, Du erhebst zu Tugend und Heil. Uns zu erneu'n „kehrst Du vom Himmel, längst deinen Geweihten ersehnt. Was

*) Von Johann Heinrich Voß.

„hemmt ihr Bezwinger, noch in verschworener Wuth die Er-
„neuung? Mit Waffen in den Kampf! für Freiheit und Recht!“
„— und Alle fielen ein: „Wir nah'n, wir nah'n! Beb' Mieth-
„lingsschwarm, entfliehe und stirb!“ — — „Ja die Chorworte
wissen sie Alle!“ sprach Dionysius lächelnd. „Aber, Richard
der Dritte! wie heißt der zweite Vers?“ — Und Richard wußte
den Anfang nicht, und stammelte die zweite Hälfte. „Ihr, die
„zum Vieh Menschen entwürdigt, Unmenschen, ihr trotzt noch
„jetzt? Ihr straft, wo ein Gedank' ertönt, und erzwingt fühllosen
„Gehorsam. . . .“ „Und der sechste Vers . . . Landvoigt Geß-
ler! wie lautet der?“ — Und Geßler stand auf wie ein großer
Schulknabe und brummte: „Und es erträgt zahllose Heere, die
„wie der Feind lasten und drohen, nur genährt zum Dienste der
„Willkür, dem Gewerb' und Pfluge geraubt! Und es erträgt
„Kriege des Throns, Arglisten und Launen ein Spiel! und
„Jammer!“ — — — Da erscholl eine dumpfe gesprungene
eiserne Glocke, und läutete Mittag; und plötzliche Ruhe und tie-
fes Schweigen ward überall. Vom Himmel aber regnete es
Mannakörner, aber nicht zur Speise, nur statt derselben. Denn
ich kostete ein Korn, und es war bitter mit Galle gewürzt —
damit die Genugthuenden immerwährend nur einen bittern
Geschmack im Munde hätten, wie mein Führer sagte; und Be-
cher mit Thränen gefüllt, welche Menschen einst über sie geweint,
gingen herum; aber nur die sonst am durstigsten Gewesenen,
setzten sie kaum an die Lippen, und gaben sie weiter. Und wäh-
rend die Ersatzleistenden von ihrer Arbeit feierten, ging ich in
ihren Werkstätten umher, und sah und besah, was sie geleistet
oder noch zu leisten hatten; und ich erstaunte und sah vor Ver-
wunderung empor — da zog am Himmel sich ein Augenlied

von einem Auge weg, das ich nicht bemerkt hatte, und ein Donnerschlag erklang durch das ganze Gefild. Und mein Führer sprach: „Entsetze Dich nicht! Lilith, des Teufels Großmutter, schlägt ihr Wächterauge auf, um zu sehen, ob die Genugthuenden diesen halben Tag genug gethan? Denn ein teuflisches Weib sieht am meisten, und sieht am eh'sten, was fehlt; denn sie weiß am besten, was sie selber unterlassen und verbrechen würde. Darum ist sie die Wächterin, und so oft sie ihr Auge aufthut, fällt ein Donnerschlag, und die Trägen erschrecken und fallen mit Hast auf ihr Werk. Aber hörst Du? Sie lacht! Hohngelächter! Denn Nichts ist vollendet. Und Alles ist schwer zu thun, aber Ersatz zu leisten am schwersten." Und das sah ich nun selbst. Denn nicht weit von uns stand die unbeschreiblich schöne Charlotte Corday; vor ihr lag der todte frischerhaltene Marat mit noch bluttriefender Brust, und sie sollte die Wunde des Dolches heilen; um sie standen alle köstlichen Salben, lagen Geräthe und Binden — aber sie saß nur, das Werk bedenkend, in tieferem Schweigen, und düsterer Verdruß stand auf ihrem schönen ängstlichen Gesicht. Weiterhin stand Napoleon und hatte dem erschossenen Palm die Kugel aus dem Herzen gezogen, und hoffte ihn wieder lebendig zu seiner Wittwe und seinen Kindern nach Erlangen zu schicken. Und ich sprach verwundert: Napoleon lebt ja noch auf der Erde, und er steht doch auch schon hier unten und leistet Ersatz! — Ja, sprach mein Führer: „Der Leib ist nicht der Mensch, sondern seine Seele, sein Wille. Der Mensch besteht aus so vielen Thaten als er gethan hat, guten und bösen — und mit jeder That stirbt er einmal und stellt sich fest in ihren Reichen, in dem seligen oder dem unseligen Werke; und so siehst Du Napoleon dort eben wieder; aber einen andern seines Gepräges — wie er dreimal hundert tausend Franzosen, die erfroren sind, durch seinen Trotz und sein blindes Gottvertrauen auf linden Winter, wieder durch Schnee, oder durch was er sonst meint und dazu begehrt, lebendig machen soll, und so, daß Keinem mehr eine Zehe schmerzt, oder eine Nase roth wird, wenn Nordwind streicht. Eher kommt er nicht von hinnen. Und dort steht noch ein Napoleon, der den Schill in der heiligen Arbeit hat. Denn jeder Mensch muß selbst das entgelten, was er Andern befohlen hat, die gehorchen mußten; und die da schlechte unmenschliche Befehle vollzogen, müssen eben noch selbst auch dasselbe entgelten; denn dort arbeiten noch zehn Andere an dem Herzog von Enghien, die ihn erschossen haben, und jeder Einzelne hat seinen eigenen Herzog vor sich und für sich. Darum siehst Du auch hier im Gefilde so wenige Könige und Fürsten; meist nur die erbärmlichen Handlanger, Rathgeber und heimlichen Regenten der Leidenschaften und Leiden der Regierenden: — ihre Frauen, Geliebte, Leibärzte, Kammerhusaren, Beichtväter, ja oft auch nur ihren Koch oder Hofnarren in mannigfach angezogener Person. Denn die Fürsten sind gut, und thäten gewiß lauter Königliches, wenn sie lauter edle Könige zu Freunden hätten, nicht unzähliges Volk dazu wählen müßten, das sich in Respect vor ihnen verhüllt, wie in eine Nebelkappe, so daß sie nie einen Menschen sehen; denn ein ächter Mensch ist wahr und frei, weil er gut ist, und gut, weil er frei ist, und nur das Gute, die Freiheit will und die Wahrheit." — Und so erstaunt' ich nicht mehr so stark, als ich eine verwüstete und verbrannte Stadt sah, die ich an ihrem schönen Dome als Magdeburg erkannte, und keine Seele war darin — als Tilly, der Mutter-Seelen allein eine Kirche wieder aufbaute, die er zerstört. In den einigen Jahrhunderten hatte er nun Ziegel gestrichen, Grund gegraben, und war fast mit dem Sockel heraus; aber indem er hier mauerte, war dort ein Theil vom Wetter schon wieder verwaschen und aufgelöset — und er sah mich wüthend an, als ich ihn lachend ansah. Eben so gewahrte ich Suwarow im Hemde arbeitend, wie er Warschau wieder baute — und ich sah ihn auch wieder vor einer dabei liegenden Festung — Ismael — wo er dreißigtausend Menschen wieder Athem einblasen sollte. „So geht's dem treuen Diener der Mutter!" sprach er; einem Throne dienen, und Gott, oder nur den schofeln Menschen, ist ein Unterschied wie Suwarow oben und Suwarow drunten! Und er sah mich wüthend an, als ich ihn lachend ansah. Weiterhin aber gewahrte ich wahre Kriegsräthe, die unübersehbares Elend gut zu machen hatten hier unten, ob es gleich Gott der Herr wieder droben gut gemacht, so weit das selbst der Allmacht möglich ist in der Zeit. Sie fingen aber ihr Werk gründlicher an, als Charlotte Corday mit Marat — sie studirten die Natur, und Einzelne versuchten Einzelnes nachzumachen, Diese: Augen; Andere: Adern und Nerven, wozu ihnen alle Zuthat unentgeldlich geliefert ward. Aber Manche saßen schon Jahrtausende und sahen ganz schimmlig und ganz zerdacht aus, und waren noch nicht mit der Bildung eines Auges zu Stande gekommen, das nicht sah! geschweige mit einem Ohre, das nicht hörte! Andere hatten zwar Zungen fertig liegen, aber sie schmeckten nichts; denn es fehlte der Jemand, der Geist dazu, den sie aus dem Tode nicht wieder in den beinahe vollendeten künstlichen Leib herauf beschwören noch beten konnten, und studirten nun: erst nur einen Geist zu machen. Kurz, ihre Arbeit war schwer, und mehrere, selbst alte deutsche Minister und Kriegsräthe hatten siebzig bis achtzig tausend Menschen herzustellen, die Pferde und Ochsen ungerechnet — die sie nachher machen wollten, oder sich an ihre Stelle gestellen; und zum Trocknen der Thränen und Aufwaschen des Blutes wollten sie sich Weiberkleider anziehen, wenn sie bis zu der letzten Arbeit gelangt wären. Einige theuer bezahlte Engländer aber bauten türkische Flotten in griechischen Häfen, und waren fast damit — bis auf die Türken selber — fertig, und fluchten ein God dam nach dem andern, daß ich entsetzt mich entfernte. — „Du wunderst Dich, über diese unerlassenen Wiederherstellungen," sprach mein Begleiter. „Und eure Könige fordern für einen elenden Hirsch oder einen jämmerlichen Hasen erschrecklichen Ersatz und Strafen, wenn Jemand eines dieser unvernünftigen Thiere in ihren Thiergärten gebürscht. Aber in Gottes Garten soll Alles frei stehen zu verwüsten und zu zerschlagen, selber der Mensch! Aber seid ihr nicht besser als viele Sperlinge? Und sind nicht alle eure Haare auf euren Häuptern gezählt, geschweige eure Adern und Gebeine, eure Thränen und Kinder! Du guter Narr! Und wisse: Auch Tyrannei, Gräuel und Mord darf kein Mensch tyrannisch, graunvoll und mörderisch wieder gut machen, noch Unrecht auf ungerechte Art. Glaube ja nicht, daß die Herrscher Alles thun, weder alles Gute noch alles Böse; sie thun in Wahrheit sehr wenig in dem großen Erdenleben, sondern bewachen das Volk bloß wie ein Nachtigallfreund die Ameisen, welche die Eier ihm dahin tragen, wo er ihnen ein Grübchen gemacht und mit Laub bedeckt. Das Volk thut Alles sich selbst, das Meiste aber durch sein Leiden, und alle eigene Hülfe soll bloß die sein, daß Alle besser werden, und wo möglich gut sind; dann fällt Unvernunft und Gewaltthat nimmer es an, wie keine Leichenwürmer und Asseln den

Leichnam Christi, geschweige seinen lebendigen Leib, noch gar seinen verklärten, zu welchem die Menschen ja werden sollen!"— Ich schwieg tief betroffen und überzeugt, ging beschämt von ihm — und sprach mit Andern aus verschiedenen Völkern; und Alle verstanden mich, und ich verstand Alle; denn hier galt der Sinn der Rede wie Blumenduft, und die Worte waren nur wie erschütterte Luft, die ihn fort- und hinführte. Aber auch hohle Gebilde sah ich reglos liegen, denn ihr Geist war jetzt — wo Nacht auf Erden war — hinauf geschwebt als Träume, damit sie ihre Söhne oder Freunde bewegten: das zu halten für sie, was sie einmal versprochen und nicht gehalten. Und ich rührte die entgeisterten Gebilde an, und sie zuckten wie Chrysaliden und ihr Gesicht war in blutigem Angstschweiß gebadet und sah unbeschreiblich flehentlich aus — so flehentlich wahrscheinlich, wie ihre Seele jetzt bat: ihr gegebenes heiliges Wort zu lösen! Und Grauen und Mitleid erfaßte mich um die Elenden — und ich sah mich selbst — meine eigene hohle Gestalt, die durch mein Nahen beseelt, wie rasend über mich herfiel, — und vor Schreck — erwachte ich ... in der Kirche, und als ich zu mir gekommen war, faßte ich mir zum Troste meinen Begleiter an der Hand. Und als ich mich in dem leeren Raume umsah, sprach er: „Du wirst das leidende Gesicht der Menschheit wiedersehen .. im Kleinen abgedrückt auf allen Menschengesichtern in dieser Zeit; aber groß und erschütternd zu schauen, wird es selber lebendig wiederkommen am Himmel ... und es wird der Komet sein! Der Komet, der in zwanzig Jahren erscheinen wird, um ihnen Frist zu lassen. Das Antlitz wird stumm fragen, tief in alle Augen und Herzen blicken, und Schrecken über alle Bösen und Säumigen bringen, Schrecken über Alle, die sich vor dem Volke fürchten mehr als vor Gott; die da aus Selbsterhaltung fürchten ihm Gutes zu thun und sein göttliches Recht und seine göttlichen Gaben ihm auszuhändigen, — als sei Gottes Ebenbild des Teufels Ebenbild, und die Menschen lauter Teufel! nicht: arme Kinder der Erde, leicht froh zu machen und durch eine kleine Gabe herzlich dankbar, und schwer weinend vor Schmerz und leicht schluchzend vor Freude! — Du aber verschweige nicht dies Gesicht; denn alle Engel Gottes schützen den mit übergewaltigen Händen, der selber schuldlos und arglos im Herzen, nur will: daß Keinem ein Uebles geschehe, selbst einem Wurme nicht, und der durch himmlische Gesichte und Gottes unfehlbare Gerichte die Zweifelnden warnt: nicht darein zu verfallen, sondern durch jede ihrer Thaten sich täglich hinauf in das selige Reich zu stellen und tausend Engel zu werden aus einem Menschen, und zu leuchten wie die Sterne; denn die Gerechten sollen leuchten wie die Sterne; aber diejenigen, die da wissen, daß die Gerechtigkeit nur göttliche Milde und feurige Liebe sei, und Liebe üben, die sollen leuchten wie die Sonnen — und Sonnen sein!

X.

Der redliche Mann hatte sich selbst ganz erweicht durch seine Worte. Die ganze Angst, die er für alle Andern in seinem reinen besorgten Herzen fühlte, stand sichtbar auf seinem glühenden Gesicht. Er trieb nach Hause, und dort griff er sogleich nach dem Stabe, um diese Nacht noch weiter zu gehn; Krieg, der ihn kannte, machte keine Einwendungen, sondern erklärte bloß: er selber bleibe da. Auch Christel bat nicht; sondern von seinen Bildern und Worten fromm ergriffen, segnete sie seinen Weg.

Ihr war, als müsse seinem klaren Auge die Nacht helle sein und der Weg licht; die Steine müßten vor seinem Fuße wegrollen, und die Kinder aus den Dörfern kommen und seine Hände küssen, weil er es gar so wohl, gar so herzlich meinte — und sie küßte ihm selber die Hände zum Abschied, worüber er sie lächelnd ansah. — „Ihr wollt noch etwas wissen?“ frug er als Menschenkenner ... „Was in dem dritten Sarge war? Meint Ihr, Goldstücke, die daraus emporflogen wie flügge Vögeleier, und die sich im Fluge verwandelten in bunte Spielsachen der großen und kleinen Kinder, in Pferde, Häuser, Kirchen, Schäfereien, kurz in die goldene Zeit! — Ja wohl. Aber nicht so. Es lagen darin die Urkunden der Nachwelt; Landkarten mit den neuen Grenzen; blutig unterstrichene Städte und Dörfer mit den zwei Schwertern dabei, zum Zeichen der bei denselben zu liefernden Schlacht. — Dann Volkslieder, und wie soll ich es ausdrücken: gedämpfte Kronen; mattgoldene Scepter mit Pergamentrollen umwunden, und kleine geschnitzte Modelle zu Thronen, alle mit eines gewissen Rousseau Bildniß in Brillanten. Dazu aber die Namen derer, die in fünfzig Jahren darauf sitzen werden; denn das kann ein Kind begreifen, daß alle jetzigen Daraufsitzer alsdann zu Staube sein werden, so herzhaft sie jetzt auch noch reiten, befehlen und unterschreiben. Wie es aber dann sein wird; und wie die von ihrem Anführer zehn Jahr angeführten oder betrogenen Franzosen dann im Geiste wiederkommen werden, also mächtig unschlagbar und gar nicht todt zu machen, und wie sie für ihre Erlösung dann dankbar sein werden, nämlich ein bloßes Licht, das will ich meinem lieben Vorkämpfer des deutschen Volkes getreulich, aber geheim berichten! Denn Wissen ist dem Guten gut!“ —

„Ach nein!“ sagte Christel, „das kümmert uns nicht, und Gott Vater auch nicht, denn der wird alles ohne Sorge und Mühe gewißlich thun; und wie Wecker sagt, weiß Er gewiß auch so viel von der heiligen Rechnenkunst: ob fünfzig Familien oder fünfzig Millionen Familien mehr sind; ich wollte nur wissen, wie es uns ergehen wird in dieser Zeit?“ — „Euch?“ frug der Prophet sich verwundernd, „Euch, meine liebe Frau Christel, und Eurem ganzen Hause wird es immer wohl, ganz wohl gehen! denn also seht Ihr mir aus! Wie der Mensch lebt, so geschieht ihm. Wie er ist, so ist ihm! Das kann ein Kind begreifen. Drum ist es mir auch immer wohl ergangen, und wird mir immer wohl gehn, so lange ich weiß — daß ich bin. Länger braucht es nicht. Lebt wohl!“

So ging der alte Mann allein fort in der Nacht, von einem innern Drange unaufhaltsam hingezogen. Krieg hatte nicht geglaubt, daß er ohne ihn, ohne Ausruhe, gleich wirklich jetzt um Mitternacht sich aufmachen werde, und er that ihm leid, schon als er hundert Schritt auf dem Wege nicht mehr zu sehen war. Er wollte ihm nachrufen, auf ihn zu warten; aber sein guter — Verstand hielt ihn davon ab. Und sie waren kaum hineingetreten, als sie hörten, daß doppelte Wache vor Haus- und Hofthür angestellt ward. Sie schliefen aber ruhig; bis am Morgen St. Etienne herüber kam und erstaunte und frug, wo der fremde Wahrsager sei? Er erfuhr die Wahrheit und sandte ihm Flüche nach, weil ein wenig Sauerteig von einem Narren, ein ganzes landgroßes Backfaß zu Narren machen könnte; wenn auch solche neue Mähren nur schädlich würden, wenn sie Jemand glaubte und wahr machen wollte! Oder wahr machte ... was möglich sei — wie das Türkenthum oder die Peterskirche. Und der Unglücklichen wären jetzt sehr viel, und der Hoffenden noch mehr — und die wollten alle einen Kern in ihre hohlen Nüsse, und ein Bild in den leeren Rahmen ihres Gehirns. Und zum Beweise seiner Rede setzte er zornig hinzu: „Bei uns hat man Länder — das ganze große Reich — nach dem Spiel Karten einer Mamsell aus der Normandie regiert und wird nach ihren Karten verspielen, ja sterben! Nun, laßt ihn, laßt ihn laufen; wer weiß, wem er mit seinem Hirngespinnst die Augen blind macht, daß er die Zeit nicht sieht, und ihm ein Brett vor die Stirn hängt, das zehn Tischler nicht durchschroppen können — weil es unsichtbar ist! Ja das Herz kann er damit versteinern und Männer zu furchtsamen Hasen machen — laßt den Hasenfuß laufen! Doch zwei Husaren ..."

Der Leinweber Krieg sprach aber beherzt den Vers darein: „Er ließ keinen Menschen ihnen Schaden thun, und strafte Könige um ihretwillen. Tastet meine Gesalbten nicht an, und thut meinen Propheten kein Leid!" — St. Etienne aber sagte: „Weil Ihr unserer Frau Christel Pathe seid ... versteht Ihr mich! .."

Christel schwieg. Denn so geneigt sie ihr Herz dem unbekannten Bruder fühlte, so gefürchtet und widerlich waren ihr seine freundlichen Blicke, und seine zutraulichen Reden mit ihr; und ihr war nur freier zu Muth, wenn er zürnte und grob war, oder wenn er recht log oder großsprach; dann war dem guten Weibe das Herz leicht; denn an der Stelle der Neigung quoll dann das Blut feindselig in ihrem Herzen. Und mit ihm war ja das Unglück ins Haus gekommen. Mit ihm hatte sie das Zutrauen zur Welt und den Verlaß auf sich selbst verloren. Er war an allem Unglücke Schuld, oder hatte seine Hände dabei mit mi Spiel, was ihren lieben Johannes betroffen, ja was der

Großvater gethan hatte und deswegen jetzt noch litt. Und dennoch weinte sie im Geheimen nur über Alles — auch über den verhaßten Etienne! Als sie sich aber eines Abends Zeit genommen bei Licht zu spinnen, und er erst heimlich nur mit dem Schatten ihrer schönen, an der Wand sich bewegenden Haare gespielt; dann als er sich sogar geneigt und das liebliche schwarze Bild ihres sich auf den Faden neigenden Gesichtes geküßt hatte, worauf sie, wie aus Versehn, den Rocken angezündet, um eine halblächerliche und halbgefährliche Beschäftigung auf die Bahn zu bringen, um alle Fenster aufzumachen, ihn in dem Rauch und der Kälte stehen zu lassen, und selbst zu Johannes hinüber zu gehen oder zu flüchten; — als er angefangen von seinem Golde für den schweren Bedarf in ihrem Hause einzukaufen und mit zu sorgen; — — als er sie eines Morgens an den Stall geführt, die Thüre aufgestoßen, und ihr ihre beiden schönen Kühe wieder gezeigt, und als sie ihn darauf sogar an der Hand gehalten, oder sie gar gedrückt hatte, sie wußte das nicht gewiß, da sprach sie nur zu sich; „Ich weiß nicht wie mir ist! Aber Zeit ist es, daß ... daß ...." Und sie wußte nicht, was geschehen sollte oder möchte.

Darum war es ihr willkommen — ein gutes Werk zu thun, und in die Stadt zu Dorothea zu gehn, deren Namen nennen zu hören sie jedoch erschütterte, aber mit Muth: unter tausend Feinden, ja unter hunderttausend Freunden: Christel zu sein und zu bleiben. Paschalis schrieb ihr nämlich ein Blatt voll — „Hauszeitungen." Dorothea hatte einen Frauenverein gestiftet, die Verwundeten und Kranken zu pflegen. Sie hatte aber nicht nur Geld und Leinwand gegeben, wie viele Andere, sondern sich selbst als Pflegerin gestellt, vielleicht als Opfer. Doch mit eigensinniger Auswahl hatte sie nur solche Opfer ihres Vaterlandes übernommen, deren Wunden an Kopf oder Brust — Lanzenwunden, also wahrscheinlich Kosakenwunden waren. Jetzt lag sie an der mitgebrachten Krankheit darnieder, und begehrte herzlich nach Christel. Und wie die Tochter bat, flehte auch der Vater nach ihr — „nur auf kurze Zeit! Denn die Zeit der Kran-„ken rinnt durch eine zerbrochene Sanduhr; ihr Leben ist Sand „und ihr Leib ist Glas und der Mensch überhaupt nur Vexier „— Erde — nur durch Einschmelzen in das ewige läuternde „Feuer wieder aus Staube zu einem Gefäß zu blasen, und bleibt „Blase, worin sich die Welt nur schimmernd spiegelt, hier die „Erde oder dort die Sonne, der Himmel oder die Hölle!" —

Der Brief war vom 20. Februar 1814. In der Nachschrift stand: „Kann ein Selbst- oder Andere-Beherrscher in ein gesundes feindliches Land pestbehaftete Soldaten schicken, oder kranke angesteckte Soldaten in alle gesunden Dörfer ihrer eigenen Heimath — nach Hause schicken; so darf ein Mensch, ein wahrer Vater wohl einmal die Pflegemutter seiner Tochter bitten: in ihrer letzten Krankheit zu ihr zu kommen. „Völkerrecht — Hausrecht!" Ich habe gebeten, -- das Kommen nun steht bei Euch. Ich sage Euch aber aufrichtig: Eure Kinder bitten: Ihr sollt nicht kommen! Daniel aber gesteht doch: der Großvater wundere sich, daß er Euch noch mit keinem Auge in seinem Kerker gesehen habe, und meine: er habe das verdient." —

Der Christel war der Sinn der Worte des Briefes zu hoch, und sie verstand nicht: durch dieselben das zerrissene Gemüth des Vaters zu sehen, der, um seine Leiden nicht ewig fühlen zu müssen, lieber gewünscht hätte — neu eingeschmolzen zu werden und überall — auch in der Sonne .... im Himmel .... oder in der Hölle schmelzbar oder zerbrechlich zu sein. Aber die Weiber werden von dem Unverständlichen oder Unverstandenen am tiefsten ergriffen, und leben und bewegen sich darum so sicher und froh in der Welt, weil sie ihre Gefühle und Gedanken ganz unbehindert hineinlegen können, und unbeschränkt darinnen verbreiten. Und so erschütterte der Brief ihre Seele. Die Nachschrift aber erinnerte sie an Anderer Grausamkeit; — an die guten, für sie fürchtenden Kinder; — an den Großvater, der seine Leiden meinte zu verdienen, indeß sie den durch ihn erlösten Johannes besaß und genoß; und so war sie weiblich wunderlich, grade entschieden, diesen ihren Johannes zu verlassen und grade zu den sie liebenden Kindern hinzueilen! Und ihr Herz war doppelt froh.

Die Ereignisse erleichterten ihr aber auch den Gang. Die Verbündeten hatten an demselben Tage Mainz berannt. Die Soldaten, die noch draußen auf den Dörfern sich genährt, und gesund erhalten hatten, waren alle, bis auf hundert Mann, aus Zahlbach fort, hineingezogen — und in ihrem Hause lag nur noch St. Etienne allein. Dagegen war nun der Leineweber Krieg bei Johannes, bei welchem er bleiben mußte: denn er war durch eine Vorpostenkette rund abgesperrt, und konnte nirgends hinaus nach der nahen Heimath. Die Feinde standen sogar in Britzenheim nur eine Viertelstunde von Zahlbach. Dieses ihres schönen freundlichen Dorfes Schicksal war voraus zu sehen, und Johannes trieb seine liebe Christel nicht allein zu dem Gange nach Mainz, sondern er bat sie auch dort zu bleiben. Denn die Einwohner von Zahlbach vergalten jetzt den braven Mainzern ihre tagtäglichen Spaziergänge zu ihnen heraus, die Sonntagsfeste und Morgen- und Abendbesuche unter ihren grünen Weinlauben, Kastanienbäumen und Wallnußbäumen, und flüchtete, jetzt ihr — Vieh in die Häuser der Stadt, ihre Habe und Gut, ja Weiber und Kinder; denn das Dorf war kein Dorf mehr, sondern nur eine Caserne. Die Clubbistenschanze stand mit Kanonen bespickt und mit Soldaten besetzt, deren Vorhut im Dorfe stand, das nun der Belagerungsschauplatz werden mußte. Und so hatte Christel nur eine Bitte: daß Johannes mit ihr in die sichere Festung Mainz käme! Er aber wollte sein Erbe nicht Preis geben, und Alles zu Grunde gehen lassen, ohne es so lange wie möglich geschützt — und dann seinen Untergang wenigstens selbst mit angesehen zu haben. Und so zeigte er jetzt den Muth des Landmanns, den Muth, den er seiner Christel unlängst mit kurzen aber wahren Worten versichert; und er wollte nicht sich selber, was sie besaßen, für sich bewahren, sondern eben für seine Christel und ihre Kinder. Und so gut er ihr war, so fest blieb er bei seinem Vorsatz, wenn er ihn auch nur in halblauten milden Worten mehr andeutete als vertheidigte. „Thut es Noth," sprach er, sie bei der Hand fassend, „dann bist Du bei mir, oder ich bei Dir — wie der Herr trifft. Denn die Soldaten laden und feuern nur los — auf Gottes Gnade und in Gottes blauen Himmel."

Da nun auch ihr Pathe Leinweber Krieg dablieb, der als vieljähriger Wittwer sein Hauswesen und selbst Küche und Heerd und Töpfe zu seiner eigenen Zufriedenheit wohl bestellt, ja wie er sagte, sich sogar nie eine sogenannte Suppe versalzen habe, die — er nicht habe essen können oder müssen; so brachte Christel ihr Haus in enge, leicht übersehliche Ordnung, führte die beiden Männer in Stall, in Keller, in Hausgewölbe bedächtig und belehrend umher, und deckte alles auf, und wieder zu, damit sie wüßten, wo, wieviel und in wie gutem Zustande alles vorhanden sei; klopfte mit dem Knöchel des Fingers an die ganzen Töpfe, und stellte die wenigen bei Seite, die einen Riß hatten, aber doch noch gute trockene Dienste leisteten; wobei der Pathe versprach, einen sogenannten Ring von Draht um dieselben zu legen, oder nach Verdienst und Würdigkeit dieser alten stillen Freunde und Hausgenossen, sie über und über in Ketten und Banden zu legen, oder zu überstricken. Als sie dann auch beide, Einer nach dem Andern, in die Rauchkammer hatten gucken müssen, was sie, des Rauches wegen, mit zugemachten Augen gethan, und als der Gevatter Pathe die prächtig gefärbten starken wohlriechenden Schinken, Speckseiten und Würste — aus Liebe und Zutrauen zu Christel — mit Verwunderung über das sogenannte quale et quantum aufrichtig gelobt hatte, so war die Uebergabe geschehen; und Christel stand im Hause als sei sie überflüssig, verborgt, verschenkt oder verkauft, und ihr war zu Muthe, sie wußte nicht wie. Sie legte an die Bestellung des Abendessens keine Hand an, schlich nur einmal heimlich nachsehen, schürete das Feuer, legte, wie ein kleines Mädchen, spielend ein Scheitchen mit zu, nahm es aber aus Rechtschaffenheit wieder weg und löschte es in der Asche aus — und legte es doch wieder ins Feuer, weil es einmal angebrannt war und verrathen hätte, daß sie die Küchenmeisterin gemacht. Dann setzte sie sich an den Tisch wie ein Gast beim Kirchweihfeste, ließ lächelnd dekken und auftragen und Jedem und sich selber austhun und aß — ob ihr gleich vor Bangigkeit kein Bissen schmeckte — von allem recht viel, und lobte die Speisen und die zwei Köche, die dasmal nichts versalzen noch verdorben, und vermahnte sie scherzhaft so fortzufahren! St. Etienne war über Nacht auf dem Posten;

und Johannes ließ in der Ferne der ruhigen Zeiten dem Gevatter Pathen, zur Dankbarkeit für seinen Beistand, wieder die Aussicht auf einen fröhlichen Kindtaufenschmauß erblicken, bei einer kleinen neuen Clementine, oder am liebsten: der alten vorigen — wenn der Herr seiner Christel dieselbe wieder in ähnlicher Gestalt in die Wiege legen wolle. Ihre in Thränen schwimmenden Augen aber verlöschten die Aussicht wieder, und sie saßen still, dankten still, und standen still vom Tische auf, nachdem sie ihrem Johannes noch einmal die Hand über das weiße Tuch hinüber gereicht, um seines Lebens Wärme zu empfinden und von seinem Dasein recht handgreiflich überzeugt zu werden. Dann aber sprach sie als gute Wirthin nur leicht: „Aber ihr alten Kinder, das ist ein gutes Tischtuch! Jetzt verrichten es die mittlen. Und ihr kleckt nicht wie die Kleinen — zur großen Wäsche bin ich wieder zu Hause."

Dann gingen sie ruhen. Am Morgen aber stand sie allein schon lange vor Tage auf. Ihr Johannes schlief zu fest; so ließ sie ihn schlafen. Aber wie sie an die Thür trat, hatte er ihr im gelben Morgenscheine, eine fahle todtenähnliche Farbe auf Gesicht und Händen. Sie trat hastig hinzu, und sah — aber er athmete leis und schlief so ruhig — und ruhig ging sie weg, während Daniels Monats-Täuberich, schon früh auf im Taubenschlage, über ihnen im Giebelfelde zu Neste heulte und trommelte. Wenn aber ein zukunftskundiger Mann oder ein Geist, der das kleine Leben der Menschen überschaut, sie gesehen hätte so ruhig hinweggehen, der hätte gesagt:

So schlummert der Wandrer
Voll sicherer Gnüge
Im eigenen Hause

Noch einmal, auf lange,
Der sorglos und trauend
Am blühenden Morgen
Von Weib und von Kindern
Dann scheidet, kaum einmal
Sich umsieht — und hingeht,
Wo jählings am Abend
Der Tod ihn ereilet,
Ihn schweigend die Fremde
Verschlingt und zurückhält;
Und Heimath und Hütte
Mit Bäumen und Blumen
Sie bleiben auf immer
Still hinter ihm stehen,
Und ruhig bescheint sie
Die leuchtende Sonne!

XI.

Nun traf es sich, daß an diesem Tage St. Etienne's Geburtstag fiel. Da er aus so vielen Landen und Schlachten glücklich wieder bis in die Gegend seiner Heimath gelangt, so war er nicht ohne Schadenfreude, nämlich über seine geheilten Wunden; und wenn der Soldat keinen Sonntag hat, als wenn die Sonne scheint, und keinen Feiertag, als wenn er im Feuer steht, so war ihm in alle dem wüsten Leben nur noch der Tag, durch den er da war, im Herzen geblieben, und zwar ihm nicht mehr werth, als eben sein unvergnügtes Dasein jetzt selber, aber doch so viel, und in dem heutigen Tage lag die Erinnerung alle der frühern — glücklichen — mit. Auch machte ihn wohl der Verdruß ernst, daß Christel fehlte und ferner nicht da sein sollte. Und so setzte er sich bei drei Flaschen vaterländischen Rheinwein hin — und begehrte die Bibel; und Johannes brachte die große Bibel von Christels Vater und Seinem, und ließ ihn allein zur Andacht.

St. Etienne besah den gepreßten Deckel, schlug ihn um — und fand von seines Vaters treubekannter Hand: „seine liebe Tochter Christel" darinnen verzeichnet, und seine Schwester Martha und die andern Geschwister und sich selbst. Und er las das:

„Mein lieber Sohn Steffen, den Gott gedeihen lasse, ward mir geboren während der unsichtbaren Sonnenfinsterniß, den" — —

Aber die Augen gingen ihm über. Und er trank hastig ein Glas Wein nach dem andern, schlug dann das wohlbekannte Buch zu, legte sich zugleich mit den Lippen darauf, als wenn er Vater, Mutter, Geschwister und Schwester Christel darin küssen wollte, blieb dann lang mit dem Gesicht darauf liegen, bis er Alles durchgedacht; dann richtete er sich auf, legte die gefalteten Hände auf die Bibel, und blieb so sitzen. Er war heim. Denn er hatte keine andere Heimath mehr, und wußte nicht welcher Stein diese Nacht noch sein Ruhekissen werden könnte, und welcher Rasen sein Deckbette. — „Welches Unglück! Wenn nun meine Schwester nicht ein Weib — wie Christel war, sondern ein Weib, wie — ich weiß nicht wie viel!" dachte er. „Aber wenn die andern zu albern-guten Dinger auch nicht meines Vaters Töchter sind — haben sie nicht alle einen Vater: Einen!" — Dabei schlug er mit der Hand noch auf gut soldatisch auf die Bibel; aber die Hand kam, von Scheu gemäßigt, nur sanft darauf hernieder. „Heute möchte ich Feldprediger sein! wenn wir welche hätten! Aber das sieht der Kaiser ein, daß

Der, dessen Wort er lehrt, und die, die ihm alle Augenblicke Hohn sprechen, sich nicht wohl passen. Der, — warum nicht einmal wieder den Namen nennen — Jesus weinte über seine Vaterstadt, die sein Vaterland war; aber König darüber mochte er nicht sein, noch weniger: sich durch hunderttausend Umbringungen von seinen Brüdern als Herrscher erhalten — und herrscht doch, aber inwendig in den Menschen allein. Das Inwendigherrschen ist andern nicht respektabel genug! Das macht ihm kein Teufel nach, selbst unser Allergnädigster nicht. Es ist aus mit Ihm! Ich bin auch nichts mehr! Wir Alle sind nichts! Und zu erkennen geben kann ich mich nicht. Als wir im Siege waren, da redeten unsere Thaten. Nun im Verluste . . . mußte ich nicht ruhmredig werden, aufthauen wie ein altes Weib, das von ihrer Schönheit spricht, die einmal über ihr Gesicht gefahren, wie die Hand über . . . „den Verräther der Menschheit." Mußte ich nicht beschönigen und lügen! Großthun! Aufschneiden, um nur vor den Leuten bei Ansehen zu bleiben; und selber bei mir nicht vor Scham zu vergehn! Plagte mich nicht der deutsche Ahnen- und Titel-Teufel: mich für eines großen Mannes Sohn auszugeben, für eines Generalpächters Sohn, der wahrscheinlich eines Prinzen Sohn gewesen — weil er mit der ganzen noblen Gesellschaft das Hasenpanier ergriffen, anno: anno! Dies Jahr! wo es wieder andre Noble ergreifen werden! O Hasenpanier! Du bist allgegenwärtig! Und ich, ich möchte dich auch ergreifen, wenn ich nicht Sergeant wäre! Und den großen Unglücklichen verlasse ich nicht! Und mich auch nicht! Sitze, mein Stephan, und thue Gutes! Vielleicht lernst Du noch wieder beten — wenn das die Noth lehrt! Wir sind aber gelehrt: eher auf die Nase zu fallen, als auf die Kniee.

Doch Unglück schickt sich! Und nun sang er, halbberauscht, gar den neuen Vers:

Soll Unglück sich schicken,
Stößt man sich am Grase,
Und fällt auf den Rücken
Und bricht sich — die Nase!

sang aber noch ärger dafür:

Man fällt auf die Nase
Und bricht sich — den Rücken!

Dabei sank er selbst auf den Rücken, dämmerte ein, schloß die Augen und redete dann halbschlafend, halbträumend: „Sacre: wenn meine Kinder in Rußland jetzt vielleicht die Knute kriegen, das sollte mich doch verdrießen! Oder wenn Einer von meinen Buben in Italien sollte Horas singen, oder, was Gott verhüten möge, in Rom einmal gar Papst werden; oder ein Schlingel wie der Mufti; oder in Spanien endlich ein Großinquisitor; alles und jedes möglich ... denn was ist, oder das türkische Verhängniß beriefe mein Söhnlein aus Aegypten, und er würde ein Großthier — wie der Groß ... das sollte mich doch verdrießen! Oder wenn gar eine oder die andere von meinen unbekannten lieben Töchtern — gewiß jetzt schon recht hübsche Mädchen! — das werden sollten, was ihre Mütter waren, Ehebrecherinnen, oder erlöste Nonnen und Contessinnen — —

Er ward wüthend und schlug mit der Faust auf den Tisch, daß sie blutete, und schwere Bibel und Weinflasche wie vor Schreck in die Höh' sprangen. Aber sich erinnernd, setzte er leiser nur grimmiger noch hinzu:

Doch Unglück schickt sich!

Schickt sich .... schickt sich .... murrt' er und murmelt'

er. Unglück schickt sich nicht! Nicht einmal der Teufel schickt es. Wir machen es selber. Unglück — Ungeschick! Unglücklich — unschicklich ...... Na! das dortige Unglück! Die Schönheit macht alles ausstehbar! ... Das hiesige aber hat sich nicht geschickt, und hätte sich nicht geschickt. „Steffen! mein Steffen!" würde der Vater sagen .. und die Mutter — — ach, es ist doch nichts besser als eine Mutter! — Rief sie nicht? —

„Mutter, hie bin ich!" rief er, erweckte sich selbst, sprang auf — und Johannes stand vor ihm.

Und Stephan war verwandelt, und sah ihn mit großen Augen an, ergriff das Glas, setzte es aber derb nieder, um nicht zu verrathen, daß er sich schäme. Und Johannes wischte die Bibel vom Wein ab.

„Haltet das Buch in Ehren, Johannes!" sprach Stephan; „es macht gute Freunde!"

Und so war es auch von nun an. Stephan schob auf den Soldaten, als einen mit Willen und Geheiß bewaffnet „losgelassenen Mordläufer *), oder Subject aus einer Menagerie, was er auf den Menschen nehmen sollte, der in dem rasenden Tiger steckt oder gesteckt wird, und meinte: „mit Hunderttausenden dergleichen Subjecten losgelassen zu werden, vermehre die Wuth hunderttausendfach, und aller alten todten Soldaten Geist, ja aller heidnischen alten Armeen Dämon — denn bloß die christlichen Völker haben den Teufel — fahre in einen neuen Soldaten; und mit dem angezogenen Rocke ziehe der vernünftigste Mensch seinen Menschen aus, wie der frömmste Mönch, der des Papstes Kleider auf seine paar öffentlichen Jahre anziehe. Das

*) In Indien geht Jeder einem solchen weit aus dem Wege.

sei Kastengeist, und die ganze Welt stecke separirt in tausend dergleichen Kasten, wie in Tollhauskammern und werde gleich wieder gescheid, wenn sie herauskomme; und wieder dumm und toll, so wie sie wieder hineinfahre, Verlicke! Verlocke! Verlicke! Verlocke! Wenn ein Mensch im Kriege seinen Feind auf Händen tragen und füttern wolle, wie sein kleines Kind — das wäre gegen Ordre, und ginge nicht! Und wenn ein Mensch zu Hause — nicht anderleuts Vater und Bruder, sondern bloß seinen Vater, seine Geschwister und seine Kinder so mit Bajonetten zerfleischen und mit Kugeln zerfetzen wolle, und Haus und Hof sich selber über dem Kopfe anstecken wolle ... das ginge nicht! Johannes möge das glauben!"

Und Johannes glaubte das redlich, und der Leinweber Krieg, der da meinte: es wundre ihn nur, daß Alle, oder ein Paar nur, was schon genug wäre, nicht glaubten: daß Alle Gottes Kinder wären! — Stephan sprach erst nur so, weil der Ruhm der Seinen jetzt vom Sturme aus Deutschland zerblasen ward, wie eine reife Distel — „gefressen!" sprach er satyrisch im Stillen; da er jedoch sich zu Hause bei den Seinen fühlte, so ward diese seine gute Gesinnung allgemach redlich, und er sagte laut zu Johannes, daß er für sie alle — und meinte Christel — einmal in eine verlorene Schlacht gehen wolle, geschweige alles andere thun. — Mehr könne ein ehrliebender Soldat sich nicht erbieten! Er trieb Johannes, daß er ginge und Christel holte, weil er ihr etwas gar Wunderschönes zu sagen habe von ihm und von ihr!

Christel aber schickte von selbst nach Johannes, aber mit sehr gelassenen Worten, weil sie wußte, daß solche bei ihm stets hinreichten, ihr alles zu thun, und schon eine Bitte ihn verlegen machte vor Rührung, so daß er oft darüber sie bittend angesehen, als bitte er um Schonung. Und um vielleicht ihm jetzt einen Schreck zu ersparen, hatte sie diesmal so spät, vielleicht zu spät geschickt.

Er eilte also bloß mit der Lust und Hoffnung: sie wieder zu sehn, nach der Stadt. Es dämmerte schon. Die letzten Dohlen flogen zu Rüste. Der Himmel war schwarz umwölkt — denn aus schwarzen Wolken fällt der weiße Schnee — und der Wind wehte mit den Flocken, wie Kinder Flaumfedern vor sich her blasen, um sie nicht auf die Erde zu lassen; — und wirklich: er hörte im Felde Kinder rufen ... aber so weit rechts ab, daß er im Winde seine eigenen Kinder nicht erkannte. Und doch stand er und horchte, ob sie nicht riefen, vor Angst sich zu verirren? oder nach Hülfe? Und sein Herz klopfte laut, und er stand auf dem Sprunge hinüber zu eilen. Aber er freute sich; denn die Kinder riefen nur: „Mutter! Mutter!" — Und wie ein Traumbild sah er auch ein Weib — sein eigenes Weib, seine Christel, stehen bleiben, und etwas Dunkles, wahrscheinlich ein kleines Kind, auf den Arm nehmen — das sein kleines Sophiechen war. Und er freute sich wie das Kind, daß es die Mutter hatte, und daß das Weinen still ward, und die Mutter wieder den beiden andern größeren Kindern voranschritt oder sprang! — kam es ihm vor. Und das Weib hatte in dem Nebelflor des Schneegeflirres ein gespenstisches Ansehen; und wenn er scharf genug sahe, so war sie nur halb bekleidet, und die Haare flatterten ihr in dem Winde voraus. Nun that ihm die arme Frau leid, die jetzt in den Thalweg nach Britzenheim zu verschwand .. und die Kinder verschwanden ihm hinter ihr — und alles war weg! Er lehnte sich an das hohe rothe Kreuz am Scheidewege, das im Winter ein Wegweiser war, und starrte noch eine Weile hin; aber es blieb still; und er hörte nur den Schnee säuseln; in der Ferne den Wind pfeifen; und wie der Wind herstrich, hörte er auch die Mühle von Zahlbach gehen; und die Mühle von Britzenheim; und dort in dem Dorfe ward Licht, und ein langer Schein strahlte davon bis zu ihm her, und weiter hinaus in den Himmel. Ihm grauste. Er schritt hastig zu, nur von dem Gedanken getröstet: Das Dorf sei nicht weit, und ehe er in Mainz sei, seien die Kinderchen und das arme Weib in Britzenheim!

Er eilte nun durch die wohlbekannten Straßen der Stadt nach Paschalis Wohnung. Er durfte an keine Thüre klopfen, denn sie standen offen; aber in allen Zimmern — Niemand! Keine Christel! Kein Daniel! Kein Sophiechen! Kein Gotthelf! Kein froher Kinderruf: „Vater!“ kein „Willkommen!“ schallte ihm wo entgegen. Ueberall Niemand. Bis er durch das Wohnzimmer hindurch ging, worin nach hinten hinaus noch eine Thür war, und vielleicht Menschen dahinter. Vielleicht dachte er, sind sie alle bei Dorothea! Die Thüre war, wie ein Schrank, nur mit dem Schlüssel aufzumachen; er merkte also nicht, daß sie verschlossen gewesen.

Beim Dämmer einer an drei vergoldeten Ketten hängenden rubinrothen Lampe erkannte er aber nur an ihrer Kleidung das treue Mädchen, das an jenem Abende neben dem englischen Kutscher die vier Kühe vom Bocke gefahren. Mit dem Gesicht lag sie, wie eingeschlafen, auf einem Gebetbuch mit goldenem Schnitt. Medizinflaschen und Gläser und Tassen und Schächtelchen auf dem Tische, waren alle beiseite an die Wand geschoben; und auf dem weißen Bette, mit zurückgezogenen grünseidenen Vorhängen, lag Dorothea, wie er meinte, sehr leise schlafend, und hatte gewiß gebetet; denn ihre Hände waren ausgestreckt und gefaltet.

Jetzt fuhr das Mädchen in die Höhe, als habe sie Dorothea gerufen. Sie sprang zu ihr; sah nach ihr; besann sich aber, seufzte ein tiefes Ach; und kehrte sich leise von ihr um; und erschrack vor Johannes, daß er selber erschrack, und beide sich fragend anstarrten. —

„. . . Schläft sie?" frug er leise.

„Sie schläft;" antwortete das Mädchen; „aber Ihr könnt laut reden, Johannes; sie schläft fest." Und doch sagte sie das auch nur halblaut vor Furcht oder Ehrfurcht.

„. . . Also ist ihr wohl und besser?" frug er zutrauensvoller.

„Wohl. Und besser. So bleibt ihr nun gewiß;" erwiederte sie.

„. . . Nun ich gönne das Glück unserem Herrn Paschalis! Der wird sich freuen!" sagte Johannes mit Augen, die vor Mitfreude glänzten. „Die liebe ehrenwerthe Tochter war seine Lust und sein Leben!" —

„Und kann nun sein Tod sein!" sprach das Mädchen. Und die Worte schnitten Johannes und ihr in das Herz, und sie schluchzte vor Thränen. Und als Johannes einen Schritt näher zum Bette gethan, und forschender hingesehen, trat er zurück, sank auf den Stuhl, und lag nun mit seinem Gesicht über dem Buche, wo vorhin des Mädchens Gesicht gelegen, und die Blätter waren noch naß. Aber er fühlte es nicht, sondern weinte frische, warme Thränen zu ihren kalten.

„Gönnt ihr die Ruhe!" sprach das Mädchen. „Ihr war zu schrecklich zu Muth. Sie hat viel Gutes gethan, aber ich denke, ich denke, warum! Es war so kein rechtes Gutes, denn sie war in Eifer, ja öfter in Wuth dabei. Und wenn sie sich auch die Krankheit geholt, und zum Tode krank daran danieder gelegen, so ist sie doch nicht daran gestorben — spricht der Licentiat, sondern an einer gewissen Furcht, die aber gewiß wäre, (an einer Furcht vor einer sogar guten Hoffnung; sagte er einmal dem Vater, der sich über das Wort vor die Stirn schlug, als gehörte sein Kopf einem Andern von Holze. Eure liebe Frau Christel hat es mit angesehen und mit angehört, noch in der letzten Nacht, wie Dorothea in weißen Nachtkleidern aufsprang, uns ansah, ohne uns zu sehen, und so recht herzlich Jemanden frug: „Sage mir nur: Wer an dem ganzen Unheile Schuld ist? Kann der Morgen herkommen mit seinen Seuchen und Teufeln, wenn der Abend nicht hingeht und ihn holt? Und saß der Abendstern auf dem Thron, wenn noch die alte Nacht darauf saß mit ihren Gespenstern! Ist also Jemand Schuld an der neuen Zeit, als die alte tyrannische, elende Zeit, als das alte Glück an dem neuen Unglück? Die Könige des vorigen Jahrhunderts an den Königen des jetzt laufenden! O, daß alles Unheil liefe, verliefe wie Wasser aus Thränen und Blut, und ich mit darauf hinschwämme zu der großen Pforte hinein, schön und hoch und golden und purpurn wie das Abendroth! Aber sage mir auch, ob sich noch heute Teufel in Menschengestalt verwandeln können, und ein Teufel in sieben Gestalten, eine teuflisch wie die Andere; in der einen — siebenarmigen — Hand sieben blitzende Säbel, und in der andern siebenarmigen Hand sieben Flaschen alten Rhein! — Und sage mir nur: giebt es auch sieben Tode? — — Und sieben Gewissen — und sieben Schlangen in Jedem! — Ah!“ — — So phantasirte die arme Dorothee. Dann sank sie vor Schreck um, schrie Hülfe, rang sich mit Jemand wild umher, ächzte, und lag dann lange wie todt — dann sprang sie wüthend auf, starrte umher, daß uns die Haare zu Berge stiegen, zerschlug den Spiegel, oder ihr Bild darin, daß die Stücken umher flogen, und zertrat das letzte, aus dem sie noch ihr eigenes Auge ansah. „Aber," frug sie dann höhnisch lachend: „wäre es für die Welt nicht besser: Ich wäre sieben Kaiserstöchter! Oder nur sieben Königstöchter! Aber mein Vater ist auch ein König, und ein ganz Anderer, und das ist besser für den Himmel; besonders wenn er seine arme Tochter in den Himmel nimmt, und die sieben Teufel in die Hölle stößt. Aber Gott auf Erden thut nur Alles mittelbar. Und ich muß auch so thun? Nicht wahr!"— — Und dann lachte sie recht heimlich aber seelenfroh, und versicherte den, mit welchem sie sprach: . . . „Ich habe gethan! Das Gewölbe hat gethan; der Wein hat gethan; und — die Thür hat gethan! und das Letzte das Beste! Aber meinst Du nicht, mir wäre doch besser jetzt und in der abscheulichen Zukunft; selber im Himmel wäre mir und dem sündigen Herrn Paschalis besser, wenn Er . . . nein, wollte ich sagen, wenn die sieben Teufel alle andere Gebote nicht gehalten hätten, alle nicht: Das Erste, das Zweite, das Dritte, Vierte, Fünfte — — Siebente, Achte, das Neunte, das Zehnte nicht — aber nur Eines, das Eine, ein einziges Mal!" Und dann weinte sie aus geschlossenen Augen, und zählte dann wieder die Teufel: Einer, Zwei, Drei, Vier, Fünf — — — dann erwachte sie aus ihren Gedanken, und fuhr, erschrocken vor uns, daß wir da gewesen, und fuhr in das Bett, wie ein Gespenst, zog die Tücher über sich, und wir hörten sie darunter dumpf mit den Zähnen klappen, und dazwischen noch aus ihrem Traume die behaltenen wieder auftauchenden Worte murmeln: „Es wäre doch gut für die Welt: ich wäre Sieben Königstöchter; denn die Sieben Kaiserstöchter hätten Sieben Väter, und die Sieben Väter hätten Sieben Herzen und Sieben Steuer solchen Unglücks" — — — —

Das Mädchen deckte jetzt den weißen Schleier von Dorothea's Gesicht und Brust; und wie sie so schön und ruhig lag, und ganz unverstehlich und unausforschlich lächelte, sprach ihre Pflegerin zu Johannes: „Seht nur, ob Sieben Königstöchter schöner sein können! Seht nur getrost hin: Sie ist nun eine Königstochter! Und eines ganz andern Königs Tochter, der ein ganz anderes Herz hat."

Sie schwieg; denn die Thüre ging auf, und ein französischer Soldat, in feiner Uniform mit dem Orden der Ehrenlegion geschmückt, trat herein; Johannes erkannte den jungen Herrn von Ellenroth, der als Soldat noch einmal so männlich, und in seinem Schmerz noch einmal so schön, ihn mild begrüßte. Er wollte leis aber gerade zu Dorothea hingehen, als wenn sie noch lebte; aber er blieb vor ihr stehen, wandte sein Gesicht zurück, und sagte: „Wie kann man das so bald vergessen, daß Du todt bist! Ach nur, weil ich es nicht glauben kann, daß Du todt sein sollst; weil Du in mir so fort lebendig mir da bist, wie je, und aus mir, und mit mir schaltest, wie Du willst, und wolltest!" — Er nahm den Orden von der Brust, und sagte leis: „Doch . . . hier ist der Orden der Ehre, für die Sieben Kosaken, die ich Dir zum Opfer gebracht in diesen Tagen, die diesen Deinen Sterbetag mich erwarten ließen. Mit Erlaubniß der Obern wurden sie mein, und so viel ich erlegen kann oder will. Aber Sieben sind genug — und nun falle ich Andern zum Opfer, ohne mich zu wehren. Der Achte aber liegt schon verwundet bei Johannes, und ist heilig; und da er ein Prophet unter seinem Volke ist, wie sie sagen, so ziehe der Unglücksvogel heim und prophezeie! Und noch aus seinem Grabe dringe seine Stimme, wenn er da hinunter gestiegen! — Das waren schwere Tage, mein Johannes!" sprach er jetzt noch milder. „Wir sind Leidensgefährten! Denn Eure Christel, von derselben Krankheit befallen, sehr krank, irr, und immer noch hülfreich auch in ihrem Wahn — ob sie gleich wirklich gehört, daß Wecker in Britzenheim als Spion sitzt, und morgen, ich weiß nicht wie: abgethan werden soll — Eure Christel ist entsprungen! Und Daniel und die anderen Kinder hinter der Mutter! Ihr nach, nach Ihr; kein Winkel ist im Hause undurchsucht — und in den Straßen hat man sie nicht gesehen; denn jetzt hat Jeder seine eigene Noth; aber im Thore, das nach Zahlbach führt, meinte eine Kastanienfrau, es wäre ihr wohl so, als wenn ein halbgekleidetes Weib hindurch geschlichen wäre, und bald nachher drei Kinder, wovon das kleinste nach warmen Kästen (Kastanien) verlangt. — Ihr müßt sie begegnet haben — sonst ist Paschalis umsonst ihr nach. Ich verließ ihn im Thore; und daher komm' ich, noch naß von den Flocken."

Johannes hörte ihn kaum aus, und eilte von hinnen. Ihm war Alles im Innern klar. Nun hatte er sein Weib gesehen! Das waren seine Kinder gewesen! Doch er verirrte sich noch erst in Paschalis Hause, in den Zimmern, kam in die Kinderstube und sah seiner Kinder weggehangene Kleidchen und die Spielsachen, und Christels Bett, und die kleinen Bettchen; drunten an der Hausthür aber erwartete ihn sitzend der Hund Peter, der ihm als seinem Brodherrn nachgelaufen war, und jetzt fröhlich an ihm emporsprang. Dann eilte er durch die Gasse voll Menschen und Kinder, die dem Zapfenstreich mit türkischer Musik nachliefen, durch das Thor ganz geblendet ins Freie, und auf der

Straße in Sturm und Wetter dahin; und wie er sein Weib und die Kinder vorher wie Gespenster gesehen, so schwebten sie jetzt in der dunkeln Nacht ihm wieder vor seinen Augen, luftig, und unerreichlich, immer voraus; und an dem hohen Kreuze stolperte er und fiel mit dem Gesicht in den Schnee. Er besann sich, wo er war; und während ihn der Hund mit der Pfote scharrte und um ihn herum boll, betete er an diesem Zeichen der angefangenen Erlösung in der Angst um Rettung den Vers: „Nun danket Alle Gott!" Und aus der verhallten Neujahrsnacht erklangen ihm wieder die Posaunen vom Dome dazu, und die Freudenschüsse fielen, und die Eule kam, und der Hund erinnerte ihn an den Hund, und sein Gebell an seinen Gang. Und er sprang auf, schlug nun den Thalweg nach Britzenheim ein, sah schon das Licht in der Mühle — aber da sah ihn auch der Posten der Vorhut, und donnerte ihm sein: „Zurück," entgegen.

Denn das Wort war ein Donnerkeil, und spaltete sein Herz. Seine Fragen waren umsonst, denn die Wache war eben erst abgelöst; seine Bitten waren umsonst, denn der von seiner Erzählung nicht ungerührte Soldat aus dem Elsaß, fragte ihn nur: „Ob er wolle, daß er erschossen werde? Denn seine Bitte begehre seinen Kopf. Und wenn er auch kein Spion sei — so könne er durch einige funfzig Stockschläge einer werden, indem er in aller Unschuld nur Alles treulich sage, wie es in Mainz aussehe? und wo die Wache stehe? und so könne er vielleicht hundert Mann um ihr Leben bringen, durch hundert Schritte vorwärts. — Wenn Euer Weib hierzu gekommen ist, so hat sie sich vielleicht in dem Schneewetter, ungesehen, glücklich zwischen den Posten durchgeschlichen nach Britzenheim." —

Der redliche Johannes war traurig überzeugt, blieb aber

doch noch lange Zeit neben dem Manne sitzen, bis er vor Gedanken fast einschlief, und das Kommen der neuen Wache ihn weckte, und er still nach Hause schlich, den Pathen im Bette weckte, und ihm sein Herz ausschüttete, und seine Thränen still in sein Kissen.

Vom frühesten Morgen des, auf die betrübte Nacht schön anbrechenden Sonntags durchstrich und durchmusterte Johannes bei Sonnenlicht mit noch brennenden Augen, nebst Petern als Hauptperson, und dem Pathen Leinweber und einem gutwilligen Nachbar die ganze engbeschlossene Gegend, so weit er es durfte. Zuerst stellte er sich auf den Ort, wo ihm Christel und die Kinder verschwunden waren; ging der Richtung nach, suchte Fußtapfen auf, ließ Petern auf die Fährte — aber die Tritte waren vom eingefallenen Schnee verweht und verschüttet, und der Hund sah ihm rathlos in die Augen. Johannes starrte betrübt in die stille, sonnenblitzende Ferne, die ein schweres Geheimniß für ihn bedeckte, indeß es doch gewiß an seinem Orte ein offenbares war, und er weinte die lächelnde Sonne an. Darauf ging er — als Gottesdienst — den Vater besuchen, den er gestern vergessen hatte, wie Jemanden, den er im Sichern wußte. Der Leinweber Krieg aber ging in den Krug, um vor Mißmuth und Trauer den Baß zum Tanze zu streichen; im Grunde aber, um von irgend Jemand aus der Menge ein Wort zu hören, da das Volk Alles erfährt, Alles weiß; weil Alles sich meist auf unentdeckte und oft auf unbegreifliche Weise viel schneller hinaus und umher verbreitet, als schnaufende Pferde mit Schnellreitern und ledernen Täschchen die Kunde berichten. Er traf aber hier nur Soldaten; denn selber die Tanzjungfern waren Soldaten, die sich zierlich verkleidet hatten, damit doch wenigstens Weiberkleider zu sehen und zu fassen wären. Steffen hatte den Kummer im Hause gemerkt, fragte ihn jetzt weit leichter dem Bassisten ab, erschrack, bedachte, gebot ihm Schweigen, und versprach ihm Hülfe.

Und nicht ganz vergebens. Denn schon am Morgen hatte er einen „Blauspecht“ gefangen, wie er sich ausdrückte, der in Britzenheim gestanden, und nun die gewöhnliche Soldatenbeichte ablegen mußte. Und so ließ sich der heimgekehrte Johannes nun selber erzählen, daß ein Weib in das Dorf gekommen, und drei Kinder; und der Wirth hätte sie wohl gekannt und wohl aufgenommen in diesen schweren Tagen, „wo die Menschen wunderlich durcheinander geworfen würden, damit das Volk desto mehr Gelegenheit hätte, sein Herz zu beweisen;“ wie ein alter närrischer Kerl gesagt, den man als Spion eingebracht mit einer großen Ruthe. Das Weib aber sei schwer krank, die Kinder aber gar wohl, bis auf den Gram um die Mutter.

Der Gefangene ward in die Stadt geführt, und Johannes begleitete ihn ein Stück, um Alles noch einmal zu hören, oder nur noch einen kleinen neuen Umstand. Aber die wiederholten Worte brannten in Johannes Herz nur schmerzlich und tief das Verlangen ein: um jeden Preis zu seiner Christel hindurch zu dringen, und zu seinen Kindern — da sie nicht zu ihm nach Hause konnten. Er wäre gern auf den Thurm gestiegen, um nur nach Britzenheim zu sehen; aber des alten Vaters Frommholz wegen war er sogar nicht mehr in die Kirche gekommen, weil da der Altar stand, woran *sein* Erlöser vom Kriege gekniet und gebetet hatte; und er sah keinen Pfarrer darauf, nur immer den alten Zimmerman; und er war ihm theurer, und erschien ihm eben so liebend und fürsorgend, als der alte gute weißbärtige Zimmermann Joseph, der auf dem Altarblatte den Esel mit seiner *anbefohlenen* Maria mit ihrem Kinde, am Strick nach Egypten zog, aber seit mehr als hundert Jahren noch keinen Schritt weiter gekommen war; und der Esel hatte noch immer die Distel am Wege nicht erschnappt; und die Distel war nicht verblüht, und der alte Joseph zerrte unermüdlich noch immer an dem morgenländischen vierbeinigen Wagen mit dünnhaarigem Schwanze; und sein Gesicht sah nur staubig aus, aber nicht von egyptischem Sande, sondern vom Kirchenstaube. So unverändert kniete in seiner blauen Jacke, die Axt zur Seite, ihm auch der eigene wahre alte fromme Vater Frommholz; und so war der arme Johannes denn auch um den Trost von Gottes Worte aus des Magisters Lademann Munde. Außer der Vermuthung: daß sich die Seinen wahrscheinlich bei dem Richter befänden, der in Krieges- und Friedenszeiten Vieles umsonst zu tragen und Alles im Dorfe zu verantworten hat; daß sie, als im Nachbardorfe, dort bekannt oder doch nicht fremd, und jedenfalls bei Menschen, und unter dem alten treuen Himmel wären, von welchem klarer als die Sonne, aber noch stiller und ganz verborgen ein Auge herabblicken und aller Menschen Geschick bewachen soll — außer dieser Vermuthung tröstete ihn nur sein Entschluß, zu ihr durch die Vorpostenkette zu dringen, und hielt ihn hin, wie die Menschen sind, [von Tage zu Tage, von Nacht zu Nacht mit dem Bewußtsein, er könne ihn ausführen, in welcher Nacht er wolle — und auch in der Nacht schlummre und schlafe das Auge nicht, und sei nicht untergegangen, wie die eigentlich doch treulose Sonne; und das Eine Auge sei dann tausend Augen, und schieße zu Zeiten goldene Blicke, wie Gestrahl eines fallenden Sternes.

Johannes theilte sein Vorhaben dem Pathen Gevatter mit. — „Ich gehe zwar mit, wenn Ihr geht," sprach dieser; „denn ich habe den sogenannten Propheten im Stiche gelassen, und das treibt mich aus Reue mit Euch. Aber ich rathe uns Beiden: nicht zu gehen! Die sogenannten Feinde können näher heranrükken, Zahlbach nehmen, und sich vor die Schanze legen — dann kann Christel herein — oder noch her begraben werden, wenn sie gestorben ist; oder wir, das heißt, unsere sogenannten Freunde, können einen Ausfall machen, und Britzenheim nehmen, wie man so einen Jammer kurz umschreibt, da er kein sogenannter Diebstahl noch Raubmord ist; und dann könnt Ihr zu Christel und den Kindern hinaus. Ich rathe Euch zu Geduld! Denn mit Geduld kommt der Mensch sehr weit, unglaublich weit, und ist aller Verhältnisse gelassener Herr, besonders weil die Welt keine Geduld hat, am wenigsten aber mein hungriger Namensvetter, der Krieg, die große Lappenpuppe, die aus lauter Magen und Geldbeuteln besteht! Und nichts ist für den Menschen erschrecklicher, als wenn Gott morgen einen sichern glücklichen Weg für uns macht, und wir, wir machen einen unsichern unglücklichen — heute. Etwa heute die Nacht! Selber einen alten Handwerksburschen, einen sogenannten Steuerbruder, der gewiß niemals mehr zu einem dreibeinigen Sitze kam, oder gar zu seinem eigenen sogenannten Werstbänkel, den lumpigen lebensmatten Gesellen hörte ich lustig einmal in die Morgenluft singen: „Es bleibt dabei: Wer warten kann, Der trifft sein Glück bei Zeiten an!"

Johannes aber schob, als Antwort, seinem Freunde nur den neuen Kalender auf 1814 hin, worin unter andern freigesagten Lehren der Freiheit, auch auf Jahrhunderte nachhaltende Sprüche über Menschenrechte standen, auf deren ersten Johannes ihm mit dem Finger wies, und dann die geballte Faust ganz ruhig auf dem Tische hielt, so lange Krieg las:

Drei Dinge stehen jedem Menschen zu,
Die Niemand niemals ihm verkümmern darf:
Die Gaben Gottes, daß er sei, und froh sei;
Die Hülfe seiner Lebensmitgenossen;
Das Dritte aber macht ihn erst zum Menschen,
Das Recht: den Gott zu ehren und die Seinen
In Noth und Tod zu lieben. Ohne Liebe
Fällt dieses große Haus der Welt zusammen,
Ein jedes kleine Haus, und jedes Herz.
D'rum ohne dies Recht, muß er lieber sterben,
Dies Recht zu üben, froh den Tod nicht scheuen.

„Wie gesagt," erwiederte der Pathe Leinweber hierauf: „Ich gehe mit — denn meine Baßgeige wird nicht zur Wittwe, und meine paar Geigen nicht zu Waisen! Die kann Jeder streichen, und den Webstuhl Jeder treten, außer Einem oder Tausenden, denen die Beine weggeschossen worden oder werden. Aber Eure Frau ist keine Baßgeige, und die Kinder keine Armgeigen oder sogenannte Bratschen — die schon jämmerlich genug klingen. Doch, ich will Euch nicht wehren. . . . ."

„. . . Niemand! Niemals!" schloß Johannes; „denn da steht auch: „Die Gottes Wege gehn, schützt Gott mit seiner Macht." —

Und doch ließ der bedenkliche Vater noch Tag nach Tag, noch Woche nach Woche verstreichen. Denn die Vergleichung seiner Christel mit einer, und gar noch verwittweten Baßgeige, gefiel ihm auf keine Weise. Noch die Waisen —

In dieser Zeit wurde seine Spannung und Angst immer

größer, und St. Etienne's Freundschaft zu ihm deswegen immer vertrauter. Auch Johannes wollte ihm wohl, recht wohl. Darum dauerte ihn der arme Schelm, als er ihm eines Abends sein Soldaten- und Beutegeld aus allen Nähten ausgetrennt und in einen kleinen Beutel versammelt, brachte, ihm aushändigte, ungezählt, denn ein lachender oder . . . vielleicht auch weinender Erbe nehme Alles ungezählt, und zähle dann schon selber nach, oder sich und den Seinen vor: wie viel es sei, was sich der gute Narr abgedarbt und aufgespart, und tränke allen Geizhälsen ein Vivat. „Doch ernstlich," sprach St. Etienne: „Die Posten werden jetzt weggeputzt wie Krauthäupter; und da zwanzig Lieutenants auf einen Gemeinen aus Rußland und Deutschland wiedergekehrt sind, so haben wir Sergeanten sogar die Ehre tagtäglich Wache zu thun; „wie ein Kronprinz einmal im Leben, bei vollem Magen den vollen Ranzen trägt, um zu wissen, wie schwer es den Soldaten Allen zeitlebens, besonders auf Hundertmeilenmärschen bei leeren Ranzen wird." Wir haben die Ehre! Sag' ich, und wahrlich, das ist die größte Ehre — vor-Schusse zu stehen! Als gemeiner Soldat bin Ich im Grunde der König des Krieges, der Gott des Schlachtwogenmeeres, des Dampfes und Donners! Der Oberwelt und der Unterwelt! Im Pulverdampfe athme ich Lebensluft! Wenn die Schlacht brüllt, wenn die Batterien rasen, da genieße ich meines Lebens, da bin ich mir aller meiner Kraft bewußt, und bin bis an die schlagenden Halsadern, voll von dem, im Schwanken und Schweben erst sicheren Gefühl: Ich bin da! Ich bin in der Welt! Was kümmert mich, wer siegt? Mein Sieg, mein Triumph ist mit dem ersten Schritte entschieden; Ich siege gewiß über Furcht und Elend des Lebens! Mein Muth ist unzweifelhaft — Ich bin unbesiegbar im Kampfe mit einer halben Million Feinde; denn ich stelle ihnen Allen: den Einen, einzigen — meinen Mann gegenüber, mein Alles, meine Habe, mein Gut, meine Erde und meinen Himmel. Ich bin ein Kern der Saat, die da wächst gegen die Rasereien der Menschen! Ich bin ein Vermittler und Friedensstifter! Der Kaiser kann geschlagen werden — Ich? — Nie! Er sitzt auf seinem Teppich und brockt Todesbrocken ein — Ich esse sie aus! Ich bin ein Soldat — Er ist ein bloßer Kaiser und König — von Gottes Gnaden! Und Gottes Gnade wendet sich überall stets von den Alleinklugen, den Blinden, den Tauben und Taubblinden. — Da nimm den Bettel!"

Und als Johannes das Gold nicht nehmen, selbst nicht ungezählt in Verwahrung behalten wollte, sagte er ihm: „Siehe mich, so lange ich noch sichtbar bin! Und siehe mich recht an! Wir haben uns wenigstens zweimal hunderttausend Jahre nicht gesehen, und können uns dreimal hunderttausend Jahre nicht wiedersehen, und das Wiederkennen ist schwer zwischen Masken und Masken . . . auf einem weltbreiten und weltlangen Corso! oder himmlischen Großthustraße! Jetzt aber wirst Du mich zu erkennen glauben, Johannes (denn so dumm und gläubig ist der Mensch); wenn ich Dir sage, Deine Christel ist meine Schwester! Und ich bin also ihr Bruder! So nennen die Menschen solch kleines Geschmeiß aus einem Mutterschooße! Und Du bist mein Schwager. Oder ist sie so gut, und ich so schlecht, so bin ich ein Soldat, ein unbegreifliches Ding und künftiges Unding; wenn die Todten nicht noch Dinge sind, oder nur Dünger, Bautzner Dünger, Leipziger Dünger und dergleichen, und Christel ist eine Mutter! Und eine Mutter ist das beste Thier unter den Cherubim und Seraphim! Meine auch! Geh', bringe die Bibel!

Die Bibel macht Freunde — Bluts- und Herzensfreunde und Seelenfreude! — Das war noch einmal ein Spaß, Steffen, daß Dir die Augen überlaufen! Nun mag man sagen: Schach dem — Kaiser! — der weidlich: „Schach den Königen," gesagt, und manchen matt gesetzt! Ja meinetwegen mögen selbst die schachmatten, durch die Völker — die Bauern — entsetzten Könige nun einmal zum Danke sagen: Schach den Völkern! und die Völker mögen sagen: Schach den Königen! oder mag ein Tölpel von Kometen gar das Schachbret umstoßen — der Spaß bleibt! Der Spaß war herrlich!"

Auf diese Freude, besonders auf dieses Zutrauen, das Johannes zu diesem Soldaten, der ihm ganz fremd und herb gewesen, und durch ihn nun zu allen Soldaten bekam, fehlte nichts: seinen Entschluß fröhlich sogleich auszuführen, als daß noch ein Handwerksbursche, ein Waffenschmied, im Dorfe und auch bei ihm fechten — Brod erfechten — umherging, der glücklich durch die Vorposten durchgeschlichen, nur ein weißes Hemd über seine Kleider angezogen, um in dem Schnee einem Schneemann ähnlich zu sehen, oder weiß auf weiß gar nicht gesehen zu werden, und der über den Gang nur Scherz trieb, den er aus der — für Johannes zu leicht wiegenden — Ursache unternommen, um in seinem Vaterlande, dem Elsaß, Waffen gegen die Deutschen, auch Russen zu schmieden. „Hundert!" sagte er; „und mit jeder Spitze kann man hundertmal stechen, wie eine Wespe und nicht daran sterben. Denn der Waffenschmied selbst bleibt gesund und frisch dabei, und freut sich am Feuer, und schlägt nur mit Bosheit auf's Eisen. Wir Waffenschmiede sind unsichtbare Geister, und sollten alle wenigstens Geheime Kriegsräthe heißen! Ohne Geld keine Schweiz. Ohne Waffen, kein Polen! kein Frankreich! Häuser ins Wasser baut man auf Rost — von Holze; aber alle Reiche ruhen auf frischem oder doch auf altem verrosteten Eisen. Darum ist Vulcanus unser Patron, weil er hinkt, und weil er hinkt, hinken die armen Reiche auch alle, und haben auch keine Kinder, wie der Gott der Maulesel, und müssen sie darum rauben, wie Amazonen, aus väterlicher Kinderliebe!" — So sprach er. Und für ein warmes Frühstück sang er viel lustige Lieder, und zeigte ihnen Schmachbilder auf Malaparte; denn wer sein Theil erwähle und behaupte, der habe nunmehr das schlechte Theil erwählt. Aber Gott schützt Frankreich."

Die Marterwoche, der Charfreitag zog nun Johannes unwiderstehlich zu Christel. Vor zwei Jahren hatten sie an dem Tage den Tremulanten gehört, und das ängstliche, ja abscheuliche blinde gotteslästerliche alte unsinnige Lied:

„O große Noth:
Gott selbst ist todt."

und sie hatte darauf vom Tode Gottes geträumt, um zu merken: er lebe; sie hatte die Wassersuppe aus Bettelbrod vom Daniel mit Danke gegessen; und das Andenken an das arme gute Weib durchzuckte ihn, während er zwei weiße Ueberhemden und zwei weiße Nachmützen für sich und den Pathen aus der einsam stehenden Lade nahm; und der auf den Deckel gemalte Vogel sah ihn mit seinem großen Auge recht wunderlich an, und die gemalten Blumen selbst thaten ihm leid um Christel, geschweige sein Weib selbst, seiner Kinder Mutter, und selber die Kinder!

Als nun Stephan zur Nacht auf Wachposten gezogen, stellte er ihm noch zu Morgen den Schinken bereit auf den Tisch, und schrieb mit Kreide dazu: „Morgen komme ich wieder —"

fütterte Petern; vergaß aber ihn einzusperren; überließ dem schwachen russischen Unglückspropheten und Mitverbrecher an Dorotheen, dem in seiner armseligen Seele sich ohne alles Unrecht fühlenden, übrigens pudelguten Kosaken Sebastianow das Haus, wollte die morgende Nacht wieder zurück sein, nur einen Tag mit den Seinen verleben, wissen, wie es ihnen gehe, sie pflegen, ihnen rathen, helfen!

Und in der Nacht, noch ehe der Vollmond aufzugehen drohte, stand Johannes bereit zu dem kalten Gange, in das weiße Hemd gekleidet; und der Pathe Leinweber im weißen Hemde; und Einer setzte dem Andern vergnügt die weiße Nachtmütze auf; und in der dunkeln Stube, worein nur das Schneelicht durch die Fenster fiel, kamen sie sich vor wie Gespenster und gaben sich seufzend die Hände, und die Pelzhandschuhe gaben einen dumpfen Laut. Und als der Leinweber noch also von seinem Freunde Abschied genommen — weil er selbst gern der Noth entkommen, nicht das Letzte mit aufzehren zu helfen und nach so lange auch wieder nach Hause wollte — traten sie Beide die Viertelstunde Weges an, der wie eine Kettenbrücke, über eine gefährliche Kluft führte, die sie bisher unerträglich getrennt hatte. Aber sie wären lieber durch die Luft geschritten, als auf der Erde einen knisternden Schritt nach dem andern dahin.

Sie traten heraus; und linksher erklang ihnen ein glückliches Zeichen in himmlischer Luft. Denn der alte Psalm des alten Heerführers Moses erfüllte, wie heiliger Erdduft aus umgeackerter Erde die Räume der heitern glänzenden Nacht voll derselben alten Gestirne, und die alten Worte flossen zum Herzen, wie Blut der Welt. Und sie standen betroffen und hörten. „Ehe denn die Berge worden, und die Erde, und die Welt geschaffen worden, bist du, Gott, von Ewigkeit zu Ewigkeit. Der du die Menschen lässest sterben, und sprichst: Kommet wieder Menschenkinder!" —

„Die Menschenkinder sind die Franken auf der Schanze!" sprach der Leineweber leise, während sie weiter gingen. Die Psalmen haben sie aus ihrer Kinderzeit noch behalten, sonst nichts. Und wie der Herbst den Hirten ein Lied abzwingt, so preßt ihnen die stille Gewalt der Winternacht auch wieder ein Lied aus, Lebensmost! und wir trinken ihn mit den — Ohren! Ich möchte auch aus mir was herauspressen! Aber alles, was seine Zeit hat, hat auch seine sogenannte Unzeit!"

Johannes schwieg.

Sie kamen nun vor dem Dorfe ins Freie. Unten Alles ein unübersehliches weißes Gefild. Es war, als wenn die weiße silberfunkelnde innere Domdecke vom Himmel ab, auf die Erde gefallen, und nur von dem breiten Gurt des Gewölbes nicht; denn die Milchstraße war breit und weiß, wie stiller wolkiger Flor da droben hangen geblieben; aber sie schimmerte nicht silbern, sondern funkelte golden; und daneben — da überall, wo die Decke herabgestürzt und wo nun ein unergründlicher Bau durchsichtig sich aufgethan hatte, da funkelten klare Gestirne golden, wie große Ampeln in fernen, fernen Gemächern und Sälen, nur klein, und ruhig. Und während Johannes, der voran ging, den Himmel vor Angesicht hatte, fiel ein Stern aus dem dunkeln Blau, entzündete sich wie ein feuriger Komet, und schoß mit langem Schweife, Strahlen und Funken versendend, vorüber.

Sie blieben einen Augenblick stehn — und Peter der Hund war bei ihnen.

Denn in Daniel war die Sehnsucht der Mutter zur Reife

gekommen, wie Saft und Kraft und Wärme der Erde hinaufgesogen wird in ein junges Fruchtbäumchen; und statt ihrer und seiner Geschwister war er glücklich in seines Vaters Haus gelangt, ein Bündel mit frischbackenem Kuchen, wohlgeschichtet und vorsichtig getragen, im reinen Tuch, und tausend Grüße auf seiner Zunge. So saß er daheim auf der Ofenbank, und harrte des Vaters, nachdem er in der dunklen Schlafstube leise auf sein Bette gefühlt und davor gefragt: „Lieber Vater! schlaft Ihr schon? Die Mutter ist wieder gesund!" Und beim zweiten Bett hatte er gesagt: „Lieber Vater! Ich bin da! Seid aber ja nicht böse; Ihr konntet mir's nicht erlauben, und die Mutter weiß es nicht. Nur Wecker. Aber ich bringe Euch Kuchen, den sie gebacken hat; denn sie hilft dort im Hause und macht die Wirthin." So hatte er gestanden, bis er gefühlt, daß das zweite Bett auch unberührt war, und in allen Winkeln Niemand; und so saß er denn still im Dunkeln am Ofen, und neben ihm schnarchte der ihm verhaßte, weißbärtige Sebastianow, während der Vater und Krieg in der Nacht hinschritten.

Der Hund aber schlug jetzt einmal zu bellen an, da das Feldgeschrei der nahen Vorposten umher scholl; denn er hörte seines Herrn, St. Etienne's Stimme heraus, der nicht mehr entfernt, auf dem letzten Posten stand, wo Johannes mit seinem Gefährten vorüber mußte. Johannes rief Petern; und sie knüpften zwei Tücher zusammen, das eine Ende derselben fest an den Ring seines Halsbandes, das andere fest an einen Zaunpfahl im Felde, und bedrohten ihn stumm und streichelten ihn, damit er schwiege und bliebe. Ihre Angst erwachte. Denn der tiefe Hohlweg, der sie bis zu der Zahlbacher Mühle gedeckt hatte, gab sie nun auf und frei; und nachdem sie die Mühle umschlichen deren Geklapper ihr Ohr erfüllt, standen sie eine Weile mit Herzklopfen nach der zweiten, der Britzenheimer Mühle spähend und horchend, nach welcher sie nun links über das offene Feld sich schleichen mußten. Und hier in der Stille hörten sie wieder, aber schwächer den von vielen deutsch-französischen Männerstimmen gesungenen Psalm: „Meine Seele ist stille zu Gott, der mir hilft. Denn er ist mein Hort, meine Hülfe, mein Schutz, daß mich kein Fall stürzen wird, so groß er ist. Wie lange stellet ihr Alle Einem nach, daß ihr ihn erwürget, als eine hangende Wand und zerrissene Mauer? Sie denken nur wie sie ihn dämpfen, befleißigen sich der Lügen, geben gute Worte, aber im Herzen fluchen sie. Sela." — Die Luft strich ein Weilchen, und bog den, schwach ihnen nachfließenden Gesangstrom seitwärts, und wandte ihnen erst wieder die Worte zu: „Meine Zuversicht ist auf Gott. Hoffet auf ihn allezeit, lieben Leute, schüttet euer Herz vor ihm aus. Gott ist unsere Zuversicht. Sela. Aber Menschen sind doch ja nichts, große Leute fehlen auch; sie wägen weniger denn nichts, so viel ihrer ist." —

„Wenn der knisternde Schnee jetzt fünf Minuten lang nur Flaumenfedern wäre! oder heute schon: künftiges Wasser, daß er nicht knarrte!" flüsterte der Leinweber dem Pathen zum Ohr. „Jetzt, Johannes, denkt, ihr seid wieder ein Knabe; und daß Euch der Vater nicht sieht, sollt ihr unter den niedrigen Fenstern wegkriechen, zu den andern Kindern, zum Spiele. Also gebückt! Und glaubt mir in aller Stille, daß mir der Buckel dabei weit weher thut, als Euch — denn ich bin kein Schneider! Wir Leineweber sitzen kerzengrade; und wir Baßstreicher stehen wie Lichter — aber ein Wurm krümmt sich — denn dort dämmert der letzte Posten, bei dem wir, Schneckenpost, vorüber müssen. Nun, Glück zur höflichen Reise!"

Und während sie jetzt so wunderlich wie zwei weiße Eisbären — vom losgekommenen Hunde gefolgt, schweigend und mit verhaltenem Stöhnen, dem Posten sich nahten, und ihn umschleichen wollten, auf welchem grade in dieser Nacht St. Etienne stand, wurden sie die Nähe von dem ersehnten Britzenheim und der Feinde, in der stillen Nacht deutlich aus dem fröhlich gesungenen Liede (von Theodor Körner) inne: „Die Hölle braust auf in neuer Gluth, umsonst ist geflossen viel edles Blut, noch triumphiren die Bösen. Doch nicht an der Rache des Himmels verzagt, es hat nicht vergebens blutig getagt, roth muß ja der Morgen sich lösen."

Jetzt trat plötzlich ein blutrother Mond aus dem Himmel; aber er blieb nicht stehen, sondern er flog über dem Himmel, wie ein purpurner Ball von einem Riesen geworfen, erhellte die Gegend — und fiel entfernt, wie es schien, in die schwarzgrünen Fichten der Berge. Und um nicht aufzustehen, setzten sich vor Verwunderung die Freunde einen Augenblick, und sahen sich nahe in die Gesichter, um sich einander schweigend zu fragen: welch Zeichen das sei? Und wieder floß deutscher Gesang jetzt näher und stärker daher: „Und noch regt sich mit Adlerschwung der vaterländ'sche Geist! Und noch lebt die Begeisterung, die alle Ketten reißt! Und wie wir hier zusammenstehn, in Lieb' und Lust getaucht, so wollen wir uns wiedersehn, wenn's von den Bergen raucht. Drum frisch, Gesellen, Kraft und Muth! Der Tag der Rache kömmt! Bis wir sie mit dem eignen Blut, vom Boden weggeschwemmt. Und Du, im freien Morgenroth, zu dem dies Hochlied stieg, du führ' uns, Gott wär's auch zum Tod! Führ' uns das Volk zum Sieg!" —

Jetzt sahe Johannes den letzten französischen Posten, und auch der spürende Hund sah ihn und boll. Der Pathe hielt ihm die Schnauze zu. — —

„Wer da?" *) rief St. Etienne.

Krieg drehte sich hinter Johannes um, und nahm eine andere Richtung in seinem Krebsgang; aber seine jetzt grade ungewogneren Tritte knisterten lauter im Schnee. Johannes blieb todtenstill, hatte die Augen fest geschlossen und war sich selbst wie verschwunden. Peter winselte freundlich und wedelte mit dem Schwanze.

„Wer da?" scholl es lauter.

Und Johannes warf sich auf die Erde und kroch auf Händen und Füßen weiter, während von einer andern Seite die Worte ihn mit Schneegeflirr vermischt überrieselten: „Nicht leichten Kampfes siegt der Glaube, solch Gut will schwer errungen sein. Freiwillig tränkt uns keine Traube, die Kelter nur erpreßt den Wein; und will ein Engel himmelwärts, erst bricht im Tod ein Menschenherz."

„Wer da?" rief St. Etienne jetzt zum dritten Male in gespannter Entrüstung.

Der Hund lief hin. Johannes wollte behend wie ein Pfeil entrinnen; er wollte hinzu, und mit dem Manne mit männlicher Gewalt kämpfen — und zuletzt glaubte er, zwischen den schnellen Entschlüssen schwebend, er glaubte Stephans Stimme erkannt zu haben . . . und vor Freude und Hoffnung versagte

*) Qui vit?

ihm die Sprache. — Da sank er schon; und den Schuß selber hörte er nicht in den Schluchten verhallen.

Die Wache tritt ins Gewehr. Der gnädige Gottlieb hört von St. Etienne, daß er Etwas erschossen, was sich durch die Posten schleichen wollen. Der Hund springt an ihm herauf. Herr von Ellenroth eilt mit der Laterne zum Ort. Der gnädige Gottlieb folgt mit den Andern, und St. Etienne findet die sonderbare Gestalt, wendet sie um, leuchtet ihr in das Gesicht, und erkennt seinen Wirth, seinen Freund, der noch athmet, der ihm kein Wort mehr sagen kann, nur schwach die Hand noch reichen. Und als St. Etienne seine noch übrigen paar Thränen, kurz aber heiß über den armen Freund geweint, sprach er: „Hättest du nur deinen Namen genannt! Oder ein Anderer nur deinen — ich hätte nicht geschossen; und ich begreife beinah: wie ein Mensch Jemandem mehr sein kann, als ein Kaiser und König. Aber waren nicht Alle die vielen Andern auch Menschen . . . die ich . . . . — Ach! . . . . Meiner Schwester wollte ich Freude machen; und ach, ich habe nicht ihm in die Brust geschossen, sondern mit ihm — Ihr grade ins Herz! Sie selber läge hier besser! Und ich am besten!"

Der sausende Mond aber war ein Zeichen zum Ueberfall gewesen; — ein im Dunkeln durchblitztes, durchklirrtes, durchschrieenes Getöse wie von Geistern — und in einer Viertelstunde war kein Feind mehr in Britzenheim und weiter hinaus. Die Wege waren frei, und Christel war frei, die ruhig schlief, während der wahre Mond wie eine goldene Scheibe im Feuer glühend, doch kühl über den Horizont heraufstieg, und mit göttlicher Ruhe das heiligruhende, purpurschimmernde Schneegefild beschien — und Johannes entlaubte Bäume, und Johannes auf immer verlassenes Haus. So still! So göttlich!

XII.

Inhaltvolle besorgte Eil schien nun Stephan zu drängen. Nach der getümmelverworrenen Nacht erst suchte er seinen todten Freund wieder auf, und ließ ihn nach Zahlbach tragen in sein Stübchen; nicht nach Britzenheim, wohin doch der Lebende — vor sein Leben gern begehrt. Dem Todten aber meinte er keinen Willen mehr zu brechen, noch einen zu erfüllen; und statt Freude bei Christel zu bringen, hätte er ihr nur plötzlichen Schreck gebracht. Als aber die Sonne aufgegangen, machte er sich dafür selbst auf den Weg zu seiner Schwester, die schon unglücklich genug, noch auf vielfache Weise unglücklicher hätte werden können, und jetzt noch, ja erst werden konnte, je nachdem in ihrer Seele die Ereignisse sich nun reiheten, und in welcher Folge sie über ihre Brust fielen, wie Tiger. Und so ging sein größter Kummer, wie ein unsichtbares Gespenst, unempfunden an ihm vorüber, weil er nicht wußte, daß der Leinweber treulich mit Johannes gegangen und treulos entflohen war. Diese Kenntniß würde ihn rathlos gemacht haben auf seinem Gange zu Christel; denn der hohlsausende Thauwind, der plötzlich grau gewordene verwesende Schnee auf den Feldern; der herabrieselnde Regen; ja selbst die neugrün hervortauchenden Raine und Kämme der Saatfelderbeeten, die wie aus einer seligen, seligen Zukunft erschienen waren, die er nicht fröhlich mehr sehen sollte; selbst ein, wie aus dem Winter geretteter Vogel, der, einige Töne zwitschernd, die Kehle probirte zum Frühlingsfeste, keine Ruh auf den Zweigen hatte, zwischen hangendem Schnee und braunen

Frühlingsknospen, und eifrig von Baum zu Baum flog, weil ihm keiner gefiel, und doch die rechten grünbelaubten, mit Blüthen ihn verbergenden, säuselnden „Häuser auf einem Stamme" noch nicht da waren; und vollends erst das Geräusch der sich sammelnden Wasser . . . und das ferne süße heilige Rauschen auf Berg und Wald — das Alles stimmte ihn weich, wie er als Knabe gewesen voll Hoffnung; aber jetzt weicher, denn alle seine Hoffnung war hin, und aller Schmerz war da, und das Vorgefühl des größten und des letzten. Doch auch die letzte Freude war nah; und sie austräumend, und ausspinnend, ging er mit gesenktem Haupte, aber lächelnd, und sahe seine Christel gleichsam unter der Schneedecke des Weges immer mit ihm schweben: wie sie jetzt roth ward; jetzt blaß; jetzt weinte; und ihm war, als schiffe er, übergebeugt im leisen Kahne, oder als ginge er auf dem blühenden Ufer eines tiefen, klaren Wassers, und Christels klare Gestalt unter ihm war sein eigenes Bild in dem Wasser!

Plötzlich stand ein Mann vor ihm, der ihm erstaunt ins Gesicht sah.

„Wecker! Todtenwecker!" rief St. Etienne, und reichte ihm die Hand.

„Ein Ungehangener darf sie schon nehmen und geben!" sprach Wecker, der viel von seiner saubern Tracht verloren, und den kleinen Gotthelf auf dem Rücken — reiten hatte. „Gut, daß Ihr Britzenheim gefangen habt! denn leider Niemand, das heißt kein Mann, kam aus Zahlbach, der mich kannte und anerkannte! Lieber will ich, ehrlich erschossen, auf einem bockenden Pferde in aller Welt herumgaloppiren, als auf den Tod sitzen, den Strick in der Hand, und aqua toffana schwitzend vor Bosheit! Ich habe es gestern durch den Daniel dem Johannes sagen lassen, denn meine — wollte ich sagen: Christels Angst war groß!"

„Wo ist mein Daniel! Ist er bei Euch?" rief jetzt Christel, ihr Kleinstes auf dem Arme, über den Weg; und ihr Mutterherz trieb sie getrost, sogar dem gemiedenen Sergeanten unter die Augen zu treten, herüber durch den Schneewasser-Bach auf dem Wege. Stephan ergriff ihre Hand, um sie auf den Fußweg zu ziehen und sprach: „Euer Johannes schickt Euch gewiß den Händedruck: und ihm ist wohl, so wie wir Menschen davon wissen! Seid nicht böse. Aber Daniel ist bei uns zu Hause?" frug er bedenklich.

„Nicht! Nicht?' tönte aus der Mutter Brust, wie aus einer zerrissenen Welt; und ihre großgeöffneten flehenden Augen gossen einen heiligen Strom von Wehmuth — in seine Augen voll Wehmuth.

„Wo wird er denn sonst sein!" rief Wecker, barsch vor Angst.

„Christel," sprach Stephan gedrängt, „was soll ich es Dir verhehlen — — liebes, liebes, gutes Weib — ich komme Abschied von Dir zu nehmen — ich ziehe nach Hause zum Vater, denn ich bin schwer verwundet — — —"

Christel erröthete und erblaßte.

Stephan nahm ihr das Kind vom Arm, liebkosete es, und sagte: „Also lebe wohl! und reiche mir zum letzten Male Deine Hand!"

Sie gab sie. Er aber hielt sie fest, sahe ihr tief und nah in die schönen schwarzen Augen, und flüsterte ihr leise zu: „Weißt Du noch, als der Vater das Haus baute, und Du ein Lamm hattest als kleines Mädchen; und das Lamm Dich umstieß; und wie Du aus den Blumen aufstehen wolltest, und wie es Dich immer wieder hinstieß — wer erlösete Dich denn aus den Blumen? Christel! „Brodchristel,“ wie wir Geschwister Dich nannten!“

„Mein Bruder!“ rief Christel; „Steffen!“

„St. Etienne!“ sprach Stephan, mit dem Finger auf seine Brust deutend. Aber wie sie vorgebeugt, und mit offenen Lippen und irren Augen ihm in das Gesicht sah, sank er langsam um, und mit einem Schrei ergriff sie das Kind. So blieb sie wie aus einem Traume erwachend stehen, und aus ihren Zügen entstieg gleichsam, wie rauchender Hauch aus Wasser im Winter, die ausgestandene Angst, und Schreck legte sich wie Reif über ihr blaß gewordenes Antlitz; und wie sie so reglos stand, erhob sich Etienne wieder, küßte sie auf die schöne geneigte Stirn — schrie laut, wandte sich ab und schritt von hinnen. Denn er sah von weitem Daniel gelaufen kommen, der ja nun wußte ... daß er, ihr Bruder, ihr den Mann erschossen .... und vielleicht auch mehr erzählte, als Christel jetzt erfahren sollte — bis er dahin geschieden.

„Bruder!“ rief sie ihm nach, „mein Bruder!“

„Zum Teufel! Gott sei bei uns ...“ rief Wecker, „so bleibt doch!“

„Schwester! — Schwester, leb wohl,“ rief er zurück, und sprang in den Hohlweg, wie ein Seliger froh; denn seine Schwester hatte ihren Bruder wieder gesehen, rein den Reinen, ohne Schuld und Fehl; und nun sollte sie ihn nur auch noch rein und redlich — den Redlichen beweinen, wenn auch nicht den Reinen; dann mochte sie Alles erfahren; denn keine spätere Schuld kann frühere Unschuld rückwärts im Herzen ermorden; kein späterer Schmerz kann einmal genossenes Glück zu Unglück verwandeln — nur färben! „und wie oft habe ich nach durchwachten Nächten gesehen," sprach er: „wie die Morgendämmerung selbst schwarze Gegenstände herrlich blau färbt, selbst Todtenkreuze! Und vielleicht auch thut es die Abenddämmerung ... in welcher das neue junge Weib von sieben und zwanzig Jahren nun leben wird, bis ihr das Alter oder der Tod die Zahl zwei und siebenzig dafür ganz leise auf das Kreuz ihres grünen Hügels schreibt!"

Und doch stand Stephan hinter einer hohlen Eiche, und harrte, und lauschte, und brannte zu hören, wie Daniel seiner Mutter erzählen würde, wie er sich allein bei dem Vater gefürchtet, den sie ihm in das Haus getragen in weißem langem Hemde.

Und siehe, da richtete sich Johannes in weißem, langem Hemde vor Stephan auf, der ihn aus der Eiche, wie aus der Erde hervorkommen sah. Und ob er es gleich nicht begriff — so durchzuckte ihn Freude, daß er gelähmt stehen blieb, und dann laut seiner Schwester rief. Doch sich besinnend erkannte er den Pathen Leinweber, der im ungewohnten Lauf und der blendenden Nacht sich an einem Pfahl gestoßen hatte und liegen geblieben war, durchnäßt, von Furcht, vom Krampfe, und endlich vom Schlafe gefesselt.

Krieg frug ihn, belebt, nach Johannes.

„Ich weiß nichts von ihm;" antwortete Stephan, froh, daß jener nichts wußte, und deutete ihm auf Daniel, und Wecker und Christel, die dem Knaben entgegen eilten.

Krieg schlich auf sie zu. Und auch Stephan faßte den äußersten Muth: stehen zu bleiben. Und selbst in der geringen

Entfernung war er jetzt am hellen lichten Tage wie unsichtbar, weil Christel ihn jetzt nicht vermißte, an ihn nicht dachte, vor Freuden über Daniel. Aber .... er hörte die Stimme des Knaben, die der Wind zerriß; und das Weinen; und ihren Ausruf über die Gestalt des Leinwebers ... und die Wörter ... „Baßgeige," und „Armgeigen," und Weckers lautes Wort: „so muß er begraben werden — am Auferstehungstage! Auf den Fall giebt es noch kein Lied! ... Schade, daß der alte Vater Frommholz nicht mitkommen kann! Wir zwei begraben rechtschaffen! Das kleine Ding, Clementinchen, rückt zu; das ist ein gutes Kind! Und mein großer Friedrich ein großer Schlingel!" — Und er sahe darauf, wie sie Krieg an die nahe Stelle führte, wo Johannes Blut den Schnee befleckt hatte — und sah seine Christel verschwinden ...

Und er zog seinen Weg.

Endlich fuhr Christel empor und eilte mit Daniel, Hand in Hand, nach Hause.

„Sie werden bloß zum bloßen Hause kommen, nicht mehr nach Hause! Wittwen und Waisen haben keine rechte sogenannte Heimath mehr, und müssen erst wieder von Grund aus, d. h. vom Tode des Vaters aus, ein neues Leben anfangen;" sprach Krieg zu Weckern, indem sie beide langsam nachfolgten, jeder Eins der Kinder auf dem Arm, die Wunderliches frugen, und von den beiden Alten gar wunderliche Antworten erhielten. Sie kehrten vor Hunger in der ersten — wohlriechenden Mühle ein, ja selbst in der zweiten, obgleich bei diesen erst der Backofen wohlroch, und — wärmten die Kinder aus. Aber es war zu viel zu malen, um Kuchen zu schneiden. „Verdammter Krieg!" sprach Krieg. Zuletzt verweilte Wecker den alten Freund noch auf dem Kirchhofe, „wegen eines drei Ellen tiefen und doch unergründlichen Loches,“ in welches er als Kind stundenlang hinabgesehen, um die Grube auszugrübeln und auszustudiren. — Und so überzögerten sie „die erste wahrhaft traurige Zeit eines Weibes, aber nicht die letzte — und die Frist: daß eine wie vom Himmel gefallene Wittwe sich nothdürftig ausweint, und den Thränenquell zum Fließen bringt! Und ein Mann ist nicht Freund von Klagen ohne Hülfe, und schenkt nicht gern den noch ungegohrenen trüben Most des Trostes ein, wobei Zwei alte Menschen Ein Narr sind oder Ein Stummer“ — wie Wecker sagte.

So fanden sie Christel mit ausgeweinten Augen, aber schon sehr sauber in weißem — Trauerkleide, da sie kein schwarzes hatte. Aber das schwarze Tuch um den Busen und Kopf erregte ihr bei den Kindern und selbst bei den Alten: die uralte Scheu und Ehrfurcht vor der uralten Nacht und dem Tode, die an Lebendigen, Liebenden und Geliebten so sichtbar schwarz und traurig abgespiegelt, ganz wundersam, ja heilig erschienen. Die Kleinen aber packten das Tuch mit dem Kuchen auf, langten Beide jeder Zwei Stück, je Eines in jedes Händchen, und setzten sich schon hin in den Winkel, um ruhig umzeche von beiden zu essen; als Daniel es ihnen verwies und sagte: „Wie könnte ich nur den Kuchen essen, der für den Vater bestimmt ist! Ich wüßte da nicht, ob Er ihn äße, oder Wer!“ Und die Kleinen legten ihn hin. — „Ja,“ sagte Wecker, „folgt nun Eurem Daniel! Er ist nun Euer kleiner Vater.“ Und so langte er selbst zu, und legte dem Pathen hin, und die Alten aßen; und selbst der hingestellte Schinken ward von dem so lange hungernden Weber angeschnitten. „Muth!“ sagte Wecker; „was schadet Rauch und Fleisch der Traurigkeit? Denn ein Schinken bleibt ewig ein Schinken —

oder leider nur eine kurze Abschnittszeit — Wecker bleibt Wekker! Und Johannes bleibt Johannes in Ewigkeit und kommt nur nicht wieder."

Christel aber brachte ihnen die letzte Flasche Wein, goß in die Gläser, kostete selbst — weil ihn Johannes gepreßt hatte, und gab auch den Kindern zu nippen von des Vaters — Mühe und Wohlthat, die so golden im Glase blinkte, wie sie still dabei empfand. Dann stellte sie das Glas hin und erblickte die große mit Kreide deutlich geschriebene Schrift:

„Morgen komme ich wieder, lieber Steffen.
Seid ja nicht böse auf mich!
Johannes."

Sie las sie vor Schreck, unbewußt, laut; und ging vor Wehmuth dann hinüber zu ihm, und legte sich schlummern. Daniel aber sah es durch das Fenster, und setzte sich in das kalte Haus vor die Stubenthür Wache, daß Niemand die Mutter störe, die von schwerer Krankheit unter Sorge und Kummer mühselig genesen, schon lange so blaß aussah, daß er ihr sonst im Scherz, aber aus innerer Angst, die Wangen roth rieb mit den warm gehauchten drei Fingerspitzen; dann sahe sie wohl aus, dann war er froh!

Sie aber träumte jetzt bis die Sonne unterging — nicht von dem neuen Unglück, welches der wohlthätige stillste Freund der armen Menschen, der Traum, erst wie eine nachreifende Frucht, bis sie süß und lieb ist, auf spätere Nächte aufspart; sondern sie träumte von ihrem alten Glück. — Sie war ein kleines Mädchen; und das Lamm stieß sie in die Blumen; und Stephan nahm sie auf und an seine Brust, und sie schluchzte vor Seligkeit. — Sie schlug grade die Augen auf, als die blitzende

Sonne sank — und ein ungeheurer Donnerschlag fiel und riß sie empor von dem Bett; und das Haus schütterte; selbst die Bäume zitterten; und die Erde unter ihren Füßen bebte weit hin — und die Thüre sprang auf, und sie sah den Knaben sitzen; und eh' noch der Wiederhall rings umher den Wetterschlag ausposaunt, stand sie, in irrigem Wahn, schon vor ihrem todten Johannes, was ihm geschehen sei? Aber es quoll nur Blut aus seiner erschütterten Brust.

Wecker und Krieg und selbst Daniel liefen hinaus. Sie erblickten nur noch eine sanft sich verziehende Wolke von blauem Dampf, der die Abendröthe durchschimmerte. Auf der nahen Klubbistenschanze standen aber mehrere Soldaten um Etwas, das sie betrachteten; und so eilten sie mit einigen aus dem Dorfe auch zu den Neugierigen, und drängten sich endlich Raum zum Sehen, und sahen und hörten. Und Einer sprach zu den Andern! „Uff! der hat kurzes Ende gemacht statt des langen! Er sah, Wir fallen alle, verlieren den Ruhm und vergehn in Schande. Er starb noch in vollem Monde der Ehre, im großen Tage des Vaterlandes, in welchem bald — einst — und nie ein Franzose mehr sterben kann!" Und ein Andrer sprach: „Die sechs Kanonen hat er auf Einen Punkt gerichtet, da er jetzt Wache hier stand — alle mit Granaten geladen; dann durch einen mit Pulver eingeriebenen Faden, über kurze Luntenstummel verbunden, hat er hier stehend sie alle zugleich abgeprotzt.„ — „Ein Vorwand! Ein Kind von zwei Müttern geboren!" sagte noch ein Andrer. „Er hat in letzter Nacht seine Schwester durch ihren Mann erschossen. Durch und durch! Also zwei auf einmal."

„Also das Wer da? Wer lebt? heut in der Nacht auf

unserem Wege zu Christel kam von Stephan?" sagte Krieg bestürzt.

„Ist gekommen!" sprach Wecker. „Dein Reich komme!"

„Und hier erschießt er sich nun!"

„Hat sich! sprach Wecker wieder. „Vergieb uns unsere Schuld! Es ist kein tempus besser für Jeden, als das praeteritum! Und zum Glück ist unser Aller Gegenwart kein Wartendes, sondern ein Gehendes, Laufendes, Verschwindendes."

„Der Mann ist wie verschwunden!" sagte der gnädige Gottlieb. — „Er liegt in hundert Stücken;" sagten Mehrere, ohne seine Gebeine zu sammeln, und besahen nur die Brocken des tapfern verwogenen Mannes — zerrissene Stücke von Tuch, von Leder, vom Seitengewehr, keines einen Handteller groß; und weit verstreute einzelne Knöpfe. Nur ein Lustigmacher setzte sich den weggeschleuderten Tschako auf." „Wen der Teufel holt, der braucht keinen Sarg!" meinte der gnädige Gottlieb. Daniel aber sah etwas entfernt, Petern, den Hund, an einem Strauche sitzen, ging hin, und wollte das verlassene Thier mit zur Mutter nehmen. Er kam aber stumm wieder zu Wecker und Krieg gelaufen, und zog sie nach; und sie sahen den Hund vor dem unversehrten Kopfe St. Etienne's sitzen, und die Augen desselben sahen dreist in den Abendhimmel. Und Wecker sprach: „Ein Hund weiß doch, wer der Mensch ist! Er sitzt nicht bei einem Beine, oder Arme; nicht beim Seitengewehr, selbst nicht beim Herzen — er sitzt bei den Augen, bei dem Kopfe, beim Verstande! Darum sollte Peter eigentlich nicht bei dem Unverstande sitzen!" Darauf kam Herr von Ellenroth, hob den Kopf behutsam auf, verhüllte und bewahrte ihn, und trug ihn fort; und der Hund lief nun mit ihm, wie gebannt.

„Schweigt!“ hatte der junge Freund ihnen noch geboten Und sie nun wieder empfahlen dem Daniel zu schweigen, der Mutter willen. „Siehe, mein Sohn,“ sagte Wecker, „so kann Jemand nichts gesehen haben in der Welt! So haben wir Alle in Europa jetzt Nichts gesehen und gehört — und schweigen, und wissen doch, wer den Kopf nun hat, und wer keinen — nämlich wir! nämlich nicht! Aber wir haben ein Herz! Und die Stunde zum Reden wird kommen, mein Daniel, dann kannst Du der Mutter Alles sagen.“ Da ihm Christel aber auch des Propheten Gesicht von der Genugthuung, als Vorbereitung zum jüngsten Gericht, erzählt hatte, so sprach er auch noch voll Verwunderung: „Wie aber der Stephan einmal sich selber wieder herstellen wird, — das ist mir zu hoch!“

So mit gedrücktem Herzen und scheuen Blicken traten sie wieder zu Christel ein; aber nur Daniel fiel ihr um den Hals. Und die Mutter sagte ihm selber: „Du guter Junge! Wir sind ja nicht ganz verlassen — ich habe nun meinen Bruder! Der wird mein Trost und Euer Vater sein. Nur heute morgen war er so sonderbar — Ihr wißt aber nicht warum, und danket Gott dafür!“

„Ach, meine Mutter!“ sprach Daniel, und wandte sich weinend weg.

Eine geraume Zeit nach dem Sonnenuntergang, eben als der Kukuk neunmal in der Kammer rief, als sehnte er sich nach dem alten Frommholz, trat der Herr von Ellenroth langsam und leise ein — und sagte aus gutem Herzen nicht: „Guten Abend,“ sondern: „Ich muß Euch doch besuchen, liebe Christel; ich komme so gern, und muß. Denn hört Ihr nicht aus der Ferne die Schüsse? Man wird uns die Vertreibung vertreiben, und uns

Eingeschlossene noch enger einschließen. Darum läßt Euch Herr Paschalis sagen und bitten: Ihr sollt so bald als möglich mit den Euren in die Stadt zu ihm kommen. Am Hause kann Euch nichts mehr gelegen sein, und er will Euch jede Stecknadel mit einem ganzen Briefe vergüten, geschweige das Andere, was Ihr hier laßt, oder lieber sogleich an die Aermsten im Dorfe verschenkt, wozu Paschalis Euch rathen läßt. Ich habe den armen Vater Paschalis ganz verändert gefunden; denn seit jenem Abend, wo vormals Euer — nun wieder der Welt angehörige Johannes meine Dorothea todt gesehen, war ich aus Schmerz und vergeblicher Sehnsucht nicht mehr bei ihm im Hause gewesen. Heute zur Osternacht ließ er mich zu sich entbieten. Er meint es auch gut mit Euch. Kommt! glaubt mir! Denn . . . ich habe eine Todte, und Ihr einen Todten; wir leiden dasselbe, und wir verstehen uns, nicht wahr, liebes Weib, so jung und schon so verlassen. Denn wir Beide erwerben nichts weiter mehr in der Welt! Und zu unserem möglichsten Glück! Wer immer wieder gewinnen, wer Alles ersetzen kann, was er verloren, meine Christel . . . der hat Nichts besessen! Aber wir haben gehabt, was die Seele begehrt und erfüllt — wenn auch meine Seele nur mit Hoffnung und Thränen — und dieses Bewußtsein ist immerwährend ein großes Glück — oder für arme Menschen doch — das größte!"

Christel schwieg.

Da die Schüsse von Britzenheim her, aber jetzt deutlicher zu hören waren, sprach Wecker: „Die Christen feiern die Osternacht — auf ihre altgläubige Art! Wie Herodes die Weihnachtsnacht! Aber Herodes war noch kein Christ! sondern hatte nur wüthenden Respect vor Christo. Aber den Johannes können wir doch nicht todt zur Stadt fahren, wie einen gewissen alten

Hector, der auch in seinen besten Jahren umgekommen, und einen kleinen Zweig, Ast-Anar, verlassen. Darum sage ich: Der Todte ist da, als die Hauptperson zu jedem noch so schlechten Begräbniß. . . . Das auf der elenden Erde berühmteste Loch, das Loch in die Welt, das Allerweltsloch, wodurch alles Schöne heimlich herausläuft, wie aus einem See, so daß die Welt nur eine löcherige Pauke ist, die ich nicht einmal pauken mag, weil sie abscheulich dumpf und hohl und leer klingt — als würfe man Erde auf einen Sarg — das Thränenloch ist bald abgetäuft . . . . zu der großen Maskerade im Finstern ist Johannes bald proper genug angethan . . . . des Vaters Bretterhaus wird des Sohnes unsterbliche Wohnung; denn Bäume sterben zwar ab, aber Bretter verfaulen nur . . . und jetzt, zur heiligen Osternacht ist es schön, einen Lieben zu begraben, während alle Dörfer umher jetzt denken, denn singen dürfen sie's nicht: „Christ ist erstanden!"

Christel war Alles zufrieden, wie den raschen Tod, so das schnelle Begräbniß.

Besser Eins wie Keins, sagte Wecker. Wer ein Kind verloren, und einen Mann; das heißt: seinen Einen Einzigen, wie soll der nicht gelassen sein, und verlassen ansehen, was sich etwa noch weiter Albernes in der Welt begiebt! Ihr seid nicht ganz dumm, Frau Christel, eine Frau bleibt Ihr doch, und die beste auf drei Quadrat — Schuhe im Umkreis — denn um die Lebendigen stehen alle guten Todten! Weiber und Männer; gewiß auch Johannes! Denn, sagt man, ein ganzes Jahr lang steht noch ein Vater bei seiner Wittwe und seinen Kindern hinter der Thür!"

Und Alle schwiegen bangselig, als die kleine Sophie die Thür vorsichtig aufthat, weit offen stehen ließ, so daß Licht in das Haus fiel, und weit vorgebogen mit dem Köpfchen hinter die Thür nach dem Vater sah.

Aber Christel rief sie, band ihr und den beiden andern Kindern den Flor um den Arm; und Daniel fiel dabei auf die Kniee und sprach in verworrenem Schmerz, des Vaters und Stephans gedenkend mit gefalteteten Händen wie betend: „Ach, Mutter! ein Hund ist ein treues Thier, geschweige ein Kind! Ich will den Vater zeitlebens vor Augen haben, wie ... wie ... und Euch im Herzen wie Er!"

Darauf beschickten die Männer, mit der nächsten Nachbarn Hülfe, den sonntäglich angezogenen Johannes in die geweihte Erde; während Christel, die einen kurzen getrosten Abschied genommen — weil alle Wittwen ihren Männern ja bald nachzufolgen glauben — mit Daniel und den Kleinen zu Hause geblieben, und zuletzt nur bis in den Hof trat. Sie hörte jetzt wirklich die Marseiller Hymne singen, blickte zum Himmel — und so sah sie nun auch — aus der Neujahrsnacht — das leere Kreuz, das Zeichen der angefangenen Erlösung vom Himmel herab hangen, und die Posaune des Weltgerichts, und die Inschrift rund umher mit den großen Buchstaben; und in der Ferne regte es sich arbeitsam-gespenstisch; und auch das Feuer der Hölle schien am Horizont herein; ein naher Kanonenschuß war ihr nur der Donnerschlag aus dem Wächterauge der Großmutter des Teufels „über die Arbeitenden im Gefild;" über die im Gefecht stehenden Soldaten; und sie sah die vier Riesenbilder an den Weltwänden — aber es waren Wolkengestalten; und das Feuer war der Schein des aufgehenden Mondes; und sie wußte es, und doch sah sie das blasse Antlitz an als das leidende Gesicht der Menschheit — und endlich ward das Antlitz ihr eigenes blasses Gesicht; und sie selber sah sich unaussprechlich leidend an, lange, lange. Und eine kalte Hand berührte ihre Schulter ... und es war Wecker, der fröhlich die kalten Hände reibend sagte: „Vor der Hand ist das Loch in die Welt zu, und Johannes hindurch in alle Welt! Die Welt ist groß und schön, meine Christel; trotz des weltberühmten Allerweltsloches — ja eben des Loches wegen! Wenn ich nicht die Aussicht hätte, mich einmal vor mir selbst darein zu verkriechen und eine Einsicht und Aussicht und Ansicht darin zu haben — vielleicht: das Antlitz Gottes, statt Eures lieben, schönen, leidenden Mondscheingesichts — so wollt' ich, wir gingen sogleich nach Mainz!" Die Gedanken waren ihm vor Leid vergangen.

Und so thaten sie. Und nichts nahm Christel mit, als ein kleines Glasschränkchen mit den besten Angedenken: dem Osterei des Daniel; einem kleinen, kleinen Strohwisch aus Weckers großem, womit er den Daniel erweckt hatte; mit einem Span von dem Holze, das Christel entwendet; mit Johannes ABC-Buch; und der eisernen Spitze, die ihr Clementinchen durchbohrt; und zuletzt, mit dem Stück ausgeschnittenen Hemde, wodurch ihrem Johannes die Kugel in die Brust gegangen war. Wecker trug dieses kleine Leidenhäuschen „das Monstrandum, die Monstranz, oder das Monstrum" feierlich, als wollte er es aller Welt zeigen; aber mit langen Schritten. „Denn," sprach er, „unser Geschichtschreiber wird sagen: „Sie eilten, von den nahenden Schüssen gedrängt, durch die finstere Mitternacht, und gelangten, froh des eignen davon gebrachten Lebens, in die sichere Stadt — denn selbst seine Schmerzen werden dem Menschen unabkaufbar-lieb; und um sie fort zu genießen, selbst das elende Leben; denn der Schmerz ist ein Zauberspiegel mit allem genossenen

Glücke klar und nah dahinter, statt Folie; und der Spiegel ist so warm und beredt, als das Glück groß war, daß es nicht ausgesprochen werden konnte — wie das Leben."

Zu Paschalis Hause, das dem Dom gegenüber stand, wählten sie den Weg durch die erleuchtete, offene, menschenerfüllte Cathedrale, worin so eben Christus Auferstehung durch eine lebensgroße Puppe künstlich dargestellt ward, und — der Kinder willen wählte Christel den Weg durch die Kirche; obgleich Ellenroth sie so führte, daß sie an dem Grabmale des Churfürsten Albrecht von Mainz zu stehen kamen, der vom Papst Leo X. den Ablaß für Deutschland, wie ein Jude den Zoll, gepachtet hatte, so daß der geistliche Pascha seine große Pachtsumme nebst doch einigen Procenten den Deutschen ausängsten mußte — damit das deutsche Volk sich selbst auf ewig davon erlöste; wie der Wecker dem Schulmeister, und der Schulmeister dem Weber jetzt an dem Grabmal desselben stehend, davon erzählte.

Hier aber begrüßte sie leise Paschalis; und als er mit Christel allein einmal um das Altar gegangen, frug er sie: „Darf ich Dir den Schmerz um Johannes aus der Brust nehmen?" — Und sie sagte: „Ich dächte nicht! Nicht gern." „Aber doch!" sagte er langsam. „Siehe Christus ist erstanden: — — und Dein Bruder Stephan ist umgekommen."

Und Paschalis hatte wahr geredet. Denn das neue Leid erfüllte nun ganz ihre Seele. Jetzt war der Mutter das Kind nicht begraben worden; Johannes war nicht begraben worden; Alles lebte ihr in ewigem, heiligem, verborgenem Sein — und nur St. Etienne lag ihr als Leiche in der ganzen großen Welt, und die ganze Welt war ihr nur: der schöne geliebte todte Bruder. Und Paschalis ließ sie, still vor der Heiligkeit des Ortes, still ausweinen, während sie in's Dunkel gekehrt ihre Stirn an einen kalten Engel legte, und ihn fest an dem kalten Händchen hielt.

Und als endlich Christel wieder Paschalis angesehen, und ihm eine Hand gereicht, und als er wieder mit ihr um das Altar gegangen, fragte er sie noch milder als zuvor: „Darf ich Dir wieder den Schmerz um den Bruder aus der Seele nehmen?“ Und sie sagte wieder: „Ich dächte nicht! Nicht gern!“— „Aber doch!“ sagte er: „Dein Bruder hat sich selber erschossen.“

Und eine jubelnde Musik fiel ein, und jauchzende Sänger riefen vom Chor über die Menschenhäupter durch den Kerzenglanz und den Weihrauchduft: „Christ ist erstanden! und die, das uralte, mächtige Wort zurückhallenden mächtigen Pfeiler schienen es mitzusingen, wie versteinerte Riesen, denen das Wort Sprache gegeben; und an den Bogen des Gewölbes wälzte es sich vor Freuden dahin, und stieg herauf, und floß wieder herab . . wie ein Schmerzensstrom in Christels Brust. Und sie rief die Kinder zu sich, setzte sich in einen geschnitzten Stuhl und versank in die Tiefe ihrer Seele.

Und als sie endlich aufsah, aber zürnend und doch niedergeschlagen, frug sie Paschalis wieder: „Soll ich Dir auch diesen Schmerz verwandeln?“ — Und sie sagte jetzt: „Gern! Aber unmöglich!“ „Aber leicht!“ sagte er: . . . „Dein Bruder hat Deinen Johannes erschossen.“

Und Christel ward blaß, schloß die Augen, lehnte sich zurück, und über den schlafenden Augen und den schlafenden Ohren und dem zugeschlossenen Herzen verrauschte das Halleluja! so machtlos und freudlos und still, als würde es tausend Klafter tief unter einem steinernen Bilde der schönsten Mater dolorosa in der Erde von Erdgeistern gesungen; oder in tiefem Meeresresgrunde sängen es, in den verborgenen zauberisch schönen Meeresgärten, die wundervollen Blumen mit Blumenlippen — und hoch, hoch, hoch darüber schiffte ein einsam verschlagenes Schiff auf den wüsten stürmenden Wogen mit nur noch Einem Menschen, einem Todten! Und die Todte wäre Christel! ... Die Kinder wollten schreien, aber sie rüttelten nur an der Mutter, die erwachte, die Augen wild aufschlug, umhersah, jäh auffuhr, die Kinder vergaß und davon fliehen wollte, sie wußte nicht wohin. Paschalis hielt sie sanft, aber sicher am Arme; und an ihn sich stützend, ward sie wieder völlig munter, und war wieder aufgetaucht in die öde — liebevolle Welt.

„Denke doch, Christel," sprach Paschalis, „das liebevolle Herz schlägt ja eben in der Welt! Wäre die Welt nicht, nicht gewesen ... Wen oder Was hättest Du doch geliebt? Die Welt ist nicht öde, sie ist nur graunvoll — denn eben unser Licht wirft nur graunvolle Schatten und schafft sie erst! Stirb, — und die Welt wird ruhig und voll, voll, schwervoll sein, wie — ein Grab. Das kann ich mir Alles denken! Ich aber, ich weiß, ich empfinde ganz Anderes. — Ihr habt Euch nicht selbst geholfen — Ihr leidet nur selbst. Das ist Nichts! spreche ich, und kann ich sagen! Nun komme mit mir! Jetzt glühst Du vielleicht so heiß in Gefühlen, und die Marterkammer der Menschen ist Dir so nah vor den Füßen aufgeborsten, Du wandelst noch selbst auf dem flammenerhitzten und durchzuckten Boden, um meiner Leiden Abgrund zu ermessen! — Kommt, Krieg! Wecker kommt; und komme auch Du — Du, Sebastianow! — Ich kann alle Leiden heilen — wie Moses selber sterbende Schlangen! Kommt!"

Und im Gehen sagte Wecker: „Ja! Seht, meine Christel, wie gut! Wir haben Alle nicht freventlich in der Arche gesessen!

Wir sind rechtschaffen mit ersoffen! Deswegen verstehen wir nun recht die Sündfluth der gemachten Leiden und die schlagenden Herzen der geschlagenen Menschen weit und breit — denn wie hier, wie Uns ist es Hunderttausenden gegangen. Wir verstehen das Leid! Das Mitleid! das der Herr auf Erden wieder erwecken will, denn es hat lange, zu lange eisern geschlafen! Wir verstehen den Krieg, und — und — und werden nun auch erst recht die Früchte mit Muth zu verlangen, mit Kraft zu erlangen, zu schmecken und zu würdigen wissen, die uns der Friede bringen wird, der Friede der Lebendigen und der Todten! Denn der bloße nackte Friede selber, ohne seine versprochenen Gaben, ist bloß ein dummer Junge — ein wahrer „dummer Friede!" Eine Scheune voll leerer Strohschütten nebst abgedroschenen Flegeln! Früchte wollen wir sehen und mit Freuden erndten, die wir mit Thränen gesäet! Die sollen uns schmecken, wie Nürnberger Pfefferkuchen! Nicht wahr Kinder?"

Und die Kleinen sagten: „Ja!"

„Armer hoffender Wecker," sagte Paschalis; „Ihr hofft für Andre. Mäßigung ist die beste Frucht der Unmäßigkeit."

„Die Todten gehen nicht auf;" seufzte Christel.

„Ihr wißt," erinnerte der Leinweber, „die Urheber müssen Alles gut machen, ersetzen; gut macht es dann der sogenannte Herr!"

Paschalis führte Alle darauf in den Saal seines Hauses. In der Mitte über der runden Tafel leuchtete nur ein uralter Kronleuchter, fast wie eine dickbäuchige Kreuzspinne mit langen, dünnen Arm=Beinen, an jeder Fußspitze ein Wachslicht. Er lud sie ein sich zu setzen, vertheilte Osternachts-Gaben — bunte Eier, ungesäuertes Brod und Honig, hatte aber wenig Geduld und viel

Hast dabei, und sagte: „Ich reise weit weg; auf lange; und fahre die Nacht noch ab. Bleibt hier in meinem — nun Eurem Hause, bis Ihr aus der Arche gehen könnt. Ich lege meine Ehre und meine Schande in Eure Zunge. Auch meine Jungfrau Maria binde ich Euch mit Liebesstricken und Unglücksbanden auf's Herz! Vielleicht, lieber Ellenroth, da Sie schon in Griechenland waren, reisen Sie noch mit Ihr nach Italien — nach Rom, — nach Loretto in die Casa santa!"

Von Ellenroth und die Anderen sahen ihn an — aber Paschalis fuhr fort: „Meine Christel, — Dich bitte ich, künftig in dem jetzt ausgebrannten Schlosse von Breitenthal, wenn es wieder eingerichtet ist, eine wirklich gnädige „gnädige Frau" zu spielen; den alten weinseligen Herrn von Borromäus aus dem Vogelheerde zu erlösen, und ihm den Jäger Niklas zum Diener zu geben. Das Gut bleibe dann den Kindern. Der Leinweber und Wecker sollen Deine Amtleute und Rechnungsführer sein." Zu dem Herrn von Ellenroth meinte er: „Geld ist Ihnen lieber! Mein ganzes übriges Vermögen — wirklich nun ganz übrig — möge Sie an meinen guten Willen erinnern, Ihnen meinen edelsten Schatz auch gern anzuvertrauen, wenn der Schatz wollen durfte!"

Er gab ihm dabei einige Papiere, die der Schwiegersohn in — ewiger — spe, wie er ihn nannte, sogar aus Verlegenheit nahm und in Händen behielt. Darauf ward Paschalis sehr ernst, indem er nach Etwas in seiner Brusttasche zu fühlen schien, und sagte: „Dorothea ist todt! Meine und Ihre. Aber ... sprach er verstummend, ging und that leise die Thüre zu einer mäßig großen Halle zur Seite des Saales auf, welche ganz wie das helige Haus, die Casa santa in Loretto eingerichtet und hell erleuchtet war — „seht! Sehet recht hin! — Dorothea lebt!"

Christel sprang auf. Ellenroth wandte sich hin, und blieb wie bezaubert stehen.

„Dorothea lebt;" sprach Paschalis mit bebender Stimme; „sie lebt; so scheint es. Ich weiß jedoch nicht, und nur sie wird es wissen, ob es noch unser Leben ist, wenn Jemand Andres in uns und aus uns lebt, denkt, empfindet und spricht .... wenn ein jetziger Mensch ein nunmehr gewiß sehr altes, ja todtes Weib ist; nicht seine Gedanken, sondern ein Gedanke der curiosen Welt, also für sich ein Wahn, ein Hirngespinnst, ein Gespenst — aber ein unerträglicher Geist für mich! Denn sie ist und bleibt meine Tochter, nichts weiter. Sie aber — — so hat sich ihre Krankheit gelöst ... so hat sich ihre Seele wieder hergestellt, oder der Sache ein Mäntelchen umgehangen — denn sie — sie ist sich: die Jungfrau Maria. Und also sind alle ihre Schmerzen verhallt, alle ihre vergeblichen Wünsche auf Erden wieder in dem Himmel ihrer Seele erfüllt. Sie war hoffärtig! Stolz! Sicher im Gefühl ihrer strengen Zucht und Ehre — der Herr hat sie gedemüthigt; aber die Niedergeworfene wieder aufgehoben, doch sie — Wecker geht hin und seht, — sie hat das ABC stets vor sich auf dem Schooß, den Lobgesang Mariä aufgeschlagen, und betet oft kniend laut daraus mit Freuden und Dank, daß mir die Haut schauert ... denn sie betet: „Er übet Gewalt mit seinem Arm, und zerstreuet, die hoffärtig sind in ihres Herzens Sinn. Er stößet die Gewaltigen vom Stuhl, und erhebet die Elenden!" —

Und sie traten an die Thür und sahen das schöne blasse Mädchen, eingeschlafen; aber auch schlafend noch in ihren morgenländischen Kleidern, nur sonderbar mit dem Bande der Ehrenlegion geschmückt, auf alterthümlichem Sessel sitzend, die Linke auf die Lehne gelegt, die Rechte auf dem aufgeschlagenen Kinderbuche. Um ihren Kopf schimmerte ein ächtpersisches buntes Tuch, und auf dem Wirbel schimmerte eine kleine silberne Krone. Im Zimmer war wenig, aber gleichfalls alterthümliches Geräth; und an der Wand hing eine Copie der Verkündigung von der Angelika Kaufmann, die zur Seite der Casa santa in der Kirche zu Loretto hängt.

Und wie dort der willfährig empfangene Engel, kniete jetzt hier der verstoßene Bräutigam vor sie hin, und beugte sich dann zu ihren Füßen nieder. Wecker aber nahete leise, legte sehr sanft die alte zitternde Hand auf ihr Haupt und sagte zu der Schlafenden: „Hätte ich Dich doch hinunter stürzen lassen, wo ich den Teufel vom Thurme stürzte! Denn Du arme Verrückte hast ja doch gethan, wovor Dich Gott, laut Deines Briefes, bewahren sollte: — Du bist katholisch geworden!“ — Dann zog er die Hand zurück.

„Wecker!“ tadelte ihn der Leinweber: „die wahre Jungfrau Maria ist nie katholisch gewesen! Selbst Christus war kein Katholik, höchstens rein evangelisch, und das noch kaum: Er war nur Er selbst ganz allein, nicht ein Christ, sondern Christus.“

Die Kinder aber fürchteten sich hinein zu gehn, und die Kleine war schon schlafend bei ihren Ostereiern am Tische sitzen geblieben. Christel stand also entfernt mit Daniel und Gotthelf. Sebastianow, der Mitverwüster dieser starken Seele, dieser schönen Jungfraugestalt, aber zitterte am ganzen Leibe wie vor dem jüngsten Gericht, das so eben wie Wetter hereingebrochen, und bebte nun seinen Namen zu hören.

Paschalis aber sagte ihm mild auf Russisch: „Janow — Zschartowitsch! *) Gehe getrost hinein. Sie kennt selbst den Vater nicht, denn sie wohnt in Nazareth, in alten, heiligen Tagen; und ich bin ihr nur ein fremder, fremder Mann aus der Zukunft . . . und doch bekannt . . . wie aus dem Paradiese! Hast Du aber vorhin in der Kirche, nach Eurer Sitte, vor jedem Geistlichen dreimal ausgespuckt, so schlucke hier dein Gift hinunter.“ — Dabei schenkte er ihm einen Beutel mit Golde, und der Mensch betete ihn bald an. „Ziehe in Frieden!“ sagte er ihm, sich von ihm wendend, ob er ihn gleich mit keinem Auge angesehen.

„Nun, Christel,“ frug er diese, „hast Du noch einen Dolch im Herzen, um Dorothea! Auch den Schmerz will ich aus Deiner reinen Brust nehmen! Ja, wenn Du auch um mich noch einen Stich empfinden solltest, so will ich vorher dem Dolche die Spitze umbiegen Ja, was Du auch gelitten hast, Du sollst Dich darüber freuen und dem Herrn dafür danken! Denn ich halte noch ein kleines aber furchtbares Licht in meiner Hand, das mich brennt es fallen zu lassen. Und doch bin ich innerlich schon dadurch verkohlt. Ich bin todt, und darf nur die Augen noch zuthun. Doch das ist bald gethan.

Die Andern traten jetzt Alle um ihn, und Paschalis sprach ernst: „Nun wohl, so mögt Ihr es wissen, besonders der Bräutigam. Wie der bessere Mensch nur ein Wort ist, und die meisten nur ungesetzte Buchstaben im Buchdruckerkasten, die der Geist der Welt setzt, so konnten die Menschen, jeder eine Lehre aus seinem Leben ziehen: wieder das Wort. Klarer aber, als

*) Teufels-Sohn.

da draußen aus der furchtbar wogenden Welt, springt aus unserem kleineren Leben eine große Lehre heraus, und die will ich als Kaufmann noch ziehen! Mäßigung, sagte ich angeklungen vorhin, Mäßigung ist die beste Frucht der Unmäßigkeit. Auch Mäßigung in den Wünschen. Die Hoffnung war auch etwas werth. Der Betrug wird auch klug machen. Ein Volk, das nur einmal wieder tüchtig zugestutzt worden ist, selbst bis auf den Stamm und die Wurzel, das hat wieder Lebenskraft erhalten, verjüngt sich wieder und geht nicht ein. Am schrecklichsten aber bestraft sich Selbsthülfe? Wenn sich ein Mensch helfen will, so thue er es bloß durch weise-, gelassen- und gut-sein. Völker denken oft anders. Aber auch zu ihrem Schaden; denn wenn Alle klug sind und fromm, kann Einer oder werden Mehrere nicht mehr gottlos und dumm sein. Sela."

„Das wollt' ich nur wissen!" sprach Wecker.

„Ich aber verabscheue die Selbsthülfe, wenn sie nur ein wenig mehr ist, als Ertragung und Verwünschung der Uebel, selber der schwersten und schmählichsten." (Er sah wehmüthig nach Dorothea.) Denn der Lastträger hat Kraft; der Verwünschende hat weiseres Wissen und Zorn gegen das Böse, und den Wunsch des Bessern, ja des Guten. Ich aber — beweint mich nicht — ich habe mir selber so geholfen . . . daß ich mir nicht mehr zu helfen weiß. Meine Tochter hat sich geholfen . . . bis in den Scheintod, ja bis zur Jungfrau Maria! Und ihr war doch schon geholfen durch mich. Der alte Zimmermann Frommholz hat sich geholfen . . . bis in den Kerker — und sein Helfer war schon bereit! — Johannes hat sich geholfen . . . bis in den ewigen Kerker — und die Kugeln rührten sich schon in den Läufen, die ihm freie Bahn machten! Stephan hat sich geholfen — Alle haben sich selber geholfen ... und Niemand kann ihnen mehr helfen, selbst ein Gott nicht, der seine Welt nicht auf Selbsthülfe berechnet hat, sondern auf seinen Rath und seine Führung und seine Kraft, der Niemand, Niemand widersteht; und auf seine Liebe, die Allen angedeiht; und auf das Zutrauen zu Rath, Führung, Kraft und Liebe des außerdem — Erschrecklichen! Zermalmenden! — Gottes!"

Paschalis ging einige Schritte bei Seite; stand, wandte sich ab; bog den Kopf zurück, als starre er hinauf in den Himmel; aber er hatte dabei seine Hand am Munde. Dann kam er zurück und sprach: „Kinder, Daniel und Gotthelf, geht doch zu Euerem alten Großvater Frommholz! Keines von Euch hat ihn bemerkt. Er sitzt schlafen hinter der offenen Thür, da ist sein warmes Plätzchen. Ich hab' ihn erlöst; und als alter Zimmermann paßt er sich wohl hieher." Und die Kinder gingen und der Pathe.

Darauf sprach Paschalis eilend und schneller, aber auch schwächer und doch wie entzückt: „Sonderbar! Nun ich weiß: Ich — Ich habe sieben Menschen umgebracht — und weiß: nur gräßlich Schuldige, also Thiermenschen — und Ich habe sie geschlachtet, nicht meine theuere Dorothea hat es gethan — nun ist mir leicht! Denn sie sind eher an meinem mit Kirschlorbeerkraft vergifteten Rheinwein gestorben, als sie erstickt sind, nicht worden. Mein Kind hat es also nicht gethan — ob sie es gleich gethan hat — sondern doch nur gewollt. Todte kann man nicht tödten. Jeder Mensch, sieben oder einer — auch Ich — können nur einmal sterben. Ich könnte den sonderbarsten Prozeß mit meiner Tochter führen ... und nur gewinnen! Denn Ich bin der Rächer für ihre erlittene Schmach! Mein Kind, mein armes Kind ist unschuldig wie das Lamm Gottes, das — der Welt Sünde trägt." Er taumelte. Und eilender sprach er: „Holt keinen Arzt! Ihr Thoren, sterben werde ich nicht — bis Gott stirbt."

Er zitterte; er holte heißeren Athem; sein Gesicht glühte; seine Augen standen glotzend. Ihn erdrückte das Gewicht der Worte, die er gesprochen — daß sein Kind unschuldig sei, während sie doch der Welt Sünde trug, und schmachgebeugt, bis zur Unkenntlichkeit ihrer schönen Seele, vor ihm vergangen war, und herabgesunken bis zum Gespenst der Jungfrau Maria. Und zum Glück oder Unglück erhob sich jetzt die schöne stille Königin der Trauer, Dorothea, und kam in ihren rauschenden, langen Gewanden, mit schimmernder Silberkrone auf Paschalis zu. Und da sie so viele befreundete Menschen sah, breitete sie ihre Arme mit getäuschter und gesammelter Empfindung — nach ihrem Vater aus. Und er sank in ihre Umarmung.

So blieben sie lange. Bis Dorothea wankte, und sie ihr zu Hülfe kommen mußten. Denn der Vater, vom Gewissensschlag gerührt, wie Ananias, von Jammer zerrissen, und vom stillen schnellen Gift ausgelöscht wie ein Licht, war in ihren Armen vergangen.

Sie lehnten ihn hin. Und Dorothea verwunderte sich nicht, vergoß keine — Klage, ja ihre Augen wurden nicht feucht.

Und Christel zog und drückte ihre Kinder an sich, und pries sich glücklich, ja selig. „Der Prophet hat wahrgesagt! Mich würde kein Unglück treffen;" dachte sie. Denn sie selber litt rein das unreine, schmähliche, aber nicht beschmitzende Leid des Lebens.

Nur Dorothea sah sie groß an, und lächelte spöttisch. Und Christel erröthete vor dem Geiste St. Etienne's, der ihr erschien und verschwand. Und sie seufzte tief aus befreiter, nicht schuldig gewordener Brust auf.

Paschalis aber hielt in seiner Hand noch ein kleines Blatt Papier, das er vorhin, während er gesprochen, immer langsam um beide Zeigefinger spielend gerollt hatte. Dorothea langte es geisterhaft daraus, und wog es. Dann starrte sie lange hinein.

Und als gälten die Worte sowohl dem Vater, als eben so wohl auch ihr, las sie erst halblaut ... dann laut ... dann begeistert, und wieder wie entseelt, und Alle zu Thränen hinreißend:

„Meine Grabschrift."

„Es ist nur Eine Ruh' vorhanden." Doch
Die träge Ruh' im Grabe ist sie nicht!
Die stille Kraft des Geistes ist sie,
Der in der Welt, doch über aller Welt
Festschwebend, alles Uebel niederhält,
Nur voll vom Guten, nicht das Böse kennt,
Und rein die Liebe walten läßt! Ihm ist
Das regste Leben: ungestörte Ruhe;
Der Kampf mit aller Welt: der tiefste Frieden!
Der allverbreiteten urstillen Kraft,
Die Ungemessenes unablässig wirkt,
Der willst Du Ruh' und Fried' und Seligkeit

Absprechen? Gott? — Und Gott liegt nicht im Grabe!
Ich selber gehe durch das Grab zu ihm,
Und hoffe bei der Kraft und Liebe — Ruhe!
Gott ist nichts Besseres als Du . . . sein kannst.

„. . . Seine Tochter bin ich schon . . . seine Schwiegertochter!" sprach Dorothea holdselig und begnügt.

Das Verbrechen: zu irren.

Sinnwort:

Um zu löschen — muß Feuer sein!
Um zu lehren: — tüchtiges Beispiel.

Erstes Capitel.

Das räthselhafte Kind.

„Meine Mutter ist gestorben, und einen Vater hab' ich auch nicht mehr; also gehe ich billig für mich, und für uns alle zu meinem Bruder, zu meinen Brüdern! Brüder sind der Schwestern beste Freunde, ihre angeborenen Herzensgenossen, und stellen ihnen im späteren Leben Vater und Mutter vor. Das empfinde ich jetzt wieder, ob ich gleich am Altare dachte: „nun hast du deinen Mann; nun bedarfst du keines Menschen mehr in der Welt“

„Stille doch, Adda!“ sprach ihre Freundin Cora zu ihr. „Hier steht ja Dein Mann noch, der edle Marquis! und mein Mann, der edle Baron! und unter gesunden, jungen, unschuldigen Menschen kann Alles wieder gut werden; so böse Verwirrung auch unter uns herrscht, ja über uns. Aber Du nimmst doch Dein Kind mit, die kleine Adda?“

„Dein Kind bald wieder, hoff' ich;“ versetzte Adda.

„Nun gut, unser Kind mit vier Aeltern;“ sprach Cora. „Nur nimm es! Seine kleine, unschuldige Miene wird besser reden als Du, glaube ich.“

„Besonders vor dem strengen Bruder, da draußen auf seiner großen, schönen Villa d'Oro, der sogar hart gegen die

Mutter war, der murrte, wenn sie sich nur das Gesicht und Hals und Brust wusch, und nicht die Thür verschlossen hatte! meinte Abda. „Mild wird er uns nicht richten, aber streng ehrbar. Und recht erwogen — ich bleibe hier! Mögen die Männer gehen, wenn sie uns noch lieben und wieder holen wollen.“

„Sieh doch,“ sprach Cora, „da sitzt ja schon Lia — Rosalia — unser schönes sicilianisches Mädchen — leider jetzt nur eine Amme, weil ihr Bräutigam im Sturm ertrunken — mit unserer kleinen Abda im Boot; der Zantiot, Dein Diener, sitzt schon und will rudern helfen; die Sonne sinkt hinter die Berge der Insel; Ihr habt eine Stunde zu fahren — zögere nicht! Laß uns hier in Zante voll Hoffnung schlafen; und bist Du glücklich, stecke bei der Rückfahrt morgen eine grüne Flagge auf. Und kannst Du nicht sagen, was uns geschehen ist — schreibe! In Einer Zeile ist Alles gesagt.“

Abda kehrte sich nach dem Boot. Und so reichte ihr Mann seine Hand ihr dar.

„Zum Abschied! ja! doch als Weib noch nicht wieder!“ sprach Abda leise.

Auch der Baron gab ihr nun seine Hand.

Abda gab ihm die ihre zwar auch, aber sie sprach noch leiser: „Wahrscheinlich zur Trennung. Nicht zur Verbindung.“

Sie sprang nun schnell auf der Skala hinab in das Boot und setzte sich. Das schon geschwellte Segel und die vier starken jungen Schiffer aus Zante mit ihren Rudern brachten das Boot bald, durch die vielen Schiffe und Nachen im Hafen, hinaus auf das Meer, auf den Weg nach der südlichen Ebene von Zante. Die hohen, schroffen, wie stählernen Berge, im Rücken der Stadt gegen Abend und Norden selbst düsterblau verschattet, waren schon einen breiten Schattengürtel hinaus auf die See, und in diesem Schattenkühl und Dämmer fuhren sie in malerischer Entfernung von der schönsten Insel, von der Blume der Levante „Zante, fior' di Levante," wie sie mit wahrer Herzensfreude alle Schiffer nennen, und Jeder überzeugt und bewundernd sie ihnen nachnennt, so lange er sie sehen kann, oder so oft er später ihrer gedenkt, indem das Auge ihm funkelt und rollt, wie einem Blindgewordenen. Vom hohen Cap Verdea wehte die riesengroße englische Flagge im frischen Himmelblau. Die hohen rothen Berge von Cephalonien glänzten golden und rosig in der Abendsonne brütendem Licht. Und drüben links glänzte die ganze Küste von Arkadien mit ihren smaragdenen Thälern und lachenden Bergen in demselben rosigen Strahl, und das schöne reizende Chiarenza auf seiner Hochebene blinkte wie ein Schloß aus Rosenschnee daher, und so klein, wie von Kindern gebaut, von Menschen nicht bewohnbar. Und so erschienen aus der dem Auge zwar hellen, aber verkleinerten Ferne alle die Orte nur Kinderspiele, selbst der hohe Taygetus und Messenien.

Aber die Ruderer sahen es auch, hörten fast auf zu rudern vor Zorn und Wehmuth und seufzeten: „Arme Morea! Seht, dort kommen wieder Flüchtige herüber in unsere Zante! Seht Ihr, dort kommt selber ein ganzes Boot mit lauter kleinen Kindern! Da ist kein Mann, kein erwachsenes Weib, also kein Vater, keine Mutter mehr dabei! Das sind lauter Waisen! Waisen durch die Aegypter und die Türken. Und der Himmel schickt keine Hülfe!"

In diesem Augenblicke erschien ein großes Linien-Schiff um die Südspitze der Morea; darauf zwei; dann drei; dann zehn; funfzehn, zwanzig; zuletzt zählten sie mehr als dreißig, die doppelt geschwind sich vergrößerten und aufthürmten, weil die Kriegsflotte ihnen entgegensteuerte, und das Boot ihnen, zwar seitwärts fern, doch entgegenfuhr.

Dieser zauberische Anblick einer Flotte zur See, welchen zu gewähren, nicht den Delphinen, noch einem Zug von Häringen oder Wallfischen, sondern den Menschen vorbehalten ist, brachte Verstummen im Boot hervor, ja die Ruderer hielten bewundernd es an. Und so holten sie allmählig zwei Boote ein, die mit Griechen fast überall beladen waren.

„Wohin?“ frug Abda's Diener, der Zantiot.

„Nach der Villa d'Oro! antwortete es herüber. „Die Stadt ist überfüllt von Flüchtigen, jedes Haus, jedes Dach, ja die Gassen liegen voll. Und wenn uns die Brüder auch die letzte Feige geben, und wenn der Arme jetzt mehr hat, als er je zu haben geglaubt, so langt es doch nicht, und auf der Straße sollen wir nicht liegen. Da kam ein Diener von der Villa d'Oro, der Gaben austheilte und uns rieth, ja uns einlud, hinunter zum Herzog zu fahren, der Griechen von drüben aufnimmt, so viel seine Gehöfte nur fassen.“

Abda ließ sich die Worte ins Italiänische übersetzen und hörte mit Rührung, daß ihr Bruder so wohlgesinnt sei, so gemein geworden, um allerhand unbekannte, arme, gemeine Menschen zu sich aufzunehmen. Aber sie hörte bald das Wort, einen Namen, der ihr das Räthsel lösete; denn der Zantiot sagte ihr noch: „Wie alles sich schicken muß, wenn etwas geschehen soll! Der Herzog hat ein armes griechisches Mädchen aus Creta zur Frau genommen, mit der er in England gewohnt; dort aber hat es ihr natürlich nicht gefallen, und ihr zu Liebe hat er nach Creta gewollt. Aber dort kann Niemand jetzt sicher wohnen in diesem Kriege, und so hat er sich hier bei uns niedergelassen und angekauft, und nun muß er seiner Euphrosyne zu Liebe ihrem Volke Gutes thun und Viele erretten. Ihr Name Euphrosyne ist aber auch schon bekannt wie der Panagia! Nun, Du wirst sie ja sehen!" sprach er zu Adda, ohne zu wissen, daß sie die Schwägerin Euphrosynens sei, und setzte hinzu: „Und wenn der Mann und sein junges Weib vorher nicht gelebt hätten, und nachher nicht lebten, oder verarmten und Elend erduldeten, so hätten sie doch jetzt herrlich gelebt und mehr gethan und genossen, als tausend Menschen."

Indeß war das Boot mit den jetzt zählbaren zwanzig Knaben und Mädchen von drüben nahe gekommen. Die Kinder riefen an und sagten, sie wollten in die Stadt, aber fürchteten sich, daß man mit Kanonen auf sie feuern würde, und fragten.

Da richtete sich ein alter blinder Mann in dem einen der beiden Böte auf, die mit Adda nach der Villa fuhren und sprach: „O Kinder! Euren Vätern mit den Waffen zu helfen, das ist hier den Brüdern zwar verboten; aber die Bruderliebe läßt in der Noth sich kein Mensch verbieten. Fahret mit Gott!"

Adda sagte ihrem Zantioten aber heimlich, er möchte die Kinder bereden, doch mitzukommen.

Das geschah. Das waren sie zufrieden. Und so freundlich begrüßt und schon von ihr beschenkt, fingen sie an ein Lied zu singen.

Jetzt waren sie Alle aus dem Schatten der Berge in den blitzenden Sonnenschein gelangt; denn von hier an legt sich die Insel flach hin, als grüner sich in das Meer senkender Teppich, mit herrlichen Oelbäumen, Corinthen, Platanen, Cypressen und einzelnen hohen Palmen geschmückt. Das Schloß trat nun hinter dem Hügel hervor, droben mit goldenen Speeren wie bewaffnet. Adda klopfte das Herz. Denn wie sie, von der Stadt fortschiffend, ihre am Ufer stehenden Freunde immer kleiner — und kleiner — und endlich ganz klein werden — und zuletzt sogar verschwinden gesehen; so dachte sie im Gegentheil sich jetzt das Schloß schon nahe und groß, und die Brüder Lothar und Edmund darin waltend; und Euphrosyne; und die Flüchtlinge; und die Ferne ward ihr rings groß und lebendig, und sie lernte einen süßen Augenblick lang die Erde — so viel sie auch unter dem Horizont verbirgt, aber an seinem Ort Alles groß und herrlich-lebendig besitzt — gehörig empfinden, ja in stiller Ehrfurcht schauen. Und das Gefühl der seligen Erdbewohner überrieselte sie mit heiligem Schauer.

Sie legten nun an.

Eine breite Marmortreppe führte vom Meer auf eine große, mit fast vor Früchten brechenden Orangenbäumen bepflanzte Terrasse. Das Schloß von den Venezianern im alten herrlichen Styl erbaut, und mit gelbem Marmor von drüben aus der Morea bekleidet, der durch die vielen daran vorübergegangenen Sonnen und Winde und Regengüsse wieder als bloßes Naturwerk erschien, zeigte oben auf seinem platten Dache hoch in der Luft, gegen die Himmelsbläue weithinaus sichtbar und leserlich, aus riesengroßen griechischen Buchstaben, welche aus Immergrün und Immortellen geflochten waren, das einladende Wort:

KOMMET!

Die goldenen Speere aber waren vergoldete Fangstangen der Blitzableiter gegen die hier furchtbaren Gewitter. Aber der hohe Thurm, gleichsam ein edel gewachsener Riese, wie der Thurm von Pisa, hatte einige klaffende Risse von den noch unableitbaren

Erdbeben. Uebrigens war die Terrasse, wahrscheinlich jetzt nur auf jeden Fall, und besonders gegen die überall frei umher sich wagenden Klephten oder Seeräuber mit blitzenden neuen Kanonen besetzt. Abda ging nun mit den Uebrigen, ungefragt, neben dem Hauptgebäude hinweg in den großen Hof, welcher von drei Seiten durch die Flügel des Schlosses, die mit ihm selbst an jeder Seite nur durch zwei Thore verbunden waren, einen Verschluß bildete.

Welch ein Anblick überraschte sie da! Einige Hundert flüchtige Griechen. Greise, Weiber, Jungfrauen, Kinder, Knaben und Mädchen. Wenige Männer. In der, wie in einem großen, türkischen Caravanserai, an den drei Flügeln umher laufenden Halle aßen die armen Flüchtlinge gerade zu Abend.

Die Ankommenden begaben sich klug genug auf diejenige Seite, wo noch nicht ausgetheilt war. Denn drei „ehrwürdige Schaffnerinnen" gingen hier mit Körben und Schläuchen umher, welche viele Diener Sorge trugen immer mit vollen zu wechseln.

Unter den fröhlich versammelten Kindern aber, fuhr ein kleiner Wagen umher, den zwei ehrwürdige kretische Widder zogen. Ihre Jupiter-Ammons-Hörner waren vergoldet, ihr Vließ glänzte weiß, wie aus der Nuß geschälte quellende Baumwolle; an ihrem Halse hingen große Silberglocken, die von Zeit zu Zeit anschlugen. Zwischen ihren Hörnern aber stand jedem, statt der Togge, ein bunter Vogel, in welchem ein feines Werk verborgen war; und so sangen die Vögel jetzt, ohne aufzuhören, allerhand griechische Lieder aus den Inseln, das Lied: „Ach, Euphrosyne!"— und: „Ich bin ein armes Hirtenmädchen," die Abda nicht kannte, die sie aber rührten, weil die Kinder ganz außer sich waren; ja ein alter Mann hielt aus Dankbarkeit und Vergnügen den Widdern seine Dose hin, die sie lüstern leerten, aber nun wohl zwanzigmal nieseten, so daß das Lachen den Gram verscheuchte. Zwei kleine Mädchen aber, schön wie der Tag, nur nicht himmelblau, sondern weiß wie Schnee, aber wie Gold jetzt in dem unsäglich warmen Glanzwurf der sinkenden großen Sonne, vertheilten mit kindischem Eifer und holder Anmuth aus ihrem kleinen Wagen den Kindern die ersten kleinen, grünen, honigsüßen Feigen; große dunkelrothe, zweimal gereifte Orangen, Erdbeeren, Traubenrosinen, Mandeln in Schalen, Honig und Brot und Ostereier. Adda erkannte an den Gesichtszügen der lieben kleinen Mädchen mit Herzklopfen die Kinder ihres Bruders, des Herzogs. Sie wußte, daß es Zwillinge waren, aber auch ohne das hätte sie es sehen können, ja beschwören mögen, so ähnlich waren sie sich, nicht sowohl an Gesicht, Wuchs und Gestalt, als an gleichem Wesen, als wenn Eine Seele in ihnen lebte, Ein Hauch sie erfüllte, wie die zwei weißen Rosen, deren Jede eine auf dem goldgestickten Tuche trug, das ihre schwarzen Haare umschlang, und davon ein Zipfel — nach Sitte der kretischen Mädchen — herab bis auf die Schulter hing. Auch große Goldstücke trugen die kleinen, zwischen drei und vier Jahr alten Jungfrauen schon um die weißen Hälschen.

Adda dachte sich die Freude der Mutter an solchen Kindern kaum aus, da kam Euphrosyne, ihre junge Mutter, in sehr bescheidener griechischer Kleidung, ein grünes Tuch um das schwarze Haar. Als halbes Kind hatte sie ihr Bruder Lothar zum Weibe genommen, und sie nach England zu ihnen auf die Insel Wight gebracht, wo sie fast dürftig erschienen. Aber welche Mädchenkenntniß, oder Blüthenkenntniß hatte er durch seine Wahl an den Tag gelegt — denn wie schön, wie schlank, wie sanft und reizend war das Kind geworden als junge Mutter, die wenig erst über dreimal sechs Jahr alt war. Welch ein Schatz verhieß sie nun erst noch wie lange zu sein! Und wie glücklich erschien sie durch ihre kleinen Kinder! Die Freude, daß sie, vor nicht lange noch selbst ein armes Mädchen, nun ihrem Volke wie ein Engel hülfreich und tröstlich zu sein vermochte, hatte sie unbeschreiblich — bescheiden gemacht; aber von der innern Gluth erschienen ihre Wangen so zart geröthet. Das Lächeln brach aus ihrer Seele nicht hervor, es schimmerte bloß als rührendste Freundlichkeit durch. Die großen braunen Augen trug sie niedergeschlagen, aber sie blitzten mit feuchtem Glanz, wenn sie Jemand — als sie Adda jetzt ansah! Aber die Augen vergingen ihr; sie versank in Gedanken; denn sie erkannte die Schwester ihres Mannes nicht wieder . . . in ihrer Verkleidung . . . an diesem Orte . . . unter diesen Flüchtlingen. So ging sie vorüber. Adda aber, mit einem Herzen voll Unglück und Qual und Unmuth pries die Unschuldige glücklich, die ihr so rein, so himmlisch erschien.

Da sah sie: . . . Euphrosyne blickte mit voller Zärtlichkeit, aber in holdester Unbefangenheit nach einem Manne, der in rother Uniform, aber im bloßen Kopfe ihr entgegenkam, voll kaum verhüllten Wohlgefallens an ihr. Adda glaubte, es sei ihr älterer Bruder Lothar, Euphrosynens Gemahl, der Herzog und der Kinder Vater — aber er blickte nun Euphrosynen seufzend nach, als sie zu den Kindern trat, und mit Erschrecken erkannte sie ihren jüngern Bruder Edmund; denn hier glaubte sie flugs ein Geheimniß gewahrt zu haben, das nur vor Kindern und Fremden den Namen entschuldigte. Und so überfiel sie ihr eigenes Geheimniß, selbst ihre Unschuld, ihr eigenes Unglück, das sie jetzt wieder so schwer beugte, wie irgend eine Schuld, in welche ein

Weib verfallen kann. Und so zitterte sie, indem ihr Bruder Edmund jetzt nahe vor sie hintrat, ihr unter dem Ueberwurf des braunen Capotto theilnehmend in die Augen sah, und sie frug: „Bist Du auch schon unglücklich, schöne Fremde? Was fehlt Dir Besonderes? Womit können wir Dir zuerst den kleinsten Dienst erweisen? Ist das Dein Kind? — Du weinst! Und mehr hast Du nicht gerettet? Aber das ist viel, sehr viel! — Schläft Dein Mann?"

Hier machte ihr Bruder Edmund die Bewegung, welche die Griechen machen, wenn sie fragen, ob Jemand gestorben ist; er legte die linke Hand an die Wange, neigte den Kopf nach der Schulter, und schloß die schönen blauen Augen zu.

Adda hatte nur den Sinn dieser Worte verstanden, die ihr der Zantiot jetzt italiänisch sagen wollte. Aber sie gab ihm hastig das Kind, und rasch mit derselben Bewegung hing sie an des Bruders Halse, den sie mit ihren Armen umschlang, und sprach: „Mein Bruder! mein Bruder! Das arme Weib ist Deine Schwester Adda!"

Edmund drückte sie fest an sich, lange stumm vor Ueberraschung und Freude, die in ihm zum Mitleid schmelzen sollte, sobald er sie losließe. Und so ließ er sie spät erst los, sah ihr in die Augen und entdeckte, genoß die Schwester darin, als säh' er die Heimath, das Vaterland. Dann nahm er das Kind, ergriff der Schwester Hand, die ihren Capotto geschwind mit dem Hute vertauscht, entzog sie der aufmerkenden Menge, führte sie durch das sonnestrahlende Thor in die Gärten, und frug sie bedrängend: „Was führt Dich hierher? Was ist Dir geschehen? Ist das Dein Kind? Ist Dein Mann gestorben? — — aber Du trauerst ja nicht, Du bist nur traurig? O meine Schwester!"

Auf Alles vermochte sie nur gleichsam den Schlüssel zu ihrem Herzen und Leiden zu geben, indem sie abgewandt leise sprach: „Das Kind ist meines Mannes Kind.“ — —

„Und wessen? Nicht Deiner? Sprich Deiner!“ bestürmte sie Edmund. —

Aber Adda flüsterte kaum hörbar: „Und — meiner Erscheinung ... meines Gespenstes ... meines Schattens ... meines Traumbildes! das Cora ihm vorstellte, Cora die arme Cora! Aber, Edmund, vernimm mich wohl — dennoch geschah Alles unschuldig! Alles in Ehren! ... nur unglückselig, doch unglückselig!“.

Edmund stampfte mit dem Fuße. Zorn glühte in seinem Gesicht. Er ballte die Faust.

Aber wie er im Grunde des Herzens den Sinn ihres Wortes empfand, ward Adda sogleich klar, als er sagte: „Also, du blauer Himmel, wir sollen unglücklich sein!“

Oh, die Last des Unglücks zu übernehmen auf der heiligen Erde, unter der reinen Sonne! Das überwältigt das stärkste Menschenherz! Und Adda, mein Herz ist stark. Ich trage schon auch! Aber ich trage als Mann — und des Himmels Gewalt: unschuldig und rein. So, hoff' ich, trägst auch Du.“

„Das ist unser Unglück! ... Nein! unser Glück!“ sprach Adda. Und Thränen brachen aus ihren Augen.

„Komm zum Bruder! zu Lothar! bat Edmund sie nun freundlich, und küßte sie. „Ist Rath und Hülfe, so erwarte sie von seiner Kraft. Aber aus reinem Stolz mag er mit Menschenunglück nichts zu schaffen haben. „Wer nicht um Unglück weiß, der ist ein Glücklicher!“ Das ist sein Wort. Darum läßt er auch Euphrosyne und mich allein den armen Griechen Hülfe leisten, wozu er uns die Mittel mit vollen Händen giebt. Aber wenn er auch mit niedergeschlagenen Augen durch sie hindurchgeht, als wenn er sich in das Herz der Erde hineinschämte — wandelt er nicht auf Erden? Ja, muß er nicht denken, Alles, was er nicht weiß, ist lauter Unglück? Aber es ist so viel Seele, so viel Erhebendes, ja Schönes und Reizendes in den Unglücklichen und um sie, daß es die Menschen mit süßer Gewalt an sie reißt; und Du, Du bist seine Schwester. Ich bin begierig, wie ihn das treffen wird, das verwandeln muß. Denn in ihm lebt ein großer Sinn, ein klarer, zarter, ja der allerzarteste und weichste. Und darum nenn' ich oft sein Wesen: Furcht. Er aber nennt es Scheu und Ehrfurcht."

Sie durften den Bruder nicht weit aufsuchen, denn er kam von seinen jungen Füllen und Mutterpferden, die auf der Weide gingen. Gegen die Gewohnheit der Engländer in ihrer Heimath war er hier — also auswärts — in Uniform, vielleicht um dem schönen jüngern Bruder die Wage zu halten in äußerer Erscheinung. Den niedrigen, schmächtigen Zuckerrohrstock aber hielt er jetzt in die Luft; und auf ein bloßes Zischen, wie einer Schlange, stürzte ein Seefalke, im Kreise fallend, herab, welchen ein Mann aus dem Gebüsch jetzt ergriff, und an den Klauen herbeitrug.

„Der junge, aber schon ehrwürdige Mann," sagte Edmund zu Adda, „ist unser Arzt, der auf besondere Krankengeschichten reiset, und sie gründlich und herzlich erzählt. Nun komm!"

Lothar hatte indeß seine Schwester erkannt, aber er war stehen geblieben. Wie sie ihm nahe trat, blieb sein Blick auf sie geheftet, und bloß seine Augen und sein freundliches Gesicht grüßten sie, nicht sein Wort. Sein vielbewegtes Leben hatte ihn fast gezwungen, ein Weiberkenner zu sein; oder seine Seele, die immer nach dem Besten, also nach dem Natürlichsten und Schönsten gerungen, wußte sehr leicht und sehr wohl, wo etwas in Blick, Wort, Gesicht oder Haltung nicht zu dem ursprünglichen, immer gern frohen und glücklichen Wesen des Menschen paßte! Nur eine leise Wehmuth flog über sein Gesicht. Dann gab er der Schwester die Hand, hielt sie fest, recht fest, um die genahte Erscheinung, ihr athmendes Gebild durch Wärme und Gefühl recht naturwahr und menschlich süß überzeugend inne zu werden, und sagte zuletzt: „Willkommen meine Schwester! Du bist hier; ich sehe Dich; ich habe Dich; und so ist die schöne Insel hier mit dem goldenen Himmel und dem rauschenden Seegürtel nun unsere Kinderstube! Viel geht verloren im Leben, selbst Vater und Mutter! Aber viel, gar viel wird auch gewonnen — hast Du mein Weib und meine Kinder gesehen? — Nun, die waren nicht in unserer Kinderstube, und Dein Mann nicht, und dieser schöne Abend. Und der morgende Morgen und noch viele tausend. Die Schiffswerfte ist nicht die Bestimmung — des Menschen, nur — seine Kinderstube. Unser Ort aber ist das große Meer des Lebens. So sind wir denn recht hier! Nun ruhe Dich aus. Und nach drei Tagen erzähle mir und sage mir Deine Gedanken. Das ist der schöne Gebrauch der Alten und meiner. Denn alles Menschliche sollte überall Menschengebrauch sein. Und auch das Reisegeschenk soll Dir nicht fehlen .... in Wochen, Monden oder Jahren."

„Du lebst wie ein alter König hier!" sagte ihm Adda. Dieselbe Sonne der Alten, dieselbe Erde, die Enkel derselben Oliven und Weinstöcke, ja derselben Rosen — Alles umgiebt Dich neu und herrlich."

Unterscheidest Du noch Zeiten und Tage?" sagte Lothar ihr

dagegegen. „Komm' in das Haus. Und Du wirst sehen und glauben, daß unser alter Nachbar Ulysses da drüben so hold und bequem nicht gewohnt. Denn das Menschengeschlecht muß doch für seine und aller Dinge Vergänglichkeit, für die vielen Thränen und Gräber, für diese Bemühung durch die Natur auch einen Lohn von ihr haben: ein immer schöneres Leben."

Die beiden Brüder führten nun ihre Schwester wie ein Kind, jeder leicht an einer Hand, in das Haus, an dessen Länge sie nach dem Portal hingingen. Unterdeß hatten die Kinder ihrer Mutter Euphrosyne keine Ruhe gelassen, eine ganze Tonne erdberühmter Nürnberger Spielsachen, die der Vater für sie selbst hatte kommen lassen, an die armen Kinder der Flüchtlinge auszutheilen, und so war der Hof wie ein großer Christbescherungssaal von kleinen Nürnberger Pferden, Reitern, Schäfchen, Kukuken, Trompeten, Zappelmännern und Püppchen wie lebendig, welche die kleine Euphrosyne und die kleine Aglaja an sie vertheilt. „Wer Freude giebt, der giebt die beste Gabe!" sagte Edmund. Sie erblickten aber jetzt kaum den Vater und ihn, als sie herbei gelaufen kamen und sich an ihre Hand hingen, die kleine Aglaja an den Vater, die kleine Euphrosyne an Edmund. Den Kindern kamen aber die Widder desgleichen nachgerannt. Aber auch Lia kam mit dem kleinen Kinde zu ihrer Herrin Adda. Und der Herzog, der es für seiner Schwester Kind hielt, lächelte es an, nahm es, beugte sich auf ein Knie, und hielt es seinen kleinen Mädchen hin, die es nicht mehr wiedergeben wollten.

Sie traten nun in das Haus.

Adda sah die Halle, wie in den englischen Schlössern mit Jagdgewehr, hier aber auch noch dazu mit Fischernetzen aufgeputzt. In dem Saale zur Linken sah sie durch die offene Thür

Marmorbilder stehen. Auch die große breite wie edle Treppe in die Obergemächer glänzte von Marmor. Die Decken der Zimmer zeigten zwar die Balken von röthlichem Cedernholz, aber dazwischen war Alles mit Schnitzwerk gefüllt und himmelblau und golden hier, dort grün und silbern. Kostbare Teppiche bekleideten die Wände; neue, indische, mit Blumen in prachtvollen Farben, bedeckten den Fußboden, und schon der vielen und großen Spiegel wegen konnten nur glückliche, schöne Menschen hier wohnen und dauern, keine häßlichen und unglücklichen. Alles, was Adda hier gesehen, die glückliche Euphrosyne, die neidenswerthen Kinder, die herzinnige Freundschaft der Brüder, Alles zwang ihr Wehmuth auf, und so blieb sie auf ihrem Zimmer allein. Lothar gönnte ihr die eigene Weise. Vor Nacht aber kam noch ihr Bruder Edmund mit Euphrosyne zu ihr, und blieb auch dann noch, als des Bruders Weib ihnen endlich gute Nacht wünschen mußte; denn es schien, als wenn Edmund noch das Herz voll und schwer sei; auch wieder, als wenn Euphrosyne das wisse, und ihn nicht gern bei der Schwester allein lasse, zumal in den ersten Stunden des Wiedersehens, wo die Seele der Seele gern Alles ausschüttet, wie Kinder den Kindern die Blumen, die sie, getrennt von einander, gepflückt haben. Doch endlich mußte sie scheiden, und stand erst lange sinnend, in sich versunken und wehmüthig lächelnd.

Als sie fort war, schwieg Edmund wiederum lange. Auch Adda schwieg, nachdem sie ihm freundlich und ernst mit dem Finger gedroht. Sie wußte, was sie meinte. Und Edmund verstand es ruhig. Er blieb aber still. Und so begann sie aus ihren heimlichen Gedanken nun laut so zu sprechen: „Die Mädchen begreifen die Liebe der Männer nicht. Denn Alles, was sie an ihnen bezaubert, Auge, Mund, Haupt und das ganze Gebild, das tragen sie so alltäglich von Kindesbeinen auf, das macht sie so aus, wie Stamm und Zweige und Blätter und Knospen und Blüthen und Früchte den Baum. Wir glauben erst die Liebe, wenn wir lieben sehen."

„Glaubst Du sie?" frug Edmund.

„Wenn ich sie sehe, ja;" antwortete Adda.

„Wen meinst Du?" frug er.

„Nun die Liebe!" sprach sie lächelnd überrascht. „Und wen meintest Du? Edmund! Edmund!"

In der holdesten Unschuld ward er roth. „Du irrst," sprach er. „Und Dein Irrthum könnte doch Wahrheit sein. Du weißt nicht, wie Alles gekommen; o, so natürlich, so unwiderstehlich! Aber Ihr waret erbittert über Lothar, fruget nicht — und so redete er billig nicht. Bedarf es einer Entschuldigung bei Sterblichen, daß ein Mensch wie ein Mensch leben will? Soll Einer billig etwas höher achten, als also da zu sein, wie ihm einzig lieb und wie recht ist, und Niemandem schädlich, als ihrem Wahn? und noch nicht, da sie ihn verstockt und wie blind behaupten. O, die Erde bringt schon die Probe des einst vollkommen glücklichen Menschen hervor in jenen starken Männern, die Muth haben auf dem Wege der Natur zu wandeln, und vielleicht jetzt schon sich herausnehmen Sonderlinge zu scheinen, weil die Uebrigen alle desto geduldiger die große Bahn austreten, den schweren Kelch austrinken! Und was sollte einem Menschen, wie Lothar, die Schönheit, das Gold, die Liebe, die Vernunft und die Freiheit — wenn er nicht ein Mädchen ohne Herkunft, ohne genannten Vater, eine Gefangene, eine Sklavin zum Weibe nehmen durfte . . ."

Adda sah ihn groß an, und frug: „eine Sklavin?“

Edmund rieb sich die Stirn mit der flachen Hand, behielt sie dann, wie einen Schirm, über den Augen, während er mit der Seele eine früher erlebte Scene sich wiedererscheinen sah, und mit dem Ausdruck der Bewunderung fortfuhr: „Aber welche! ... Du hast sie gesehen — Euphrosyne! Unser Vater war gestorben, und Lothar hatte nun seinen Namen und Rang geerbt; ich den seinen, nach unseres Volkes Weise. Um uns wieder an der lebensvollen Welt zu erquicken, reiseten wir wieder hierher in die schöne Levante. Denn hier lernt man sogar den Homer und die Helena vergessen vor neuer, alles überstrahlender, ewiger Herrlichkeit. Den Bruder Lothar zog es vielleicht nur nach Samos zurück — Was, oder Wer, das habe ich als Knabe selbst gesehn, aber damals nicht verstanden. Jetzt verstehe ich es. Du weißt nämlich: der Vater nahm uns noch in sehr grüner Jugend von Oxford, wie halbgebleichte Leinwand von der Bleiche, und sandte uns — um wie von selbst völlig weiß zu werden, gleich den grauen Segeln eines Schiffes — auf Reisen, und zwar gleichfalls hierher, weil er sagte: „Jung muß man die Welt sehen! Dem jungen Herzen ist noch das Alterthum heilig — ein alter Stein, eine alte Münze begeistert es — bis es die Seinen dann selber begraben hat. Dann wird Alles Ein Bedauern, Altes wie Neues und Künftiges; ja oft wird es sogar — und gerade den seelenvollsten Menschen — Eine Verachtung; Allen abermeist Eine Gleichgültigkeit, in der es Vielen wenig, Manchen nichts gilt. Das junge Herz hat noch Ehrfurcht vor der Welt, zitternde Bewunderung vor allem Schönen, fast heiligen Drang nach allem Edlen und Großen, und ein Gefallen, einen Genuß an den Dingen und Menschen, den ihm nichts Späteres ersetzen kann, den es später selbst an den Dingen und Menschen nirgends mehr findet. Und die Welt bewundern und lieben zu lernen, ist wichtig! Wer Das gelernt, dem wird Wissen und Können nüzzen; darum ist die Aufgabe der Jugend nicht das Wissen, sondern das Wissenwollen. Nicht das Klugwerden, sondern das bescheiden und gut und rein Fühlen, das große Erwachen auf den Tag des Lebens. Und wahrlich, der Vater hat Recht gehabt. Lothar war achtzehn Jahr, ich zwölf, als wir zum erstenmal hierher gereiset. Ich hatte — die Welt gesehen, Lothar schon einzelne Dinge in dieser schönen Welt. Er war, nach des Vaters Ansicht, also schon zu alt zum Reisen gewesen. Denn nach vierzehn Jahren darauf, als wir die zweite Reise unternahmen, war sie in ihm und für ihn schon die meist vergebliche Reise — nach der verlornen Ruhe! Er betrieb sie ernst, wie eine Sache der Gerechtigkeit, edel und eilig, wie einen Ersatz, und froh, wie Jemand, der gern und vollständig ihn leisten kann. So führte er mich wieder nach Susa, das hohe klare Samos, das Reich des glücklichen Polykrates. Ich, ich hatte unbefangene sehnsuchtswache Augen. Er, er wandelte schon — in dem Alterthum seiner Jugend! Denn ihm war Alles verwandelt. Und allerdings, wenn der Mensch dreihundert Jahre leben sollte, aber alle zehn Jahr nur Ein Jahr auf die Erde kommen dürfte — er käme vor Traurigkeit, ja Abscheu, schon nach den ersten zehn Jahren nicht wieder! Nur daß wir die Erde vor unseren Augen sich verwandeln sehen, Alles kommen, dasein und gehen sehen, und es mitgefühlt haben, mit einem Wort, daß wir stetig leben, das macht dem Menschen das Dasein allein erträglich und nicht ganz unbegreiflich. Ich vergesse den Gang in meinem ganzen Leben nicht, den wir sogleich durch die Stadt hin, durch das alte liebe Cora auf der heiligen Samos machten. Es war ein schöner Sommerabend. Die Sonne war schon lange unter, und nur der purpurne Himmel machte noch späten Tagesschein. So kommen wir zu den letzten Häusern, wo die Stadt sich nach dem Meere senkt. Während ich in die unendliche dunkelnde See hinausblicke, in die Dämmer und Zauber alle, während ich bei vollen blutrothen Päonien stehe, ihren Duft einathme, wie einst auch an einem solchen Abend in unserem Garten, wo in der heiligen, geheimnißvollen Ferne eine Windmühle ihre Flügel langsam aufhob, gerade wie jetzt — indeß fragt Lothar einen alten Mann nach einem Manne, den er ihm nennt . . . nach einem Weibe . . . nach einer Tochter. Antwort: sie sind todt. Er nennt zuletzt leise den Namen Aglaja. Herzutretende Frauen bejahen es: Ja, sie sind todt! Eine spricht: Ich habe sie noch gekannt, und wenn es Die ist, die ich meine, so hat sie heimlich eine Tochter gehabt; darüber ist sie gestorben. — Eine Andere meint: Sie wären arm geworden und nur fortgezogen. Eine Dritte sagt: Nur der Vater ist todt, der liegt dort schlafen, das ist gewiß. Die Mutter auch! behauptete noch Eine. — Sie sind Alle todt! behaupten nach langem Streite zu guter Letzt Alle. Lothar dankt für die gütige Nachricht. Wir gehen. Er scheint ruhig. Endlich frage ich: Wer war denn die Aglaja? „O," spricht er, „hast Du sie nicht gesehen? Erinnerst Du wenigstens Dich nicht von der ersten Reise des letzten Abends, als wir uns hier drunten einschifften? Das verhüllte Mädchen, das uns nachgekommen, und als ich sie schon vom Bord erst lange nachher gewahrte, dann so leise und doch so seelezerschneidend rief: „Ich komme! Ich bin da! So ist es am besten. Ich muß mit, sonst muß ich vergehen. Ich muß . . . ach, Du weißt nicht — oder Du denkst nicht . . ." — So sprach sie, weinte sie. Und ich, sprach Lothar, fürchtete den Vater, und noch mehr die gestorbene, nun alles schauende Mutter, und noch mehr die Schande! Ach, ich faßte den Sinn, den Bezug der Worte des armen Kindes vielleicht nicht, oder überdrängte mich alles zu sehr, zu neu, zu unmöglich — ich stieg wieder ans Land. Ich tröstete, ich beruhigte sie — die jetzt, da sie mich wieder zu haben schien, wieder verschämt vor mir schwieg! Ich versprach ihr wiederzukommen, in acht Monaten längstens. Sie bat: in sieben! in sechs! Sie verlangte meiner Mutter kleines Bild, das ich, wie sie gesehen, an einer feinen venezianischen Kette getragen, zum Unterpfand. Ich küßte die Mutter noch einmal und gab es ihr hin. Ich führte unter tausend süßen Worten sie wieder immer näher zu ihrer Aeltern Hause — endlich umarmte ich sie in dem nächtlichen Dunkel, ich preßte sie an mein Herz, während meine Seele innerlich bitterlich weinte .... ich ließ sie los! und wie eine Bildsäule blieb sie stehen, als ich fortging, forteilte, fortfloh! Wir schliefen die Nacht am Bord. Mit Tagesanbruch fuhren wir fort. Und im reinsten, mildesten, ruhigsten Himmelsglanze lag das reizende Eiland — und das täuschte mich, das beruhigte mich, auch über sie, die da stehen geblieben in dem nächtlichen Dunkel. Denn nun war ja Tag! — Dafür ist mir nun Nacht, auch am hellen Tage. Doch nun hast Du gehört, sie sind todt, sie sind alle todt! Das Wissen, daß etwas vorüber ist, ist auch ein Trost." — So erzählte Lothar nur einmal. Ich aber beruhigte ihn immer, so oft nur ein Wort an sein stilles Herz sich anbringen ließ."

„Nun?" frug Adda. „Du hast mich sehr neugierig gemacht. Hatte das weiter keine Folgen, keine Fortsetzung?"

„Doch eine;" sprach Edmund. „Er kann Abenddunkel und

angehende Nacht nicht vertragen, vielleicht, weil ihm jede undeutliche Gestalt, was es auch selbst sei, nur als jenes stumm stehen gebliebene Marmorbild erscheint. Und noch eine Folge. Er hatte gut zu machen, und dazu gab der Himmel ihm die allerschönste lebendige Aufforderung durch" .....

„Euphrosyne! willst Du sagen;" sprach Adda aus.

„Du mußt hören," fuhr er fort, nachdem er geseufzet. „Doch noch Eins zuvor. Derselbe alte Diener, der Anarand und wirkliche Ehrenreich, der uns das erstemal begleitet, war auch auf der zweiten Reise bei uns. Lothar hatte ihn einmal aus gerechtem Unwillen gescholten, ja mit Schlägen bedroht, und seitdem war er gegen Lothar verstummt, mir aber desto zugethaner. Weil er krank gewesen, hatte er nun auf unserer Reise müssen in Samos zurückbleiben. Und so wußte er, und erzählte einst nur mir, daß einige Monate nach unserer Abfahrt von Samos auch Aglaja's Vater nach Smyrna, Triest und Wien gereiset sei, und während dieser Zeit sei auch sein Weib mit Aglaja eines frühen Morgens in ein Kaïk gestiegen und wohl zwei Monat lang irgendwo ausgeblieben. Er habe dann wohl Aglaja wiedergesehen, aber, o Gott, wie blaß, wie verwandelt! Mehr, meinte er, könne er mir nicht sagen, als sich daraus wohl oder übel abnehmen lasse. — Doch auch das war nun überwunden."

„Ueberwunden! Ueberwindet Ihr Männer denn Alles?" frug Adda. „Nun erzähle nur ja mir weiter, erzähle!"

„Also noch eine Ueberwindung höre an;" sprach Edmund. „Lothar hatte also verloren — in Samos — nun sollte ich verlieren. Denn endlich nach langem Umherschweifen kamen wir auf dieser unserer zweiten Reise, als Engländer und auf englischem Schiffe, sicher durch alle Gräuel und Gefahren des Krieges von Aegypten nach Kreta. Zur glücklichen Stunde! In Kanea waren die Häuser voll zu Sklaven gemachter Griechinnen, aus der Morea, aus der Attika, und hier aus der heiligen Kreta. Denn heiliger, schöner kann nichts sein, als die schneebesäumten wie silbernen Berge auf der smaragdenen Ebene. Ein wahres Dämonenschloß. Und der alte ursprüngliche Ida! Und die Thäler, die Triften, und die frische reine Luft, und der reine azurene Himmel! O welche Macht liegt in der Schönheit der Erde! — Consuln führen uns aus, um die Sklavinnen, Frauen und Jungfrauen und die schönen kleinen Knaben und Mädchen zu sehen. Diese würdigen Männer erforschten von ihnen geschickt, oder sahen ihnen auch an, ob ihre geflohenen Aeltern oder Männer reich wären; und so kauften sie nur diejenigen los, welche sie gegen hohes Lösegeld ihnen wiederzugeben die Ueberzeugung haben durften. Lothar war vom Anblick dieser Sklavinnen wenig, oder sogar eigenlieb überrascht. „Das ist die Homerische Welt!" sagte er mir leise. „Und ganz ernst gesprochen, der Krieg ist zu entsetzlich, als daß er nicht ganz ernst auf Erobern und Behalten selbst des Theuersten, des Edelsten — nicht nur des Bodens, sondern auch der Menschen geführt werden sollte, damit er — aus desto vollkommnerem Abscheu desto eher vollkommen aufhört." Diese Erläuterung verdiente einen Händedruck. Bei einem armen Türken fand ich eines Tages, allein wandelnd, ein armes junges Mädchen, die am Ida Schaafe gehütet, und den Ihrigen auch unvermuthet entrissen worden war. Der freigebliebene Hirt, zu alt, und auch lahm, um etwas bei seinem Verkaufe zu gelten, hatte sich herabgewagt, um das liebe Kind wo möglich wieder zu erlangen. Aber er hatte nur leere Hände und in seinem Ziegenschlauch nur Feigen und Brot. Er saß an der

Thür des Hauses. Euphrosyne durfte neben ihm sitzen, hatte den Kopf gesenkt und hielt des Alten Hand in ihren Händen. Da kam ich; das sah ich. Der Alte bettelte mich an, das heißt nicht um wenig, sondern um viel, um genug, das Mädchen zu erlösen. Er erzählte mir viel. Er machte die Geberde des Wiederbezahlens, da er merkte, daß ich seinen fremden Dialekt kaum errieth, nicht verstand. Endlich legte Euphrosyne ihre linke Hand mit ausgespreiteten Fingern über die Brust, und nun erst, als wenn sie nun sicher vor aller Anfechtung sei, erhob sie ihr Gesicht langsam, ihre Augen langsam, und sahe mich an! — Ansehen, liebe Seele, ist die heiligste Handlung auf der Erde. Ansehen hat der Gott erfunden. Nichts ist darüber! Alles weit, fern, tief darunter; nenne von Allem, was Du willst. Ich stand vor ihr in der Sonne und beschattete sie. Bei dem Emporblicken in meine Augen hatten sich ihre Lippen ein wenig geöffnet. So viel sahe ich außer ihren dunkelbraunen Augen. Da hinein mußte ich sehen. Denn wer Gedanken, Neigung, Liebe, Wahrheit und Aufrichtigkeit sehen will, der sieht dem Menschen in die Augen, und sie kommen ihm tiefer vor, als der blaue Himmel oder das klare Meer, das grade seine Blumengärten oben trägt. Sie, ach, sie ward erst immer freundlicher, unaussprechlich freundlich — bis sie, sich wie besinnend, ihren Blick wieder allmählig einzog, wie die Schnecke ihre Augen, immer gleichgültiger, immer ernster ward, dann gar ihre Augen zuschloß, mit den weißen Wolken ihrer Augenlieder wie einen Himmel bedeckte, und nur ein bittres, bittres Lächeln auf ihrem Antlitz ruhte.

Dieses ihr bittres Lächeln war zauberisch, es galt mir! Und darum galt es mir viel, so viel! meinen Werth in ihrer

Seele, vor welchem sie in ihrer Armuth und ihrer Bescheidenheit erst recht reizend verging, ganz verging, und mir einen hohen reinen Werth erlangte. Und nun aber sollte ich sie loskaufen? Sie sollte mein sein? Das war unedel! Oder sie nicht loskaufen? Das war jammervoll! Die Unruh, das Glück, die Entdeckung, die Hoffnung, ja die Gewißheit trieb mich fort, nach dem Kaufgelde zu meinem Bruder, meinem besten, meinem einzigen Freunde. Denn wer seinen Bruder zum Freunde hat, der erst hat einen Freund, einen Bruder! O, die Freundschaft unter Geschwistern ist das seelenvollste, reichste Glück, wo Jeder um alles Holde und Gute an dem Geliebten weiß bis in die Kinderstube, bis auf der Mutter Schooß hinauf, zurück! Und dieser alte Stern leuchtet im Leben ihm vor. Zu Hause aber ward ich plötzlich krank. Sehr krank. Und als ich nach mehr als acht Tagen endlich wieder meine klare Besinnung hatte, als mir Euphrosyne ins Angedenken kam — welche Qual! Sobald ich ausgehen konnte, zwang ich mich hin nach dem unvergeßnen, weinberankten Hause — da war sie verkauft! Außer mir komme ich wieder — da sehe ich Euphrosyne mit meinem Bruder im Garten gehen; ich eile hinzu, ich überzeuge mich klar — während er sich wundert. Sie ist es. Sie erkennt mich. Sie lächelt mich freundlich an. Lothar nennt mich vor ihr seinen Bruder, sie reicht mir die Hand, ja sie drückt sie mir zwischen beiden Händen. „Kennt Ihr Euch schon?" fragt er gelassen und sehr zufrieden. Denn wir sind wahre Brüder, natürliche Freunde, die wir uns sogar noch feste Treue, stete Aufrichtigkeit, Liebe, Geduld und Hülfe in Noth und Tod — das heißt also Freundschaft ausdrücklich und feierlich geschworen hatten. „Ja," spricht sie, kaum erröthend, nur mit den Augenlidern blinkend. Sie sagt ihm einige Worte. Darauf sagt er mir: „Nun laß uns nach Hause, nach England kehren, ich habe ein Weib, hier das himmlischschöne Kind!" Und er küßt sie auf die Stirn, die es geduldig, ja ehrerbietig geschehen läßt. Ich staune sie an, ich empfinde mich nicht. Aber ich sehe, ich muß sehen und glauben: Sie ist zufrieden! Sie ist glücklich! Lothar könnte ihr als Braut noch wo möglich die Wahl lassen, ihm zu gehören oder mir — und aus sonderbarem Edelmuth, oder aus stiller Gewißheit ihrer Liebe und Dankbarkeit thut er es wirklich! Er fragt sie wirklich: „Willst Du sein Weib sein?" Und ich sehe . . . ich erblasse . . . . mit unbeschreiblicher Treue und Liebe will Euphrosyne sich an seine Brust werfen, aber wirft sich ihm kindisch zu seinen Füßen. Und nun hebt er sie an seine Brust, und mir drückt er mit Wehmuth die Hand.

So ist das Leben! So ist die Liebe! Und so ist das Glück, die Frauen und das Unglück!"

„Armer Bruder!" beklagte ihn Adda.

„Sage das nicht!" sprach Edmund. „Ich bin ehrlich, ja redlich. Und das ist in allen Fällen genug. Leide ich also, so verdiene ich es. Denn ich liebe meinen Bruder und so leide ich nicht, oder nur wenig, brüderlich! Und Alles war redlich zugegangen. Der Hirt ist in seine Berge zurückgekehrt. Denn Euphrosynen hat ihm in seinen Bergen, nur der Sicherheit wegen, ein Weib in der Stadt anvertraut, welchem Euphrosynens Mutter, ihre Anverwandte, in Naxia sie übergeben, die das Kind nicht im Hause behalten können. Die Mutter in Naxia ist zum Ueberfluß, wie es scheint, befragt worden, ob sie die Tochter ihrem Erretter, dem reichen Herzog — der ihr alle seine Titel und seinen Namen einmal mit Freuden aufgeschrieben und übersandt

— zur Frau geben wolle? Und mit Freuden hat sie das eingewilligt. Das ist alles natürlich. Sie hat selbst zur Hochzeit herüber kommen wollen, aber ihre Mutter ist sehr krank gewesen. Lothar hat sie gebeten, zu ihnen nach England zu kommen, sobald sie irgend könne oder wolle. Jetzt von Zante aus hat er und Euphrosyne die Bitte wiederholt, und wahrscheinlich wird sie nun endlich kommen. Wie das Leben und der Wandel und Wechsel hier in den Inseln seit uralten Tagen ist und so bleiben wird, ist somit Alles in der Ordnung. Alle waren glücklich und sind glücklich, und werden noch glücklicher."

„Bis auf Dich!" sprach Adda.

„Und bis auf Dich! sprachst Du selbst;" versetzte Edmund ohne Bitterkeit.

Das kleine Mädchen schrie jetzt in dem Nebenzimmer; Adda eilte zu ihm; und als sie es mit Lia, die eingeschlafen war, begütigt hatte und lächelnd wieder kam, sprach Edmund noch milder: „Und Dir, liebe Schwester, die Du Vieles scheinst auf der Seele zu haben und es doch nicht auf die Zunge bringen zu können, besonders vor dem strengen Bruder Lothar, der von den Weibern, ja gegen die Weiber orientalisch denkt und ihnen nichts verzeiht — Dir rathe ich, was Du mir nicht sagen willst, dem Arzte .... zu verrathen! Erlaube nur, daß er Dich öfter besucht! Das Errathen ist seine Sache und das Zusammenstellen. Noch besser, gieb ihm einen Brief an Deinen Mann und Deine Freundin Cora und ihren Mann nach der Stadt, empfiehl ihn als einen verschwiegenen redlichen Freund unseres Bruders, und so wird er Euer Ereigniß ihm aufschreiben, klar und deutlich; und will Lothar dann auch nicht sprechen, so schreibt er seinen

Rath Euch wieder. Der Arzt weiß schon von Deiner Lia und dem Zantioten, daß Ihr Alle hier seid."

Adda schrieb also. Edmund empfing den Brief; am frühen Morgen ritt der Arzt schon nach der Stadt, und nach zwei Tagen erst kam er wieder. Darauf freilich klarer — und ein Wissender hat den Schlüssel zum Herzen — verkehrte er mit Adda noch einige Male, dann schrieb er einen ganzen Tag, und Edmund erhielt nun von Lothar die Einladung, ihm in des Arztes Gesellschaft Abends auf seinem Zimmer die kleine Geschichte vorzulesen, welche die Ueberschrift trug: Das Vierälternkind; oder: Die Unvorsichtigen. Lothar setzte sich als neuer König Salomo ernst und verdrossen über die Erwartung eines Kummers auf den Divan, die kleine Aglaja auf seinem Schooße. Die kleine Euphrosyne aber mußte der Arzt nehmen, damit sie Edmund zur Seite sein und ihn immer ansehen könne. Und langsam und mitempfindend las er dem Bruder und sich selbst zugleich nun von dem räthselhaften Kinde.

Zweites Capitel.

Die Unvorsichtigen.

Zwei Freunde haben zwei Freundinnen geheirathet. Der Marquis von H..... die Schwester des englischen Herzogs Lothar, die reizend schöne, grade recht junge, feurige Adda. Der Baronet von O...... die vielbegehrte, bedächtige, als lebendige Schöne gern tausend leinwandne Madonnen und hunderttausend Morgen des fruchtbarsten Landes mit Blumen, Bäu=

men und Rindern und Schaafen werthe Cora. Doch das ist viel zu wenig und thöricht gesagt. Denn ein gutes, schönes, lebendiges Weib ist einem Manne mehr werth als die ganze Erde, die ihm erst ehrwürdig wird und bleibt, als die unsterbliche, stille, fruchtbare Mutter dieser ihrer unschätzbarsten Blüthe — der Menschentochter!

Nun hätte selbst der glücklichste, schönste junge Mann sich ganz falsche Erfahrungen von den Frauen gesammelt, wenn er meinte, daß die jüngsten Jungfrauen nicht selbst ihre Schönheit als ein großes Kleinod ehrten und bei weitem höher hielten, als ihre Liebe zu dem Geliebten; so daß ihnen in ihrem frohen Sinne immer gern unentschieden bleibt, ob der Liebende die Liebe einer Schönen, oder die Schönheit einer Geliebten im Grunde des Herzens begehre. Denn die Liebe ist unsichtbar, die Schönheit ist sichtbar; und so begehre ein junger Mann zuerst, von der Schönheit einer Jungfrau gebannt, nur ihre Liebe, um ihre schöne Gestalt zu der seinen zu machen, und für ihn recht lieblich durch ihre Liebe, ja durch sie erst recht dauernd für ihn, oder neu. Denn die Treue ist nur fortgesetzte ununterbrochene Liebe. Auch irre gewiß kein junger Mann darin, daß er felsen- und naturfest annehme: eine schöne Jungfrau habe auch eine menschliche Seele, und ihr eigenthümliches Gebild zeige ja klar, daß sie ein Weib sei. Darum sei jeder Jüngling mehr als entschuldigt, wenn er die Liebe eines schönen Weibes begehre. Das Weib aber liebt die Liebe des Mannes, oder seine Verehrung ihres Gebildes; und selbst die Leichtsinnigste glaubt ihm und ergiebt sich ihm nicht eher, bis sie durch ihn überzeugt worden, er verehre sie, das heißt, bis sie glaubt: er finde sie schön. Und hat er sie, was sie so süß geschehen läßt, überzeugt, daß sie einzig schön sei, dann ergiebt sich ihm auch die Klügste, die Stolzeste. Denn alle andern, auch die sonst herrlichsten Eigenschaften eines Weibes gehen billig in ihr unter, sie besiegt, sie kennt sie nicht mehr — um ein Weib zu sein.

Der Marquis und der Baronet mußten ihre beiden Geliebten gar sehr von ihrer Verehrung überzeugt haben, wobei ihnen wieder ihre eigenen männlich schönen Gestalten zu gute gegangen: denn beide junge Frauen, Adda und Cora, liebten ihre jungen Gemahle mit voller Gewalt eines Weibes; und wenn sie ihnen das jungfräuliche Zagen, den Stolz reiner, keuscher Herzen und alle ihre süßen Geheimnisse, erst wohl weinend, dann immer beruhigter und glücklicher immer, geopfert hatten, so waren doch Stolz und Würde des Weibes nun in ihren Herzen, auf jene Blüthen als Früchte, erschienen, ja sogar jene edle, reizende Eifersucht, die Bewahrerin der Liebe.

Adda und Cora hatten beide ihr Jawort an Einem Tage gegeben. Sie waren beide an Einem Tage vor demselben Altar getraut worden; an Einer Tafel war ihr Hochzeitfest gefeiert ..... mit denselben Leuchtern und Lichtern war beiden in ihr reizend geschmücktes Brautbett geleuchtet worden. So durfte Keine die Andere belächeln oder beneiden.

Freunde, selbst Jugendfreunde scheidet gewöhnlich die Frau. Denn wonach der Unvermählte sonst ausging, nach Liebe und Freude, und heitrer, herzlicher Gesellschaft, das hat er jetzt daheim im Hause, und viel holdseliger, fruchtbringender; oder könnte es doch haben, und darum soll er es, sprechen die jungen Frauen. Der Freundinnen Freundschaft aber leidet nicht durch die Ehe; denn zumeist nur aus Vertrauen und Vertrau=

lichkeiten und Anvertrauungen bestehend, hat sie nicht Grund sich zu verwandeln, sondern Stoff und immer lieblicher werdende Nahrung genug. Die Freunde also hätten sich wohl Jeder begnügt, den erworbenen, ja nur gefundenen Schatz des Lebens — wie andere Engländer eine Antike aus Griechenland — auf ihr Castle genommen in paradiesische Einsamkeit. Aber die Freundinnen wollten sich nicht scheiden, da die älternlose, aber reiche Cora so lange auf Adda's Schlosse gelebt, wie Cora's Vormund, Adda's älterer Bruder Lothar, aus Schwesterliebe und Mündeltreue befohlen hatte. Die Freunde wußten ein Mittel, wahrscheinlich doch wohl noch ein Jahr zusammen zu bleiben! Sie hatten weder die große, noch eine kleine Tour gemacht, und wollten nun als Touristen mit ihren Frauen zusammen reisen. Zwar bemerkten einige Männer zu ihrem ausgesprochenen Vorsatz: „Dies kann ihnen nur als neuvermählten Männern einkommen, die sich noch als halbe Diener ihrer Frauen empfinden und noch nicht als ganze Herren. Denn eine Reise mit einer Frau, oder gar mit zwei Frauen ist, nach den Aussprüchen Erfahrener, einer Galeerenstrafe gleich zu achten." Aber wie gesagt, die noch nicht abgelegte Dienstbarkeit sollte die Männer über die wohl geahneten, aber nur leicht und lieblich ihnen vorschwebenden tausend kleinen Beschwerungen führen. Wenn nun andere Weiber schon am Tage nach der Hochzeit gleich beginnen, die Gehülfin des Mannes, die Hälfte des Menschen auszumachen, weil des Mannes ächtmenschliches Geschäft das ihnen erlaubt, ja von ihnen erfordert — wenn also die Schäfersfrau gleich mit nach den kleinen Lämmern sieht . . . wenn die Töpfersfrau gleich anfängt Krüge auszulegen . . . . wenn die Fischersfrau gleich anfängt Netze zu stricken, oder Hanf zu spinnen, zu Schnüren und Stricken . . . wenn die junge Pächtersfrau gleich die schönen Kühe aus Scherz melkt — die Tauben und Hühner zu sehen, sie durch reichgestreutes Futter um sich versammelt; ja, noch halb mädchenhaft wagt den hohen Taubenschlag zu besteigen, und sich versteckt, wenn der Mann kommt, und ihn lieblich ruft und neckt, bis er sie oben findet und hält und küßt . . . . wenn diese Menschenweiber also das schöne Menschenleben beginnen und fortführen — so schienen denn freilich unsere beiden vornehmen Frauen durch ihren Reichthum über das allgemeine, alleinmögliche, alleinsüße, alleinbelohnende menschliche Leben überhoben, desselben entmüßigt und also wirklich müßig. Diese Muße mußte also ausgefüllt werden! Und freilich dann, wie konnte es angenehmer geschehen, als durch eine Reise, zu welcher alles Nöthige schon im Voraus reichlich und bequemlichst besorgt war. Und so stiegen sie gleichsam aus dem Brautbett ins Schiff.

Wie es nun einer jungen Mutter ein neues, sonderbares Vergnügen macht, ihr ganz kleines Kind mit dem kleinen Gesichtchen an die Lippen des Bildes der alten gestorbenen Großmutter zu neigen und daran ruhen zu lassen, oder dasselbe so klein in einen großen weiten Großvaterstuhl zu setzen, oder draußen im Garten in die jungen bunten Blumen zu legen, oder in holdem Naturscherz in eine große Lilie riechen zu lassen, die das ganze kleine Gesicht verbirgt, so daß das Kind sich fürchtet in dem Kelche, und zu weinen anfängt — so erschien die reizende Cora ihrem Baron wie ein ganz neues Werk, wenn er sie oben im Mondenlicht auf den braunen verfallenen Mauern einer alten Burg am Ufer des Rheines sah, oder wenn sie sich im üppigen Weinlaub der Winzergärten versteckte, oder wohl gar — mit Adda vorausgegangen sich verkleidet hatte, und Beide, in verführerischer Tracht der Schweizermädchen, ihren Männern — die sich verdrüßlich und ungeduldig am Tisch in der Laube nach ihren Weibern umsahen — große Näpfe mit Milch brachten, oder übermüthig einen großen Käse auf dem Rasen herbeiwälzten. Oder wenn Adda, wie eine nach Aegypten ziehende Madonna — nur noch ohne Kind — oder mit einem Kinde, das sie dem nebenhergehenden Weibe abgenommen hatte — auf dem schellenbehangenen Maulthier saß, und wenn ihr Mann sie anlachte und sich auf die Lippen biß, erröthend vor ihm die Augen schloß. Und wie nahmen sich die beiden schönen Frauengestalten erst auf den Gipfeln der Berge aus, von Purpur und Gold der untergehenden Sonne gefärbt! Oder des Nachts in heiliger Stille, mit Schulter und Brust und Haupt und wehenden Haaren — von großen Gestirnen umfunkelt; oder auf dem Comersee im Mondenschein! Wie fremd und eigen auf dem Markusplatz unter den fremden Frauen, in der fast morgenländischen Umgebung! Und allerdings waren sie selbst auch eine Merkwürdigkeit im Colosseum zu Rom; oder in den Museen vor den Götterbildern und alter Menschen alten Marmorbüsten! In den Stanzen, in den Logen von Rafael, oder vor dem schönsten Bilde der Erde, vor des Ritters Mengs in blauem Gewande strahlend schöner Mnemosyne in der Villa Albani! Und nun vollends in Neapel am Meer; in Cumä; auf dem Vesuv; in den Häusern und Gärten des wieder aufgegrabenen Pompeji! Auch da waren sie erst recht große Merkwürdigkeiten der immer neuen, schöne Lebendige hervorzaubernden Erde. — „O," sprach der Marquis mehrmals, „Neuvermählte müssen reisen, das heißt: sich in die fernen Lande stellen, und wie dem Menschen hinter jedem Berge, um jede Felsecke die Erde eine Neue und Ungesehene ist, so werden sich die jungen Gatten neu, nie gesehen. Sie prüfen einander an allen den herrlichen Gegenständen und Erscheinungen, und fühlen ihre Wahl immer glücklicher! Ihre Zufriedenheit immer unstörbarer sicher, und ihre Liebe voller, vollendet! Denn die Erde mit allen ihren Schätzen kauft zwei liebende Herzen nicht aus!'

So lebten die zwei Paare ein angenehmes Leben wohlbefiederter fröhlicher Zugvögel und Wandertauben, hatten sich ordentlich zusammen eingereiset, und wußten einander fast auswendig: — ihre Neigungen, Vorliebe zu gewissen Speisen, Weinen, selber die Art zu leben und zu sein, jedes Menschen eigenthümliche Lebensart; auch ihre Abneigungen waren ihnen bekannt, und gleichsam wie vier Eheleute hatten sie sich völlig in einander geschickt. Jeder hatte sein eigenes, den andern Dreien im Herzen auch vielleicht verschwiegenes und leises Unangenehmes, um so viel mehr das Widerstrebende, Widerwärtige gefangen genommen, unterdrückt, ja nach und nach wirklich abgelegt, oder doch indeß vergessen, und es kam ihm nicht in den Sinn, nicht auf die Lippen, am wenigsten aber ging es in seine Handlungsweise über. Sie reiseten zusammen in Einem Wagen; wo nicht zwei Zimmer zum Nachtlager zu haben waren, wie oft in Italien nicht, da hingen die Frauen in dem gewöhnlichen großen Saale einen großen Teppich zwischen ihre Lagerstellen und unterhielten sich durch die bunte Wand noch oft bis spät in die Nacht.

Dieses und alles dergleichen hatte sich nach und nach durch die Gelegenheiten, ja durch den Drang der — wohl zu merken — gesuchten Gegenwart bei ihnen eingeschlichen, so daß es ihnen nicht mehr auffällig, sondern nachgrade ergötzlich und lustig war. Und in der That waren ihnen nun Umstände zur gemachten Nothwendigkeit geworden, in welche sie selbst doch nur als in Ausnahmen des gewöhnlichen Lebens gerathen waren, welche aber den Menschen, die auf dem allgemeinen und darum vortrefflichsten, sichersten Lebenswege wandeln, heilsam und sicher für immer fern zur Seite bleiben. Denn die Ausnahmen, die gemachten Nothwendigkeiten müssen von Menschen mit zehnfacher Aufmerksamkeit behandelt werden, wenn diese noch langt. So wurde denn das reine, in seinem Wollen so unschuldige, höchst edle Doppelpaar um so leichter das Opfer der fröhlichen Sicherheit!

Sie fuhren nämlich von Neapel nach Messina auf einem englischen Schiffe, das zwar nicht groß, eher beschränkt in seinen Räumen, aber wie ein Putzzimmer prachtvoll eingerichtet, und dessen Capitain ein Freund des Marquis war. Das zur Reise günstige Wetter schien nur ein einziges Nachtlager auf dem Schiffe nöthig zu machen. Der Capitain besaß also seine Freunde nur kurze Zeit und bewirthete sie bei dem späten Abendessen ganz vorzüglich reich, zugleich auch darum, weil heute sein Geburtstag war, und weil er eben heut von seiner Frau in England einen Brief empfangen hatte, worin sie ihm freudevoll die Geburt eines Knaben gemeldet, dessen Tauftag sie auf seinen Geburtstag anberaumt. Der glückliche Erstlingsvater feierte also hier den Schatten eines Kindtaufens, wie er sagte. Und so konnten und wollten sich auch die Frauen nicht entbrechen, die dreifachen Gesundheiten zu beantworten, und zwar mit den credenzten feurigen Weinen.

Adda, so nach und nach immer lieblicher geröthet, so mit immer leuchtenderen Augen, und in aller ihrer Munterkeit, gefiel ihrem Manne, dem Marquis, heut ungemein; wie der immer blaue Himmel uns doch zu gewissen Zeiten, nach einem Frühlingsgewitter, oder unter einer düstern Wolkenschicht am Horizont hin, frischer blau und unergründlicher scheint. Für sein, leider gar sicher bemerktes Wohlgefallen an ihr, trat sie ihn heimlich mit ihren Füßchen, fest, so fest, und der holde Schmerz durchbebte ihn desto süßer, je süßer er an seine Bedeutung dachte.

Fast grade so geschah dem Baron von seiner Cora, die ihn mit wie recht zornigen Blicken aus ihren düstern, glühenden schwarzen Augen ansah. Liebe, Aufrichtigkeit und Treue walteten in den Herzen, und hätten einem Zweifler reizend bewiesen, wie viel Freude und Glück der Mensch auf seinem ganz gewöhnlichen reinen Wege besitze, daß es sein Herz kaum fassen und tragen kann. Und wenn denn ja ein Argdenklicher hier etwas nicht ganz in der Ordnung finden zu müssen geglaubt hätte, so wäre es das stille Anschauen gewesen, mit welchem Adda's Gemahl, der Marquis, an der zauberisch schönen Gestalt der Gemahlin seines Freundes, der freilich unvergleichlichen Cora hing, die ihn aber nicht ansah, sondern nur plötzlich sich schauderte, als wenn sie etwas sehr Bitteres, ja Giftiges getrunken hätte. Darüber wandte der Marquis wie betroffen seinen Blick von ihr, erröthete flüchtig und trank ein Glas eiskalten Nonmousseux. Kein höherer Geist jedoch, nur etwa ein alter Mann war da nöthig, um auch hier im Stillen unter den Glücklichen, Frohen zu denken, wie bald ein Glücklicher zu den Unglücklichen stürzen kann, so daß ihn Niemand, ohne alle Ausnahme Niemand mehr aufzurichten und froh zu machen vermag, so lange der Getroffene ein Mensch bleibt.

Da es schon ziemlich um Mitternacht war, erhoben sich einige andere mitreisende Frauen, zogen sich in ihre kleinen Cabinette zurück, und ihre Männer geleiteten sie an die kleinen, mit Bildern behangenen Tapetenthüren. Adda und Cora sollten noch bleiben; ihre Männer setzten sich wieder; doch die beiden Freundinnen schlichen sich heimlich hinweg und sprangen wie heitre Kinder in ihre Schlafkabinets, welche sie sich dicht neben einander gewählt hatten, um Freunde lieber als Fremde sich nahe zu haben. Die Thüren von außen, die Cabinets von innen glichen sich wie eine Bienenzelle der andern. Bett zur rechten Hand — kleines Fenster in der Hinterwand, glichen sich täuschend. Und von den Männern hing nur in jedem sein silberfarbiger Hut, deren einer dem andern ebenfalls, nicht ganz genau angesehen, wiederum glich, so daß sie die Männer oft selbst verwechselt. Cora küßte also ihre Adda zu guter Nacht — und ging aus Irrthum in das Cabinet der Adda und ihres Mannes, des Marquis. Adda glaubte schon deswegen hinlänglich gewiß: also dies andere hier ist unser Schlafgemach! und ging somit auch in das falsche, der Cora und ihrem Baron zuständige, kleine, liebe Gemach. Sie entkleideten sich allein, geschwind, geschwind, legten sich nieder, bliesen die Wachslichter aus und schliefen bald fest und ungestört. Denn da diese kleinen niedlichen Wohnzimmerchen fast in jedem Schiffe, zu Nutzung des kostbaren Raums, unmittelbar aus dem Saal oder Gesellschaftszimmer betreten werden, so mäßigten jetzt die noch munter am Tische gebliebenen Herren ihre Lust aus Schonung für ihre dichtan schlafenden Frauen. Und so erlosch mit der Zeit das Geburts- und Kindtaufenfest, und man wünschte der jungen Mutter mit dem jungen Kinde in der Ferne, und sich einander hier eine gute Nacht, und die beiden Freunde zogen sich gleichfalls zurück.

Wenn sich die Männer nun nicht wiederum desgleichen irrten, wie sich ihre Frauen Adda und Cora geirrt hatten, wenn sie also Jeder in das rechte ihm geziemende Gemach zur Ruhe gingen, und dort im Finstern ihren gerechten Irrthum nicht erkannten, — denn auch das Rechte kann den Menschen ein Unrechtes werden — wenn die verschlafenen, auf ihr collectives „Glas Wein" gewiß vortrefflich schlafenden Frauen sie nicht bedeuteten, wie nicht wahrscheinlich war, so hatten sich die Männer bitterlich über alle möglichen lebenslangen Folgen ihres Irrthums zu beklagen, und hatten, wenn auch die Eine der Frauen zuletzt alle Schuld zu tragen übernehmen mußte, doch alles Unglück mit ihnen zusammen zu tragen.

Und die Männer irrten sich nicht! Irrten also furchtbar. Sie betraten richtig Jeder sein falsches finstres Schlafgemach; denn sie hatten die Thüren genau sich an dem daran hängenden Bilde gemerkt; der Baron seine Thüre an der Leda; der Marquis seine Thüre an der Sappho, die sich vom Felsen stürzt, die beide in dem fast erlöschenden Lampenlicht des Kronenleuchters, der mit seinem Sturze die Decke und mit seinem breiten Kranze die Wände des Saales rings umher bis an die Kniee herab verschattete, doch noch matt zu erkennen waren. Der Marquis hatte sogar, noch am Tische sitzend, sich rückwärts umgesehen, als ihre Frauen rasch in die Thüren gesprungen — es war ihm auch vorgekommen: als wenn Jede in eine falsche ginge ... und Cora in seine Thür! Aber er hatte, — wie er meinte — sich besonnen, daß er sie ja rückwärts gesehen habe, wodurch links zu rechts und rechts zu links werde. Und in der That wollte er jetzt einen Augenblick in die falsche Thür gehen, welche aber nunmehr die rechte geworden wäre. Aber der Freund, der Baron sagte ihm — ein Kreuz machend — „Gehe zu Deiner Sappho!" unwissend, daß seine gewiß viel schönere Cora darinnen schlafe; und ging dann selbst zu seiner Leda — zu des Freundes Gemahlin zu ruhen.

Die Nacht war schön und still. Himmlische leise Lüfte führten das Schiff so stet und gleich auf seiner Bahn, daß es zu stehen, immer auf Einem Orte zu bleiben schien, als läg' es vor Anker. Die großen Gestirne zogen am Himmel vorüber, aber es sahe sie Niemand als der Steuermann und die auch halb schlafende Wache. Die Wellen murmelten und gluckten, gluckten und glitten am Schiffe dahin, und murmelten das süße Lied der Natur. Nur manchmal rauschte eine Woge auf, wie drohend und Sturm und Schrecken verkündend — aber sie verrauschte sogleich und verscholl.

Erst am frühen Morgen, bei dem Leuchten jenes südlichen Morgenbraunes, das der purpurnen Morgenröthe vorhergeht, wie braune Frühlingsknospen der rosigen Apfelblüthe, hätte Jemand, wenn er da gewesen, einen gedämpften Schrei des Erschreckens in Adda's Gemach hören können. Er erweckte jedoch nur Cora, die nur durch eine dünne, mit Blumen bemalte Bretterwand von ihr getrennt war. Aber dieser Schrei warnte sie: nicht zu schreien, wenn sie auch gleich übersah und begriff, warum, worüber, über Wen Adda erschrocken! Denn leider galt dieselbe Ursache auch ihr; und ihrer Freundin Gemahl, der Marquis, hielt in festem Schlafe noch sanft, aber fest, seinen Arm um ihren Arm geschlungen.

Sie wand sich langsam leise, leise langsam los. Sie setzte

langsam leis sich auf. Als wenn es unmöglich wäre, daß es geschehen, oder als wenn es durch das Anstarren unmöglich und ungeschehen würde, starrte sie dem fremden Manne in das sanft geröthete, im Schlafe noch frohe, lächelnde Antlitz — und das Lächeln grauste sie an. Sie konnte nicht lachen, als wenn sie von etwas, von Jemand geträumt habe, als wenn sie in der Werkstatt eines Bildhauers, oder in einem Museum neben einem marmornen Gotte geruht. Aber sie wünschte, ihren Genossen versteinern zu können und selbst Stein zu werden. Aber sie mußte weinen, schluchzen — und doch nur verhalten, und das Unmaaß ihrer Empörung bannend, damit er ja nicht erwache. Sonst wäre sie todt vor Scham zur Erde gestürzt. Sie stand mit fest zugedrückten Augen auf. Aber kraftlos, ohne innern Halt, sank sie in die Kniee, wollte aus Gewohnheit ihr Morgengebet thun; aber der Himmel blieb selbst der Schuldlosen verschlossen, und sie irrte mit tausend quälenden rathlosen Gedanken vor seinen Pforten umher; und nur Eins fühlte sie übertäubend, ja sie hörte es in ihrem Geiste sich laut zurufen: „Weh, ich bin hin! .... Wir sind hin! .... Das Leben ist aus!“ — Sie fuhr empor, sie wusch schnell das glühende Gesicht, sie kleidete sich an, schnell, wie bei einer Feuersbrunst im Schiffe, riegelte leise die Thüre auf, horchte, hörte Niemand im Saale, trat hinaus, drückte die Thüre leise zu, erblickte im Bilde darauf die Sappho, die sich vom Felsen ins Meer stürzt, viel unsinniger, viel unnöthiger — bloß um die Liebe los zu werden, wie ihr Geist urtheilte. Aber ihre jetzt empfängliche, Gedanken bildende Seele nahm den Inhalt, das Beispiel des Bildes auf .... sie fühlte sich scheidend .... schon sterbend, ertrinkend, und sinkend ... sie breitete die Arme aus nach Rettung und öffnete schon die Lippen zu schreien Aber der Athemzug der Brust ward nur ein leises, bebendes Ach! Sie durfte nur den gekrümmten Zeigefinger an Abda's Thür halten, und von dem Zittern ihrer Hand klopfte er schon von selbst, denn sie war ihres Leibes nicht mächtig. Abda that ihr auf. Sie war auch schon in Morgenkleidern. Doch ach! was sahe sie — Abda hatte, also auch vor Scham, also vor Unglück, sich ein Tuch über ihr Gesicht geworfen, um Cora nicht zu sehen! Aber die beiden Freundinnen sanken sich in die Arme und drückten einander so fest an die Brust, als wollte Jede die Andere erdrücken, oder nur sich an ihr. Abda machte Cora keinen Vorwurf; sie weinte unter dem gelbseidenen, wie goldenen Tuche. Das war Cora Zeichen und Wahrheit genug, daß die Freundin leide, was sie, und büße, was sie. Sie küßte ihr die Stirn, ihre Lippen fanden Abda's Augen, die unter ihren Küssen rollten und zuckten. Vor dem Gefühl des Unglücks ihrer Freunde, wand sie sich von ihr los, erblickte mit entsetztem Auge ihren Gemahl, dessen Haupt und Brust Abda gleichfalls vor ihr verdeckt hatte — daß ihn Cora wenigstens nicht sehen, sondern nur da wissen und denken könnte; aber unter dem weißen Tuche, das ihr wie ein Leichentuch erschien, stach eine braune Locke ihres Mannes hervor, und die kleine Erhöhung des Tuches da, wo die Nasenspitze war, verrieth sein Gesicht. Ob er schlief, ob er wachte, wußte sie nicht. Aber sie nahm seine braune Locke noch einmal in die Hand, als gehörte sie nicht mehr einem Lebendigen, sondern als wolle sie dieselbe einem Todten — ja wie einem gebannten Geiste abschneiden, und sie schnitt sie ihm wirklich ab, und behielt sie sinnend und sinnlos in der krampfhaft geschlossenen Hand.

Und Adda sprach geisterhaft leis nur gehaucht hinter ihrem Tuche hervor: O meine Cora! wie wirft der Mensch den Irrthum ab! Auch nicht anders, als wie die Schuld — mit dem Leibe, ach! mit dem süßen Leben!"

Cora mußte ihre Adda noch einmal sehen. Sie zog ihr das Tuch sanft vom Antlitz, aber die Fluth der unbefestigten Haare zog sich mit, und Adda's Antlitz war davon halb bedeckt, und was davon erschien: Die Eine Wange, war blaß, und ihre ganze Gestalt bebte. Aber Adda strich sich selbst den Schwall der Haare aus dem Gesicht, und sah ihrer Cora getrost, mild, weich, bang, zuversichtlich, himmlisch rein, und doch so zaghaft, so verzagend und verzagt in die groß geöffneten, erstaunenden und vor ihrem Anblick erlöschenden, ganz vergehenden Augen — daß nichts schöner, nichts reiner auf der Erde jemals zu sehen gewesen, als diese edlen, schönen, wie von einem Gott berührten, ja von ihm ganz durchdrungenen Gebilde der beiden stolzen, zürnenden Frauen. Denn sie waren jetzt nicht mehr sie selbst, sondern ein Gott- und Menschenverständiger konnte und mußte jetzt nur ihren Stolz, ihren heiligen Zorn und ihre fast göttliche Verachtung, mit der sie ihr Leben und ihren Leib verachteten, für ihr einziges wahres Wesen annehmen; aber wenn er das gethan, wie er mußte, nicht nur wie es edel, sondern wie es bloß gerecht war, dann mußte er auch hohe, die höchste Ehrfurcht vor ihnen empfinden — jene, den Menschen adelnde, erhebende Ehrfurcht, die dem Unglücklichen gebührt.

„Aber das Leben ist mit der Verachtung desselben nicht aus," sprach Cora leise, kaum hörbar. „Schläft mein Mann?" frug sie. „Weiß er?" —

Adda schwieg erst lange, peinlich lange, denn das Gefühl,

aus dem sie das Wort bilden sollte, zerschnitt ihr die Brust. Und so neigte sie nur zur Bejahung ihren Kopf, und vor Scham blieb sie so geneigt.

„Aber Dein Mann schläft und weiß nichts;" sprach Cora dann tröstlich zu Adda. „Fort, geschwind Du hinüber zu ihm! Rette ihm seine Seele!"

Sie zog Adda mit Macht an der Hand hinaus, und drängte sie in das Cabinet daneben zu ihrem Manne, dem Marquis hinein.

Dann kehrte Cora noch einmal selbst zurück zu ihrem Gemahl, warf sich über ihn, als wollte sie ihn ermorden, so eifrig und außer sich. Aber zuletzt ruhte ihr Gesicht nur auf seinem verhüllten Gesicht — und während er erwachte und rief: „Cora! meine Cora!" entsprang sie und eilte hinauf auf das Verdeck, wo sie die volle goldene Gluth der aus dem Meere blitzenden Sonne umfing und blendete, und alle die Pracht der reinen schönen Welt sie empörte, daß sie es nicht ertrug. Und das Schrecklichste von Allem war ihr — ein Tropfen Thau, der, an einer Segelstange zusammengeronnen, himmlisch rein sie anfunkelte, und ihren Blick festhielt, während er sich in Rubin, in Gold, in Smaragd, in Azur verwandelte, aber immer rein seine Strahlen wie vergiftete Pfeile in ihr Gehirn schoß. Nun erschien ihr die Sonne auch nur ein solcher reiner Tropfen und der Himmel ein reines Meer! Und nun setzte sie sich auf den Bord des Schiffes, mit den Füßen hinaus, mit dem Rücken gegen den Steuermann, der sie schon so sitzen gesehen, aber freilich von ihres Mannes Armen umschlungen und gehalten, und jetzt meinte: sie betrachte den Aetna, der wie eine lebendig werdende, von Rosensonnenschimmer angeglühte, halb aufgerichtete Leiche Gottes — nicht wie ein „Berg Gottes," vor ihnen da lag. Aber sie sah nur sich selbst schon in den beneideten Wogen treiben und sinken und ruhen. Und wenn auch Jemand jetzt zu ihr geredet und gesagt: „Der Mensch ist nicht sein Schicksal; der Mensch ist nicht sein Glück, noch sein Unglück; sein Wesen ist nicht sein Dasein! Eben wer geheirathet hat, und wer Kinder hat, der erst ist keusch, bloß der ist keusch, weil er ein reines Naturgesetz erfüllt und bewahrt. So ist der erst ein Mensch, und erst recht rein und himmlisch, der sich mit dem Leben vermählt, aber der Geist seines Lebens bleibt". — Cora hätte ihn nicht verstanden, jetzt aus zu großer Sehnsucht, zu heißer Inbrunst rein zu sein — und es zu scheinen; aber auch vorher niemals hätte sie verstanden, sich als Geist von Leben und Leibe, ja von der Liebe getrennt zu empfinden, da sie als junges, lebenslustiges Weib zu sehr in den Erscheinungen wurzelte, und aus Liebe zu der ihr so süßen Welt in sie übergegangen war. Unter den bangsten Thränen band sie sich mit ihrem Leibbande ihr Gewand um die Füße fest, um auch todt noch ehrbar und keusch vor der Sonne oder vor den gespenstergleichen Delphinen zu erscheinen; aber wie ein Kind, hatte sie jetzt sich vergebens bemüht, nur eine Schleife zu Stande zu bringen. Darüber hatte sie sich mit Kopf und Brust zu weit übergebeugt, und so überraschte ihr Sturz in das Meer sie mit kaltem Entsetzen, und erst, als die Fluth sie umfing, erklang noch ihr Ruf wie einer hinschwirrenden Möve.

Der Steuermann aber, welchem die Segel sie doch nicht genug verborgen hatten, wendete sogleich das Schiff mit der Seite rechts quervor; auf sein gellendes Pfeifen erschienen Matrosen, deren einige, die er mit kurzen Worten bedeutet, geschwind die Segel einzogen; zwei andere junge Männer, denen die fünf Minuten, welche es bedarf, das kleine Boot auszusetzen, noch zu lange vorkamen, sprangen ins Meer, erreichten und ergriffen bald das arme, schöne, junge Weib, die nach dem Hineinsturz bald wieder emporgekommen, von ihren aufgeblähten Kleidern getragen sich durch die Bewegung ihrer Arme oben erhielt. Denn im schweren Wasser der südlichen, scharfgesalzenen Meere schwimmt es sich leicht. Rechts und links ergriff jeder eine Hand von ihr, und so ruderten sie mit der einen freien Hand die gerettete, in ihrer Mitte schwebend getragene Cora an die indeß herabgelassene Schiffsleiter, welche sie fest umklammerte, so lange bis ihre Erretter, ihr voran, hinauf an Bord gestiegen waren. „Eine Treppe hinauf hat der schlechteste oder dickste Mann die Ehre des Vorrangs vor der besten und magersten Frau!“ rief zornig über der beiden jungen Menschen unüberlegte zaudernde Höflichkeit ihnen der herbeigekommene Capitain herab. Froh und leicht wie ein Reh sprang Cora ins Schiff und athmete tief, und athmete auf. Freude leuchtete ihr aus den Augen; ja, was Alle fast überraschte, da sie nicht wußten, daß sie ihre That unter einem Gelächter verbarg — Cora lachte hellelaut, aber mit Thränen in den Augen, und Gesicht und Hals wie mit Purpur begossen; und dem Capitain, der ihr freudig die Hand bot, schlug sie wie vor Schalkheit ihre triefend nasse Haarflechte derb in die Hand; und da er die Forteilende durch bloßes Zudrücken der Hand einen Augenblick an dem schönen Haar zu halten sich erlaubte, übergoß sie zurückgewandt ihn mit einem Strahl von Zorn aus ihren Augen, daß der tapfere Mann erschrack.

Wie sie jetzt die Treppe ins Schiff hinunter fast stürzte, kam der Marquis herauf, ohne daß er es wußte — ihr Todfeind! Sie hätte sich lieber vor ihm in die See geworfen, aber alle Lebenskräfte verließen sie, und so sank sie an die verabscheuteste

Stelle für ihre Treue und Scham — in seine Arme. Ja er küßte sie als seine arme Freundin; er trug sie hinab, während sie mit den Zähnen knirschte, und übergab sie seinem Weibe Adda, welche die Männer forttrieb, das arme Weib, die edle Freundin trocken und warm ankleidete, sie in das lange verschmähte Bett drängte, ihr warmen Wein zu trinken gab, und dann neben ihr saß, und nun selbst den größern Schmerz litt. Denn meist erst dann, wenn Ein feinfühlendes Herz ein Wort, eine That durch seine Rede oder seine Handlung beurtheilt und in ihr rechtes Licht gestellt hat, dann sehen auch dumpfe Gemüther klar, verwerfen oder preisen entschieden, und würden sich schämen, nun anders zu thun. Wenn aber ein ganzer Kreis von Menschen ein Wort oder eine Handlung ohne Rüge oder Lob gleichgültig verhallen läßt, dann macht sie keinen rechten Eindruck, und in wenigen Tagen verwachsen gleichsam die Herzen darüber. Ein sittliches Genie verursacht tausend Jammer und Arbeit in der Welt; aber mit Recht, meistens zum Heil; immer aber zu seiner Ehre.

Adda machte daher ihrer Cora nun keine Vorwürfe aus Scham. Sie lobte auch die, ihr deutliche That nicht, um nicht selber zu eisern und roh zu erscheinen, weil sie nicht ein Gleiches gethan; aber sie gab ihrer edlen Freundin nun auf ihr glühendes Verlangen Hand und Wort darauf: Bis sie Alle entschlossen wären, was fortan zu thun oder zu dulden sei, sich gegen ihre Männer wie Geschiedene zu betragen und Alles für aufgehoben zu halten, selbst ihren Umgang, jedoch nicht — alle äußere Freundschaft und innere Liebe.

Cora hatte ihren reinen Willen sehr ernst bewährt, ja gebüßt, fand ihren gleichsam wie ein Feuer gelöschten Versuch, auch wenn er gelungen wäre, doch für unzulänglich, thöricht, unmenschlich, und schwieg nun beschämt. So schien nun die Reihe an Adda, sich ihres Selbstgefühls gleichsam zu bemächtigen, um nun mit Frauenmuth und Eifer und Rath ihren gemeinschaftlichen geheimen Prozeß zu führen. Schicksale verwandeln scheinbar die Charactere, indem sie andere, doch auch längst schon vorhandene Eigenschaften desselben Menschen an's Licht hervorzwingen. Und so nahm Adda nun das Wort und sprach: „Was sollen wir nun wünschen? Es ist zu allen Zeiten gut, daß der Mensch, der überhaupt, oder in einer bestimmten Sache klar werden will, seine Wünsche klar vor Augen stellt und sie ausspricht, wodurch gleich die Meisten unter der Hand schon zerfallen. Für die bekleibenden, bleibenden aber handelt er dann mit dem Menschen und der Welt, um sie einzuführen ins Leben. Und unter dieser Thätigkeit verliert sich alle andere Qual, und wird Hoffnung und Lust, und wird Werk und Ruhe. Sollen wir nun wünschen, o Cora, daß wir Beide sterben?"

— Cora verneinte es lächelnd. —

„Oder sollen unsere Männer Beide sterben?"

„Willst Du das?" frug Cora. —

„Unmöglich!" antwortete Adda. „Aber so soll Alles wieder so sein, wie vor! Willst Du das, Cora?"

„Unmöglich!" antwortete nun Cora. —

„Also sollen wir uns alle Viere scheiden?" sprach Adda! „Das klingt uns freilich überraschend, entsetzlich; aber meine Freundin, nichts beinahe ist so bös und so schmerzlich, was nicht dadurch gut oder erträglich würde, wenn man es zur rechten Zeit abbricht, aufhören läßt, was ein Ende hat! Dein Mann, oder mein Mann nun, sagte letzthin, so wäre es selbst mit dem Leben, das durch sein Aufhören oder sein Ende gut und vollkommen würde. Wir, wir haben dann Männer gehabt und sind dann eine Art Wittwen, deren Männer in der Schlacht geblieben sind.. im Kampfe des Lebens."

„Wir lieben sie aber so sehr! Sie lieben uns so sehr! Sie, o sie würden uns nicht lassen. Denn „Warum denn?" würden sie fragen! Und sollten wir reden? Noch zwei Menschen, die uns Geliebtesten auf der Welt in unsere Verzweiflung weihen?" sprach Cora seufzend. „Wenigstens müßten wir dann alle Vier Zeitlebens beisammen bleiben! Sonst stürbe ich! Aber, was hört' ich Dich sagen? .... Du nanntest meinen Mann nun Deinen Mann!" — —

„Die Wahrheit entfuhr mir! sprach Adda erröthend. „Sie will sich geltend machen. Wenn wir die Liebe nicht betrachten, unsere und ihre, so sollten wir nun der Natur und dem Schicksal folgen — und mein Mann sollte Dein Mann sein, und Dein Mann meiner."

Cora fuhr auf und sprach: „Die Gewalt, diesen Unsinn gestehe ich nicht der Natur zu! Auch wenn keine Liebe in der Welt, wenn bei uns keine gegenseitige Liebe wäre — die freilich ein Wolkenbruch nun plötzlich uns ausgegossen, und welche unsere Thränen immerfort verhindern werden nur wieder frisch anzuglimmen, geschweige je froh zu lodern."

„Nun denn," sprach Adda, „so bliebe denn Nichts, als daß wir Zwei uns Vier auf eine rasche schmerzlose Art vergifteten!"

„Eins weiß ich gewiß, was wir Frauen sollen, immer sollen: unsern Männern Nichts verschweigen, Nichts! Bei unserem Jawort „Freud' und Leid mit ihnen zu theilen," auch wenn wir ihr Neinwort damit wagen! meinte Cora.

„... und eine Geschichte im Lande zu werden!" schloß Adda.

Dieses ihr erstes Gespräch führte die beiden Frauen erst recht deutlich zur Rathlosigkeit, und hatte doch eine gute Folge, sie gelassener zu stimmen. Im Schiffe traute man der jungen, feurigen Cora „das Unglück" zu, daß sie vom Bord gefallen. Keine solche That — denn warum? Selbst der Marquis kam sie zu bemitleiden, und sie mußte das geschehen lassen, und hielt die Folter durch den unbewußt=unglücklichen und schuldlos=schuldigen Mann der Adda unter einem Harnisch von Zorn und Wehmuth aus, bis ihn der Baron, ihr Mann, fast mit Gewalt fortführte.

Cora durfte fortan sich nicht krank stellen, sie war in der That unwohl; und so hatte auch Adda eine löbliche Ursache bei ihr zu bleiben — und die Männer wurden in das Cabinet verwiesen, welches sonst Cora mit ihrem Manne bewohnt hatte. Es wäre den Frauen unmöglich gewesen, ihren besten Freunden jetzt als Feindinnen — und zwar Jede als Feindin des eigenen und des fremden Mannes (wenn fremd nicht eben das unglückliche Wort wäre) — am Tisch gegenüber zu sitzen, auf ihr Anlächeln zu zürnen, oder vor innerem Aerger laut aufzulachen; denn sie lachten auch einsam manchmal wie thöricht ... bis sie weinten. Der Marquis hatte es unter ihnen Vieren am besten, der zwar wie verrathen und verkauft schien, aber doch guter Dinge war, und aß und trank nach Herzenslust. Der Baron hatte jedoch ein schweres Leben zu Anfang mit ihm — ja es fiel ihm manchmal ein, ihn, wenn ihm derselbe — nach seinem Gefühl — so übermüthig schien, zu erstechen, oder ihm auch seinen Theil des Irrthums zu sagen, und dann ihn auf Pistolen zu fordern, und sich zu ihrem gegenseitigen Untergange über den Mantel, ja über das Halstuch zu schießen — das heißt: zu erschießen. Aber die Unschuld, die Unwissenheit sogar, hat etwas so Befangendes, Beruhigendes und Erfreuliches, daß er sich an ihm bekehrte, verwandelte, ja zuletzt fast leichtsinnig neben seines sonstigen Freundes gewöhnlichem Menschensinne ward. Auf seine Cora vermochte er nicht zu zürnen; auf die arme Abda vollends nicht. Aber da Abda so litt, besonders dadurch, daß sie gegen ihren Mann, um ihn bei gutem Wahn zu erhalten, sich ferner so gütig wie vor bezeigen mußte, was ihr je länger, je schwerer vorkam — und da sichtlich hier noch nicht Alles vorüber war, so schien ihm der Marquis eben so jämmerlich als er, und als der Narr in ihrem Stücke sogar lächerlich. Das that ihm wieder leid, und so konnte er mit ihm Schach spielen, oder aus Verdruß sogar — um das Leben.

Sie waren glücklich die Scylla und Charybdis passirt, und mußten im Hafen von Messina noch acht Tage und Nächte lang Surin*) halten, die herrlichste Muße, eine der schönsten Gegenden der Erde auswendig zu lernen. Aber kaum der Marquis sah sie an; die andern gar nicht; denn mit der Freude an der Welt, ist die Welt aus, und Leben und Reisen. Die Frauen widerstanden, in der menschenfröhlichen Stadt einzuwohnen, und der Baron brachte sie in eins der lieblichen kleinen Häuser am Faro di Messina, versorgte sie mit allem Erdenklichen, selbst mit einem reisenden Arzt, einem Engländer, und suchte sich mit dem

*) Surino heißt die Zeit, die ein, aus der Pest verdächtigen Orten kommendes Schiff vor dem Hafen liegen muß, eh' es zur Quarantaine, oder nach Umständen sogleich zur Pratica gelassen wird; gewöhnlich 5 Tage.

Marquis durch Ausflüge in das wundervolle Land zu zerstreuen, während sie sich mit den Frauen schrieben.

Adda und Cora wiederholten ihr erstes Gespräch bald alle Tage. Manchmal stürmischer gesinnt, wollten sie sich Alle scheiden, Keines sollte das Andere wiedersehen. Manchmal leichter gesinnt, wollten sie sich zwar scheiden, aber darauf mit dem Manne des Schicksals vermählen, und jedes neue Paar sollte das Andere auf Lebenszeit oder nur auf Liebenszeit meiden. Im Alter wollten sie wieder zusammen leben. Manchmal, besonders wenn es fürchterlich donnerte, oder wenn sie einen Todten begraben sahen, oder wenn sie sich in dem Spiegel betrachtet, und sich ganz verwandelt, und gar nicht mehr so schön gefunden hatten, dann, dann wollten sie ihre Männer wieder zu Gnaden annehmen, und Alles sollte vergessen sein und bleiben. Und das beschlossen sie, ohne daß es ihnen nur einfiel zu denken, ob nicht ihre Männer noch stolzer dächten als sie, und nicht standhafter sie verschmähen würden als sie ihre Männer. Zuletzt fanden sie in einem Buche des Don Antonio, des alten Geistlichen, in dessen Hause sie eben wohnten, eine ähnliche Geschichte, wie sich noch eben unter ihnen zutrug. Vor allem zeigte Adda ihrer Cora die Stelle: „Unglück ist ja nicht Schuld! Der Unschuldige sollte sich kein Unglück annehmen, keines kennen, nicht selbst es büßen, noch Andere es büßen lassen. Aber er leidet gewöhnlich Etwas am bittersten, nämlich: seine Unschuld, die ihn nun zauberisch quält, die ihm so herrlich erscheint, und ihn dennoch in dieser schönen Welt in solche Verwirrung gebracht, und ihn nicht erlöst, nicht trägt, weil er glaubt geworden zu sein, was ihm geschehen, und nicht zu bleiben, was er ist. Oder — es giebt noch ein anderes Glück, als welches aus der Tugend quillt. Doch sei es! Nur seine Schuld, nur seinen argen Willen sollte der Mensch büßen — aber auch Schuld verzeiht der Himmel."

Sie ahneten einen Trost. Aber ihr Fehler, der nicht aus dem Herzen kam, war ihnen nicht klar geworden; Unklarheit ist das größte Unglück, das Gegentheil der Seligkeit, die nur Klarheit bedeutet und ist; und so zog sich die erschienene Engelshand ihnen wieder traurig in die Wolken zurück. Denn sie litten wirklich, und wirklich mit Recht. Um aber ihren leidenden Zustand los zu werden, wollten sie zuletzt schon aus Sehnsucht, besonders aus Gewohnheit, Langeweile und Leichtsinn thun, was sie durch Einsicht, ja durch Liebe nicht vermochten So erwarteten sie ihre Männer.

Da hatte der Arzt, aber heimlich für sich, an Cora eine Entdeckung gemacht, wozu er dem Baron in seinem letzten Briefe von Herzen Glück gewünscht und versichert: „ihre Krankheit werde sich zu seiner Zeit in das willkommenste Wesen auf Erden lösen." Die Männer kamen also zurück. Die Frauen freuten sich aus anderer Hoffnung. Das begriff der Baron nicht! Ja, er blickte voll Mißmuth auf Cora.

Der Marquis hatte aber seinen Brief vom Arzte, der ihm dasselbe geschrieben, bei sich, und unwissend, was er thue, und was er gethan, reichte er endlich den Brief seiner Freundin Cora mit den Worten: „Glaube wahrhaft, ich fühle nicht Neid! Denn der Himmel wird mich vielleicht auch noch segnen." Dabei küßte er Adda.

Cora erblaßte schon bei den Worten; aber vor den schwarzen Zeichen in dem Briefe sank sie in Adda's Arme. Adda wies die Männer fort, zur Beruhigung für die Gepeinigte. Ja, sie mußten sich nach der Stadt begeben, und durften erst nach vier

Wochen einmal erscheinen. Und wieder in vier Wochen. Und wieder so, bis sie endlich und endlich ein kleines Kind fanden, das der Geistliche eben taufte — und Adda hieß.

Die junge Mutter, Cora, welche blaß und schön und rührend, im weißen Kleide, am Fenster saß, winkte ihren Mann, den Baron, herbei, nahm ihr Kind auf die Kniee, zeigte es ihm, und sah ihm so wehmüthig lächelnd dabei in die Augen, daß er wohl verstand, sie wollte ihm sagen: Wie glücklich sie sein würde, wenn sie es ihm, als Vater, auf seine Arme geben dürfte! Bittere Thränen flossen aus seinen Augen auf das kleine liebe Mädchen und auf das Haupt seines armen Weibes, das ihr Gesicht an Adda's Brust verbarg. Und nun wollte Adda ihren Mann, den Marquis, in das kleine Nebenzimmer ziehen, um ihm Alles zu entdecken, damit er nun Alles auch vergeben und gut sein lassen könne, und Frieden unter ihnen wäre — oder, damit er auch wisse, wie glücklich er hätte sein können. Cora zitterte und bebte, da sie den Wunsch und Vorsatz der Freundin schon kannte, zaghaft gebilligt, und jetzt vor Scham doch fast verging, als ob sie die Alleinschuldige sei, da durch sie der Fehler Aller allein so lebendig und sichtbar, wenn auch noch so hold und lieb, an das Licht der Sonne gekommen.

Aber zur Verwunderung Aller nahm der Marquis das lieblich geschmückte Mädchen von Cora's Schooß auf seine Arme, küßte die Stirn desselben zärtlich, stellte sich mitten in das Zimmer, schloß seine Augen und sprach also — hinter den Vorhängen der Seele, hinter den Augenliedern: „Ihr wollt sprechen... Nun muß ich sprechen! In dieser Stunde will ich reden, gestehen! Mich, aber auch Euch beschämen! So hört denn: Ich weiß! Ich habe gewußt. Alles wie Ihr. Aber ich schlief Euch zu Liebe, und schwieg Euch zu Liebe! Konntet Ihr nicht Alle so schlafen und schweigen? Stillschweigend vergiebt der Mensch dem Schweigenden viel, dem Unwissenden Alles Jetzt, jetzt löset unsere Verwirrung nur die höchste Vernunft, Vergebung, Geduld und Liebe. Denn wißt, gedenkt und vernehmt mich wohl: Der Irrthum ist das größte Verbrechen! Denn der Mensch büßt ihn so schwer wie die größte Schuld. Fern bleibe von mir, den Unglücklichen einer Lüge zu zeihen, der da sagt: Die Schuld ist eine große unheilige Last; denn der Schuldige hat ein heiliges Geistergesetz beleidiget, ja gebrochen — er wird sich schwer mit ihm aussöhnen und froh mit ihm wieder vereinigen! Aber der Mensch, der irrt, hat die Vernunft gebrochen, den Verstand, ja seine Sinne beleidigt! Gleichfalls durch Nichtgebrauch und Verachtung oder Uebereilung. Und die Vernunft ist dem Menschen ein so Heiliges und Göttliches, als es je sein sittliches Gefühl ihm sein kann; denn beide sind von gleichem, höchstem Adel! Beide dem Menschen gleich nöthig zu Leben und Glück! Und daß ich es frei sage, was wahr und unleugbar ist, selbst die rohe Masse der Natur, das Element, das Wasser, einen Stein, einen Baum nicht achten, bringt dem Menschen — und schrecklicher so unbereubar — plötzlichen schonungslosen Tod! Der Vernunft nicht folgen, sie übertreten, ist so große Sünde, als Eine im Himmel und auf Erden sein kann, ist heillos, gewissenlos! Der Mensch soll nicht fehlen. Darum soll er ja nicht irren! Denn Irrthum ist der fürchterlichste Fehler! Irrthum stürzt in Elend und Schmerz, in Unglück und Gram — daraus keine Erlösung ist. Keine! Und wer sagt so blind als frech: Es ist sittlich zu irren! Irren zerstört nicht Herz und Seele! Was wollt Ihr weiter Zeugniß? Was sollen wir weiter? Ich weiß von Adda, meinem lieben Weibe: Cora will ihr unser Mädchen, unsere kleine Abda geben. — Nimm es, Abda! Schon aus Liebe zu mir Und nun lade ich Euch Alle ein — fort in das segelfertige Schiff nach Zante zu Deinem Bruder Lothario, Abda! Der soll unser Richter sein als das Oberhaupt Deines Hauses. Denn kann Schuld vergeben werden, vielleicht vergiebt sich auch Irrthum! wenn auch seine Folgen bleiben ... indeß die Sünde erlischt.

Er schlug seine Augen nun auf, gab die kleine Tochter seiner Abda, die sie erröthend hinnahm und küßte, öffnete die Glasthüre des Balkons, und zeigte ihnen das mit bunten Blumenkränzen über und über behangene, wie nur mit Blumen beladene Schiff ganz nahe am Strande. Und nach einem seit langer Zeit heiteren Abendmahl trug sie das Schiff schon im Abendschein mit frischem Winde davon, bis hinauf in die Wimpel jetzt bunt erleuchtet; und die ganze Stadt umher am Ufer, und der Faro mit seinem Feuer schien ihnen zu Ehren erleuchtet; der Aetna sandte eine hohe, noch droben vom Monde bestrahlte Flammensäule empor, daß hüben und drüben die Berge glommen, und das Meer spiegelte alle das Flimmern und Leuchten und Flammen wieder, und bewegte es — und die Schiffenden waren nach langen Leiden wieder froh, denn sie hofften wieder. Und der Hoffende ist gut, denn er hofft Gutes, und der Gute kann wieder glücklich werden, denn das Glück ist das Gute.

Drittes Capitel.

Euphrosynens Mutter kommt.

Edmund schwieg. Die Brust glühte ihm ganz. Er reichte seinem Bruder das Heft, der es vom Ende nach dem Anfange zurückblätterte und einzelne Stellen darin wieder suchte und unterstrich, während er bald finster, bald zornig und bald auch gerührt aussah.

„Mir ist, als wenn ich keine Schwester mehr hätte, ja nie eine gehabt!“ begann er endlich.

„Und mir ist,“ sprach Edmund vorsichtig leise, „als wenn ich jetzt erst eine Schwester bekommen hätte.“

„Verstehe mich recht, mein lieber Bruder,“ versetzte Lothar. „Die Unglücklichen hören auf zu leben, was eigentlich leben heißen darf, und die Andern ziehen von ihnen die Seele zurück, jene reine, frohe Seele, ja die beste, die alle gern glücklich will. Denn der Mensch ist ein furchtbar stolzes hohes Wesen, das sich mit dem Elend der Erde, auch gezwungen nicht vermengt, und es gewiß noch durchsetzt, ungekränkt von aller Schmach, aller Noth und Qual und Schmerz an Leib und Seele, himmlisch das Leben zu leben. Das ist die Arbeit der unzählbaren Heerschaar des rings verbreiteten Menschengeschlechts, und außer diesem seh' ich keinen Zweck, der das Herkommen und Fortwandeln belohnte, oder gar das Hiersein werth wäre. So ist Adda aus meiner reinsten Seele geschieden; und das Bedauern darüber, daß Jemand nicht mehr zu den Glücklichen gehört, nennen alle Menschen eben das Mitleid, und sie Alle fühlen es, und ich! Und wie erst ich! da mein Mitleid mit ihr nicht die hülfefähige Göttin ist, sondern eine halbtodt geschlagene Sclavin, die nicht mehr helfen kann: denn ich verabscheue jede Hülfe, die nicht gründlich ist.“

„Ich auch;“ nahm der Arzt das Wort. „Und doch; doch befinden wir Alle uns in der lebenslangen Pein, aus höchster Nöthigung nur lindern zu müssen! Wie schwer gehen die Menschen doch an das Neue! Selbst an das neue Gute! Sie mischen alle Tage Schwarz zu Roth, Blau zu Gelb; aber daß dann Braun, daß Grün daraus wird — das erstaunt sie, und sie vertragen sich schwer mit dem Neuen. Und doch giebt es kaum ein Altes! Jeder Tag, jedes Wort, jedes Werk ist neu, und durch Hinzumischen des Neuen zu dem Alten ist auch das Alte verzaubert, verwandelt, verschwunden, nicht mehr vorhanden — und auch hier aus den zwei Paaren ist ein neues geworden; denn die Natur behauptet ihr Recht über Menschenverträge und Wünsche, das Neue über das Alte.“

„Und so meinen Sie“ — sprach Lothar, „unsere Schwester Adda ist geschieden von ihrem Marquis. Denn das erste Wort Vergebung verstehe ich nicht. Denn weder Schuld noch Irrthum zu vergeben ist möglich; keine Folge, keine Wirkung davon vergiebt die Natur. Und will der Mensch edler sein, so kann er nur deswegen seine Rache aufgeben, seine Empfindlichkeit lindern; denn wollte er geradezu Alles gut heißen, so müßte er ein Sperling, ein Karpfen, ein Affe, kurz ein Thier werden. Ja, er kann Gutes für Böses thun, — aber vergeben kann er nicht, sonst hört er auf ein Mensch zu sein, der göttlich und rein fühlt. Adda soll so rein als möglich sein. Also soll sie sich scheiden! Das Kind gehört seinen Aeltern, so lächerlich es klingt, das erst zu sagen; und Vater und Mutter gehören zum Kinde; denn ein Kind macht erst zu Aeltern, zu Mann und Weib; zu Eheleuten. Das ist der Bann der Natur, dem kein Mensch Hohn spricht."

Bei diesem Worte seufzte Lothar leise, indem er leise an seine verlassene Aglaja dachte; und so riß ihm der Faden der Gedanken. Ja, er legte seine kleine, ihm auf dem Schooß eingeschlafene Tochter, die er nach seiner ersten Geliebten, sonderbar von seinem Herzen gezwungen, Aglaja genannt hatte, von sich, ruhig hin, und küßte das Kind; aber seine alten Gedanken trieben eben aus ihrem Brunnen einen neuen hervor, wie eine Inspiration „Und.... und .... und .... wollte ich sagen," fuhr Lothar fort: „der Marquis ist mit Willen schuldig gewesen! Er ist der Alleinschuldige! Darum hat er geschlafen! Darum hat er geschwiegen! Darum ist er auch jetzt nicht gekommen mit seiner Adda!"

„Aber," meinte Edmund, „das Schweigen war doch wohlgemeint und klug."

„Von ihm, dem Schuldigen, ja;" sprach Lothar. „Aufrichtigkeit, also auch Wissen seines Unglücks, ist immer besser, als: blind sein darüber, und vielleicht dadurch noch schrecklicher irren. Ich, ich bitte Jeden um Aufrichtigkeit."

Edmund zuckte die Achseln, worüber Lothar ihn ansah.

„Ich habe indeß gedacht, wie man die wahren Aeltern zusammenführt und vereinigt, also zugleich die Andern scheidet!" sprach der Arzt nun getrost aus.

„Und wie?" frug Lothar.

„Ich will das Kind heimlich entwenden! Lia mag zum Schein mit der kleinen Adda entfliehen; wir locken sie nur in die Fischerhäuser drunten am Cap Cura!" erklärte der Arzt leiser. „Der Verlust des Kindes wird sogleich seine Mutter, die schöne arme Cora, hierher führen, und den Marquis, den Vater, der

Mutter nach, sie zu trösten! Dann will ich das Kind für entdeckt, aber für krank, und zuletzt für todt ausgeben; und wenn die wahren Aeltern sich über dem kleinen grünen Grabe nicht in die Arme fallen, so sollen sie sich gewiß vermählen — wenn ich das Kind ihnen heimlich wieder hinlege, wenn es die Händchen nach ihnen ausstreckt und weint!"

„Spielen Sie dieses wohlthätige, richtig gedachte Schauspiel! Fangen Sie es sogleich diese Nacht schon an!" sagte Lothar zu dem Freunde. „Wir Andere wollen das sichere Gelingen der Verbindung unterstützen, indem wir eins oder das andere der colossalen Stücke der alten Griechen aufführen, etwa Medea, oder Iphigenia in Aulis, wo Kinder umkommen, also Mitleid erregen — und die lebendigen den höchsten Werth erhalten! Das alte Theater, das wir dort hinten am Felsenabhang wiedergefunden haben, und worauf die Seelengemälde — denn das bloß, aber das auch vollkommen, sind alle die alten Tragödien — gewiß schon aufgeführt worden sind, ist wieder in Stand gesetzt, und einzig der große Antheil, die große Neugier, wie der Krieg da drüben enden werde, hat unser schon lange bereitetes Unternehmen nur aufgeschoben. Heute haben wir den Donner der Schlacht von drüben gehört; schon hat ein Bote den Sieg der Unsern verkündigt; die Flüchtlinge sind kaum zu halten, schon diese Nacht hinüber auf ihre Brandstätte zu kehren; denn die Asche des Vaterlandes ist noch köstlicher, als jedes andere blühende Land! Dafür werden nun Freunde, Reisende aus unserm Vaterlande, unsere Gäste sein, die schon in der Stadt sind. So geben wir ihnen ein neues Fest!"

Damit schlug Lothar das Heft des Arztes zu. Indem er

aber die Ueberschrift las, lächelte er. „Die Unvorsichtigen nennen Sie diese? Wer ist nicht unvorsichtig von allen Menschen?“

„Nicht so Viele mehr!“ erläuterte der Arzt. „Ohne daß es das Volk bemerkt, lebt es in einer Klarheit und Erkenntniß der Zustände und Dinge, deren Erforschung und Erfahrung Unzähligen das Leben und das Glück gekostet. Es herrscht eine Vorsicht unter den Menschen, auch da, wo Niemand glaubt, daß sie beobachtet werde! Wollen wir nun annehmen, wenn Jemand heirathet, so erkundigt er sich nicht erst, ob die Geliebte doch nicht etwa seine Schwester, oder gar seine Tochter ist. Denn die Verhältnisse sind fast allgemein klar, daß Jeder in dieser Klarheit, wie in einem hellen Verstandes-Tage, sicher handelt, scheinbar ohne Prüfung, aber doch mit Vorsicht, welche der Verstand nur schnell, wie ein Blitz vorgenommen hat, aber wahrlich nicht unterlassen! Und so in den andern Fällen des Lebens! Wer aber das immer und überall nöthig zu Prüfende unterläßt zu beleuchten, auf gutes Glück, nun der ist unvorsichtig! — Und alles Unglück ist immer möglich!“

In diesem Augenblick trat der, jeden Tag in die Stadt gesendete, jetzt wiedergekehrte Bote herein, und brachte viele mündliche Nachrichten, und zwei Briefe, die er dem Herrn auf den Tisch legte.

Lothar erbrach sie. — „Mein unglücklicher Freund ist tödtlich verwundet!“ sagte er, als er den ersten durchflogen. „Morgen muß ich in in die Stadt! Und — was geschieht uns hier! — Welche Freude! Hier, Edmund, lies: Euphrosynens Mutter kommt! Sie ist schon in Zante bei unseren Freunden! Morgen! Morgen ist ....“

„Zu Euphrosyne! Zu Euphrosyne!“ rief Edmund. Die

Brüder waren beide entzückt über das Glück, das endlich erfüllte Glück der schönen jungen Mutter, der in ihrer edelsten, ältesten Sehnsucht immer noch Eins gefehlt hatte: das Glück des eigenen Kinderherzens, das beruhigte Verlangen der Dankbarkeit gegen die Aeltern, und der gestillte schöne Wunsch, doch der Mutter nur Freude zu machen. Jeder der Brüder nahm eine ihrer kleinen schlafenden Töchter, und beide trugen sie auf den Armen nach dem Schlafzimmer der Mutter. Lothar öffnete leise mit seinem Schlüssel, und leise traten sie näher zu Euphrosyne. Zu Haupt ihres Bettes stand an einer Seite Amor, an der anderen Psyche. Hymen aber, zu ihren Füßen, hielt seine Fackel, die jedoch nur als mildes leises Purpurflämmchen brannte; und noch verschattet von diesem sanften lieblichen Schimmer ruhte Euphrosyne, wie Lothar nun sah, in tiefem, süßem Schlafe. Er küßte sie, wie nur leise Luft eine Blume, und weckte sie nicht.

„Wie doch der Mensch, wie ein Kind, zu dem größten Glücke schlafen kann! Wie er doch unwissend sein kann über das, was ihm bevorsteht. was ihm so nahe ist, was ihn so tief bewegen, so erschüttern wird, daß diese Augen Thränen ausschütten werden, die ruhig athmende Brust sich heben und ungestüm klopfen, das ganze in Friede und Gnüge aufgelöste Gebild erbeben und zittern von himmlischer Gewalt! O, wie viel hat doch das Leben für Menschen!“ — so sprach Lothar leise zu seinem Bruder, der kaum hinsah und schwieg; aber seine Augen waren heimlich so feucht, daß er auch nicht sehen können. Er entkleidete seine kleine Euphrosyne, ihr so unmerklich wie möglich. Aber als er sie in ihr Bettchen legte, schlug sie doch ein Auge auf, merkte ihn, und hielt die Händchen um seinen Nacken. Und so blieb er, ihr zu Liebe, noch einige Zeit, bis ihr im Schlaf die Arme sich lösten, und er sie ihr sanft zurücklegte. Der Vater hatte indeß seine kleine Aglaja desgleichen zur Ruhe gelegt. Aber Holdes im Sinn, steckte er nun den von dem Freunde geschriebenen Brief, der die angekommene Mutter aus Maria verkündigte, auseinander gefaltet, groß und breit, wie einen großen silbernen Schmetterling aus den Wendekreisen, für Euphrosynen auf das Bett der kleinen Aglaja, gewiß, daß ihn die Mutter da fände am frühen Morgen, wenn sie nach den Kindern sähe, oder, bei ihrer zärtlichen Sorge für sie, wohl die Nacht noch!

Und dann standen die beiden Brüder und überschauten das Herrlichste und Rührendste, was die Natur in ihrem weiten Reiche besitzt: eine junge, schöne, treue Mutter mit ihren holdseligen Kindern — Alle im heiligen Schlaf, entfremdet, wie weggenommen, und doch so lieblich da! Keinem Menschen gehörend, sondern der unsichtbaren heimlichen Gottheit, die aber nur leise ihren Schleier über sie gebreitet — den heiligen Schlaf. Aber eben die göttliche Gabe, die sichtbaren Schläfer, verrathen und bezeugen doch genug ihre nahe leisschauernde Gegenwart. Und als sie sich an dem schönen menschlichen Anblick herzlich gesättigt hatten, schlichen sie glücklich von der Glücklichen leise hinweg, die Freude im Herzen!

Viertes Capitel.

Die glückliche Mutter.

Der Morgen war kostbar. Berge und Bäume und Thäler und Blumen standen frisch erquickt vom Thau der Nacht, den die Sonne schon aufgesaugt. Nur in den Schlüften hingen noch weiße Schleier umher, wie nasse Kleider der Berggeister. Gegen Osten glänzte und blinkte der blaue Himmel breit offen, und sah mit seiner strahlenden Sonne herein in die blühende Insel, wie in einen großen Wasserblumenkelch. Von Mittag nach Westen aber überzog ein dunkler blauschwarzer Wolkenmantel den ganzen übrigen Himmel; an den Bergen hin streiften weiße niederhangende Wolkenschleppen die grüne Erde, und so schuf auch sie sogleich die Sonne schön, und wob einen niedrigen, flachgewölbten, breiten, blau, gelb, grün und roth schimmerden Regenbogen, der, wie der Erde treu, und zu schwer von Perlen und Diamanten, oder nicht kühn genug sich in die Luft empor zu richten, mit der Zinne seines Bogens nicht über die Zinne der Berge reichte, ein wahrer „Bogen auf Erden," kein Bogen am Himmel*). Und daß zu dem Entzücken nicht die Schauer des Heiligen fehlten, so donnerten die schwarzen Wolken, und die Geister der Berge riefen wieder: „Wir haben es gehört!" Und donnerten wieder. Und die Schwalben schwirrten unter den Wolken, und die Bienen flogen summend hinaus; denn kein Tropfen fiel hier, kein Blitz ging aus von der Herrlichkeit am Himmel, nicht ein rosiges Wettergeleucht. — Und das Ohr hörte nur das Rauschen des Meeres und den Gesang der Vögel, und wieder die alte, uralte Stimme des Himmels, die unvergleichliche, gegen deren Macht und feierlichen Ernst alle zarten Stimmen der singenden Vögel, und selber die Stimmen der Menschen, nur wie Geflüster der Blumen im Grase sind, unbedeutendes Blättergeräusch, wenn auch voll heimlichen Vertrauens auf die alte heilige Versicherung der alten heiligen Kraft am Himmel, die da wieder

*) Arc-en-ciel.

spricht: „Ich bin da! Ich komme ewig wieder! Ich bin keinen Augenblick von Euch! Und wenn Ihr mich auch nicht hört, scheint meine Sonne sofort, oder die Gestirne! Und wenn kein Lüftchen säuselt, ist noch der Himmel blau von meiner Kraft, daß er glänzt und schimmert."

In diese Morgenpracht trat Euphrosyne mit ihren Mädchen heraus. Sie selbst, so schön sie immer war, hatte die Freude jetzt erst wie vollendet schön geschaffen. Ihre sonst weißen, kaum wie sich färbende Mandelblüthe zart rosig durchschimmernden Wangen glühten heut. Ihre braunen Augen, in den heut von reinster Sehnsucht groß geöffneten Augenwimpern, funkelten wie von schwarzem Feuer. Zwischen den sehnsüchtig geöffneten Lippen erschienen die Zähnchen, und ihr ganzes Gebild erschien heut zweifach, dreifach beseelt; so ruhelos hastig zuckten ihr die schönen Glieder: zu gehen, fort, der Mutter entgegen zu eilen, zu fliegen, und doch war die Zeit noch nicht! Um vor der Mutter glücklich, ja reich zu erscheinen, trug sie um Haupt und Nacken und Hals und Brust, um den schlanken Leib, um die Arme, und an den zartgegliederten Fingern der weißen reizenden Hand, fast allen ihren lang zurückgelegten, wie ihr nicht gehörenden, Schmuck; die Perlen, das Gold, die Rubinen und Diamanten; und als wenn die edlen Steine, wie Kinder, indessen so lange sich wirklich recht satt geschlafen hätten, blitzten sie frisch, wie mit Kinderaugen, die Menschen so gesund und heiter an, daß die Kinder selbst vor der Mutter erstaunten und sprachen: „Mutter, bist Du es denn?" und: — „sieh nur, wie die Sonne sich an Dir freut und Dich schön macht, als wär'st Du dort aus dem Regenbogen!" Dann hatten die Kinder mit sich zu thun; denn so hatten sie sich noch nicht gesehen; ja ihre Mutter selbst sie nicht; so überaus sorgfältig waren die Haare geflochten, die Kleidchen geordnet, und alles geschmückt; und immer noch zupfte die Mutter an ihnen, und so oft sie wieder fertig war, küßte sie die schönen Kinder.

Mit stummem Erschrecken sah sie aber im Hofe die Hallen leer. Kein Weib mehr begehrte ihrer! Kein Kind kam ihr entgegen gelaufen und hing sich an ihre Hand, in ihre Gewande! Alle waren fort nach der Stadt, um nach Hause hinüber zu schiffen; ohne Frühstück, hungrig gewiß, obschon ungewiß, ob sie einen Bissen Brot im Vaterlande fänden.

Die Augen wurden ihr feucht vor Bewunderung. Doch fast bestürzt sah sie nun lange in die offengelassenen Thüren der Gemächer — auch dieses wehmuthschöne Leben war aus; die Vergänglichkeit der Welt grauste sie aus der Stille, der Oede an; die Eile, die Hast der Verwandlungen! Was aber dort die Sonne erleuchtete, das waren .... ihr vielleicht zu danken, angefangene Buchstaben aus Blumen, und ihr Name „Euphrosyne" lag wie zerrissen umher, und das Wort „Segen" lag unvollendet; die abgestreiften Olivenruthen waren nur hie und da mit Blumen angewunden von den Kindern, wie von buntem Feuer angeglommen; daneben aber lag ein kleiner Berg von Blumen, welche die Kinder schon vor der Sonne von den Fluren geholt, die nun alle vergebens verwelken sollten.

So trat sie denn in die Gärten, ein Kind an jeder Hand. Ihr Herz ward laut; eine freudige Stimme fing ihr an in der Brust zu reden, leise, lauter, laut. Und ihr Geschick, und diesen Tag bedenkend, frug sie sich lieblich selbst: Kann man etwas Schöneres einer Mutter bringen, als ein Kind? Zwei Kinder! Ach, und welche! Sie sind mir wie Schwesterlilien indessen aufgeblüht in Einer Nacht. O sagt, wo seid Ihr mir doch her?

Denn solche Wunder schafft kein Mensch — Euch gab mir der Himmel! Das ist es, was ich weiß. So stand ich schon vergebens an dem alten Ida, wenn es Frühling ward, und sah die Blumen aufgewacht! Den Crocus, die Hyacinthen und Narcissen um mich her. Die Erde grub ich da neugierig kindisch um die Blumen auf, um ihren Ursprung zu entdecken .... die Hand zu fangen, nur einen Finger zu berühren von Jemand, von Dem, der sie, wie aus der grünen Gruft, heraufgesteckt! Doch weiße Fäden, zarte Bärte — Wurzeln fand ich nur, und hielt sie gegen die Sonne! Ich wußte nicht, wer sie des Nachts genährt, wenn ich sie an jedem Morgen größer und schöner fand. — Sie waren da! Das war ihr bunter duftender Beweis! Sie blieben da! Ich fand sie immer wieder — in tiefer Nacht selbst waren sie nicht verschwunden. Nichts konnte ich, als sie lieben, ach, an meiner Brust sie tragen .... als der Erde kleine, kleine Kinder! Jetzt die Veilchen ... jetzt die Granatblüthe! — O meine Kinder, so seid Ihr mir da! So bleibt Ihr bei mir, und seid meine, meine Kinder! So liebe ich Euch, so trage ich Euch an meiner Brust. So bleibe ich bei Euch, lange, lange! Glückselige Mutter, die ich bin!"

Sie mußte die Kinder küssen und an die Brust drücken. Dann sprach sie: „O freut Euch doch! die Mutter kommt!"

Und die kleine Aglaja sprach, unbekannt mit der Menschen schöner Reihe: „Es ist ja Deine Mutter nur! Und Du bist unsere!"

„Es ist ja Eure Mutter auch!" sprach sie; „die Großmutter ist es, der Mutter Mutter, wie man sagt bei Menschen."

„Also," frug die kleine Euphrosyne: „Du hast auch eine Mutter gehabt, Mutter? Also Du bist auch einmal klein gewesen, so klein wie ich und meine Schwester! Das ist wohl nicht wahr?"

„Ja, mein liebes Kind. Gewiß! Und die, die mich pflegte, die mich liebte, wie ich Euch, das war eben meine Mutter!" So sagte Euphrosyne zwar. Aber sie sah über die Kinder in die Höhe, und erzählte gleichsam dem murrenden Himmel: „Ach, sie . . . sie hat mich nicht gepflegt! So glücklich war ich nicht, und Sie, daß sie aus voller Brust die Liebe um ihr Kind winden durfte, wie der Seidenwurm die Seide um sein armes Blatt! . . . . Nun, von nun an wird sie endlich, ach, endlich meine Mutter sein. Erst meine Mutter!"

Sie vergaß alle ihr Leid der Erinnerung, als die kleine Aglaja mit Hand und Mund ihr verhieß: „O liebe Mutter, wenn Du wirst wieder klein sein, wie ich, — und ich — ich bin dann groß und hübsch wie Du, o warte nur, dann will ich Dich auch wieder pflegen, Dir auch wieder schöne Lieder singen, wenn Du schläfst!" — Sie schlug vor Freude schon in die Hände.

„O süßes Irren der Natur in diesem Kinde!" dachte Euphrosyne. „Sie meint nur in mir ein künftiges Geschlecht, das in ihr aufblühen wird — ihr eigenes Kind! Sie meint nur sich selbst; denn jeder Trieb ist ihr noch knospen-kindlich in der kleinen Brust hold zugeschlossen. Lothar sagt oft: „So wird die Mutter wieder ihrer Tochter Kind!" — Und ab zu ihr gebeugt, sprach sie zärtlich: „Der Himmel gebe Dir das Glück, das er mir gab, gewiß mir gab: an Kindern das zu lohnen, was die Aeltern uns gethan und wollten thun, gewiß, gewiß!"

Und die kleine Euphrosyne versprach ihr: „Und ich, ich mache Dir recht schöne Kleidchen, solche wie meins, und noch schönere; putzen will ich Dich! Mit Veilchen überschütten will ich Dein Gesicht, wie Du mich schon geneckt, wenn ich zu lange schlief! O, ich merke mir alles!"

„Holdselige Kinder, ja das thut!" bat sie, die junge mädchenhafte Mutter. „Ich will ja auch recht fromm sein, wie Ihr seid! Und wenn ich schlafen gehe, dann betet, betet auch so über mir; vergeßt das nicht! Gewiß nicht!"

Und: „Wir werden nicht!" sprachen Beide.

Euphrosyne wollte nun auf dem Wege immer langsam der Stadt zugehen; die Kinder baten aber: „Ach, laß uns lieber bei den Blumen hier!"

„Sie fühlen nicht, was mein Herz fühlt. Sie haben ihre Mutter! Nach der fernen, die sie noch nicht kennen, sehnen sie sich nicht;" empfand Euphrosyne und frug sie: „was wollt Ihr denn bei den Blumen machen?" — und hörte die weltinnige Antwort: „Nun da sind wir bei den Blumen!" — „War ich nicht auch so?" sprach sie, und ließ die Kinder von den Händen los. „O wie gerne gönn' ich ihnen diese Pracht hier, deren Schatten sie in jenem feuchten Nebellande, in England, den Frühling nennen! Dreimal sah ich dort die trübe, lange Zeit, das öde, finstre Haus des Winters! Das Meer dampft eine schwere Nebeldecke aus, und Wolke drückt die Wolke ab, und alle Schlüfte füllt sie aus. Da ist kein Weg, kein Haus, kein Fluß, kein Thal, kein Berg! Der Reiter reitet still an stille Bäume an! Die Düsternheit heißt dort Sonne, die, wie ein Geist sich kaum verrathend, röthlich kommt, blaß droben hinzieht, und kaum gemerkt hinter Nebeln sinkt. Das Land wogt wie die See, und wunderbar sieht es hervor, und braust verborgen in der Nacht! Und hat man so sich durch das Winterhaus getappt, da nennen sie eine Wolkenlücke — heitern Tag; und wenige Blumen, die mit seiner Allmacht der Lenz geweckt — die nennen sie „die schöne Zeit *)!““

Und schwärmerisch fuhr sie fort:

„Wie anders ist es dort in meinem Vaterlande! Der ganze Himmel ist ein unsichtbares Lied, die ganze Erde ist ein weites Blumenmeer, das laue Lüfte kräuseln und Wohlgeruch aufwühlen! Die Honigvögel steuern überladen, wie kleine fliegende Schiffe, vor Nacht heim in ihre Höhlen, und tragen kaum die süße Last, und setzen sich gefahrlos athmend, in ihren kleinen gelben Hosen auf Deine Hand und ruhen sich aus! Die Sonne sinkt, sie bauet sich ein goldenes Grab, und sendet als ein strahlendes Rad ihr Licht in langen duftigen Rosenspeichen weit empor, durch Rosenwolken, die zerflossen ruhn! — Und Thau — nicht Thau, nein: Perlen schüttet das Azurmeer hernieder! Auf Epheuumwucherten Trümmern steht hüben und drüben des hellen Regenbogens Fuß -- und wie ein Engel löst er seine Sohlen ab, und sichtbar immer unsichtbarer verlischt er sanft von unten auf, und klingt hinweg! Die Heerden eilen fröhlich zu ihren Hürden, unaufhörliches Getös erfüllt das Ohr, und jede Mutter suchet laut ihr Lamm — und seine Mutter findet jedes Lamm, und fällt wie vor Freude auf seine Kniee, und auf den Knieen saugt es die süße Blumenmilch! Indessen wird der Himmel droben ein heiliger Dom! Aus stillen Hirtenfeuern zieht es leis sich heran — zu großen amethystenen Säulen wächst der blaue Hirtenrauch — und sie fassen leicht den Himmel an und tragen ihn! Da schweigt es. Da wird das Meer in Osten zu Purpurblut, denn aus den Wogen schaut der Vollmond feucht empor mit sei-

*) To kallokeri — der Frühling.

nem Silberantlitz, und er glüht Dich an, und er haucht Dich an mit Flötenduft — und öffnet seiner Mutter Thor, und hundert Hirten grüßen mit Liedern ihren Freund, den Himmelshirten, der die goldne Schaar der Nacht hinüber weidet über seinen blauen Berg! — Und Dich habe ich verlassen, o mein Vaterland? und Heerden weide ich nicht mehr, singe mehr kein Lied, und solche stolze Kleider hüllen mich ein — und fest verschlossen liegt mein Hirtenkleid, das nach Deinem Frühlinge duftet, o mein Vaterland!"

Da brachten ihr ihre Kinder vier kleine Hände voll Veilchen; und sie zögerte, sie zu nehmen, und sagte: „Vergebt mir, o Kinder! O vergieb mir, Himmel! Denn diese hätte ich nicht, wäre ich ihm nicht gefolgt. Er liebt mich wie ein Vater, wie ein Freund. Jeden Wunsch sieht er mir schon an den Augen ab. Kaum sehnt' ich mich nach Hyacinthen aus den Thälern von zu Hause — da hatte er mir sie heimlich bringen lassen! Nun, nun blühen sie schon! Auch solche Kleider läßt er mich forttragen, wie man dort in meiner Heimath trägt, und siehet es gern; denn niemals komm' ich aus dem Hause zu Fremden hin; und wenn er streng und herrisch ist, so bin ich das als eine Griechin wohl gewohnt, wo man die Weiber wenig achtet, ja verschließt, und weide mich an seiner Hoheit und diene ihm gern!"

Jetzt fiel ein Begrüßungs= oder Abschiedsschuß im Hafen. „Sie ist es! Sie ist es!" sprach sie entzückt. „Die Mutter ist es! Ich soll sie sehen! Sie soll Euch sehen! Sie bleibt bei uns! O Freude, o Glück! Kommt, Kinder, kommt ihr entgegen, kommt!"

Da kam ihr Gemahl, dessen Pferde zum Ritt in die Stadt in der Nähe hielten. Denn ein Engländer ritte auch wo mög=

lich gern über das Meer, desto lieber am Meere dahin. Euphrosyne blieb bescheiden stehen, legte die Hand auf die Brust zum herzlichen Gruße, und als er ihr nahe getreten, wollte sie auch sein Kleid küssen, statt des Gebrauches ihr eignes zu küssen. Aber da sie in seinen Augen Unwillen las, und ihn durch lieblichen Scherz gern froh gesehen, küßte sie die Spitzen des Daumens und Zeigefingers ihrer rechten Hand, nahm scheinbar einen Kuß wie ein Rosenblatt von ihren Lippen, setzte den Kuß gleichsam in ihren lieblichen Handteller der Linken, und indem sie den Arm nach ihm streckte, blies sie den Kuß ihm mit lieblichem Hauche zu.

Aber wohl lächelnd, doch ihre vorige Demuth noch rügend, sprach er: „Kann ich Dir denn das nicht abgewöhnen, liebes Weib, so sclavisch Deinem Manne zu dienen, wie Du gesehen bei Euch? Hier ist es anders! Hier bist Du freier. Gehe bescheiden mir entgegen, wie es dem Weibe ziemt, und wie mein Sinn von meinem Weibe verlangt, von welcher ich stets Gehorsam fordere, weil sie dem Manne dienen muß. Der Morgenländer kennet allein das Weib! und wie sie könnte sein, wie sie leicht, leicht wird, also verhält er sie zu Anfang gleich, so klug als recht, so heilsam sich als ihr. Kein süßeres, ja kein edleres Gefühl, als abhängig sein, gehorsam und also die Gewalt schön und lieblich fühlen, die das erheischt! Gehorsam ist die Religion der Frau. Doch kenne ich Dich, und weiß es, wie Du bist. Du darfst, Du sollst mir freier sein. Bewundern Dich, ja beneiden Dich die Frauen hier, weil Du so lieb, so eigen schön bist — lächeln sie doch über Dich, und geben alle Schuld nur mir. Ich will es nicht, daß Dich bedauern, die Du selbst bedauern könntest." —

Und mild sprach Euphrosyne: „Mich treibt mein eignes Herz nur an, das Dich verehrt, o mein Gebieter, mein Freund, mein Vater!"

„Nun gut!" sprach er ernster. „Gewöhne Dich, ich will es! Der Liebe Zeichen ist Gehorsam. Wenn Du Dich künftig wieder so zeigst wie jetzt, so nehme ich es endlich für Mangel wahrer Liebe an."

Aber da Euphrosyne jetzt grade wieder die Hand auf ihre Brust legte, und sich die rosigen Fingerspitzen küßte, so mußte er lächeln. Es ist ihr angeboren aus ihrem Lande und Stande; dachte er. Und sie so schön und so schön gekleidet vor Augen und fröhlich darüber, weil er wußte, warum, sprach er, so gütig er nur vermochte: „Nun, Deine Mutter kommt! Von nun an sei nicht mehr traurig, denn es thut mir weh! Siehe nicht mehr so oft nach der Morgenröthe hin, oder weine von Deinem Thurme hinaus in das Meer. Ja, Lämmer schaffe ich wieder an auf unsern Wiesen, wenn Du es erträgst, und die sonst Dir das Herz nur weich gemacht."

„Bekomme ich auch eins?" frug ihn die kleine Euphrosyne. — „Und ich auch eins?" frug die kleine Aglaja.

„Jede zwei! Die ganze Heerde, Ihr Engel, soll Euer sein!" verhieß er ihnen. „Du, meine liebe Euphrosyne aber, entschuldige mich bei den Gästen; und sollte ich sie verfehlen, wenn sie zu Schiffchen kommt — entschuldige mich ja bei Deiner Mutter, die aus dem schönen Naxos kommt, dem Blumencrater mit dem braunen Felsengürtel! Wie gern wäre ich gleich damals mit Dir zu ihr geschifft. — Doch ach, mich trieb es fort aus den glückseligen Inseln, die ich nur wieder betreten, um dort vielleicht ein Unrecht gut zu machen, das ich Einer Deines so sinnigen Geschlechtes vielleicht, vielleicht einst angethan, ein Unrecht, das der Jüngling und die Jungfrau für keines halten, weil es keines ist, wenn sie beide allein es fortsetzen; denn die Treue ist die Abwehr alles Unrechts und alles Unglücks in der Vergangenheit und Zukunft. Der Tod verwehrte mir die Treue; sie einzubringen, die unterbrochene . . . ja frei gesagt, die gebrochne Treue fortzusetzen. — Und schwer und unerträglich fühle ich mich einem Weibe schuldig, der nie gehört, daß sie die ganze Seele uns besitzt, und also am wenigsten! Und Du, Du triebst mich fort, mit Dir, wie mit dem Raube des schönsten Kleinodes der Erde, zu fliehen, Dich mir zu retten, zu sichern — und Schwäche . . . Neigung . . . Liebe . . . fühlte ich gegen Dich, und noch, und immer, so wie im Leben für kein Weib."

Es war ihm wohler, ja halb wohl, nach diesen endlich einmal ausgesprochenen Worten. Euphrosyne aber, die während seiner leiseren, dumpfen Rede hoch erröthet mit schwer gesenktem Köpfchen und unbewegten Augen auf Eine Stelle zur Erde gestarrt hatte, sahe, wieder Athem schöpfend, ihren schönen Freund an, der in seiner blühenden Kraft und Zuverlässigkeit des Mannes so eigen verwirrt vor ihr stand und für sie glühte, und lispelte: „O mein Geliebter! Wie vergelte ich Dir Alles, Alles!" — Dabei streifte ihr leuchtender Blick auch über die Kinder, und ihre linke Hand deutete, wie im Fluge über sie hin.

„Still!" sprach er; „ich mag keinen Dank von irgend einem Weibe, und wenn ich ihr das Leben errettete! — Und wie denn Dank für meine Liebe und für mein Glück! . . . . die Kinder! Und rein und wohl fühle ich mich vor Dir und gegen Dich. Dir habe ich nichts gethan; Du bist mein eignes Glück, als wärst Du, wie die Hebe eines Bildhauers, mein eignes Werk und Gebild; ja verbunden fühlt Dir sich leise dieses Herz, das stets rein und streng sein will, und muß, wie es dem Manne ziemt; nur Liebe zu den Kindern und ihre Liebkosungen hält es vor den Menschen und dem blauen Himmel sich erlaubt. So bin ich ... vielleicht geworden, und war vielleicht nicht immer so."

„Ich will Dich ja nicht kränken," flüsterte Euphrosyne, „nein! O nimmer will ich Dir es sagen, was Du diesem Herzen bist! Im stillen Wirken spreche ich meine Gefühle Dir aus, wenn ich Dir eifrig diene, ja wenn ich nur um Dich bin! Wie — ich — Dich — liebe (sprach sie weggewendet), das sagen meine Kinder Dir .... wenn sie Deine Kniee umfassen .... wenn Du sie an Deinen Busen hebst! Dann fülle sich mein Auge mit stillem Glück und wende sich von Dir hinweg!"

„O wer muß Deine Mutter sein, Du Liebliche!" sprach Lothar begeistert. „O so grüße, küsse sie tausendmal von mir, für Dich, für mich! Wer nur aus Griechenland und Griecheninseln kommt, bringt mir die Jugendzeit der Erde, und meine Jugendzeit herauf! Seine Züge stellen mir die Alten dar, denn das Geschlecht der Menschen bleibt sich gleich; ich sehe Homer in manchem schönen alten Kopf, ja Aphroditen, Heben in der Jungfrau lieblicher Gestalt, und wunderbar alt und wunderbar glücklich fühlt sich kindisch mein Herz, wenn ich Dich dann umschlinge, Deinen jungen, warmen, vollen Arm um meinen Nacken fühle, Dein schwarzes Haar mein Gesicht verschattet, und in diesem geheimnißschönen Dunkel Deine Lippen mir an meinen athmen, Du mein Kind der alten Zeit!"

Er legte einen Arm um ihren Leib, doch die beiden Kinder stellten sich vor ihm hin, sahen zu ihm auf und sagten, wie mit Einem Munde: „Wir sind auch Deine Kinder, lieber Vater!"

„Das heißt, ich soll Euch auch küssen?“ meinte er.

Und: „Ja!“ riefen sie. „Nun denn, so kommt!“ sprach er, sich neigend, und küßte sie. Dann reichte er Euphrosynen die Hand zum Abschied. Und so sie haltend und ihr in die Augen sehend, sagte er: „wie glücklich wir nun sind! Wie schön das Fest nun sein wird! Gewiß ist alles fertig, und ich bringe es mit, die schönen alten Masken selbst, kunstreich in Rom für uns gemacht. Wir geben dann sogleich — — Du wendest Dich? Entziehst mir Deine Hand?“ —

„Das grause Stück! das Schrecklichste, was in der Welt ein Sinn erdacht! Ich hoffe, daß Solches nie geschehen;“ sprach Euphrosyne.

„Dann wäre die Erde um ihren frömmsten Schmerz, um ihr Heiligstes und Herrlichstes zu arm.“

„Nur der lobt den Sturm, der ihn vom Ufer schaut! Doch wer auf dem Meere schifft, der wünscht sich heitre Fluth.“

„Es soll!“ sprach Lothar in seiner gebieterischen Weise. „Du selber sollst eine Rolle übernehmen; weißt Du das Stück ja fast auswendig, durch unser öfteres Lesen in unserer Einsamkeit.“

„Leider weiß ich es, und bringe es seit der Zeit nicht mehr aus dem Sinn!“ —

„Es ist ja nur ein Spiel! Ein Spiel nur war es auch für jene Lebendigen, die es als ihr Leben der Welt verließen, wenn sie begriffen, was alle Menschen ja nur sind, in ihres ewigen Dichters Geist und in der Werkstatt oder Galerie der Erde. So lange ich meinen Menschensinn behalte, ist mir nichts schrecklich zu sein — noch weniger, es zu spielen. Göttlich schaue ich darein, und göttliche Wonne genieße ich in dem Schmerz.“

— „So lange ist nur der Himmel rein und heiter, so lange die Brust sich heiter fühlt.“

„So laß uns spielen!“ sprach Lothar lächelnd; „und Du, Du sollst dabei ....“

— „Sprich keinen Namen aus!“ bat Euphrosyne hastig. „Es sollte auch Gräber geben für die Namen Unglücklicher, damit sie nicht wie unbegraben auf Erden unter den Menschen umher schwebten, als Schreckgebilde am hellsten, schönsten Tag.“

„Der lebendigen Brust, ihre Seele, ist das würdige Grab der unvergeßlichen Todten. Und wolltest Du ja nicht gern .... sein, so sei ....! Es soll! Du zitterst? — Sonst, was könnt' ich lieber sehen, als wenn ein Weib vor der Kraft des Mannes zittert, in ihrer Schwäche, ihrer armen Weiblichkeit! Vor wem die Weiber zittern, der nur ist ein Mann! Ja, süßere Wonne wünsche sich selber kein Weib, als so zu empfinden, was er ist, und wie er sie beschützt! Du aber, siehe mich an, Du dauerst mich, mein Kind, wenn Du Dich vor mir fürchtest. Kind, ich mag das nicht. Doch folgen mußt Du, spielen, denn es soll!“

„Mir wird siedend heiß, wenn ich mich in die Aermsten denken soll,“ klagte Euphrosyne; „das kann ich nicht; auch bin ich ja nicht alt genug.“

„Die Maske mit dem gleichen, unerschütterlichen Gesicht, die macht Dich, wie Du scheinen sollst;“ sprach er, „und ja unter ihr bleibst Du der Engel, der Du bist, und goldenrein. So gehe ich.“

Und so sagte sie ihm das Wort der Griechen: „zur glücklichen Stunde! (Ora kaly) Und er wünschte ihr den guten Tag. Und sie ihm das: „Gleichfalls Dir!“

Euphrosyne athmete auf. Und erst nach langem, stillem Sinnen sah sie ihm nach, hörte sie ihm nach, und vernahm, statt den Hufschlag der Pferde, aus dem nahen Gebüsche — Flötentöne; sie hörte ihr Lieblingslied, und das Echo am Felsen wiederholte es leise, und ihr Herz noch leiser. Sie breitete im Entzücken ihre Arme aus, und die dadurch los gewordenen Kinder verloren sich wieder ihr ungemerkt. „Edmund!“ lispelte sie; „horch! — Er ist es! Er bläst im stillen Schmerz sein Lied, Dein Lied! — Er lebt in Dir, in Deinem Leben nur — in Deinen Kindern, die er immer um sich hat, in denen er Dich sucht, Dich sieht, Dich — — — — — liebt!“ — flüsterte sie fast unhörbar. Und schnell, wie es zu verlöschen im Ohr und im Herzen, sprach sie lauter: „O still, mein Herz; was kann denn Er dafür? Und was kann denn Ich dafür — für ihn! Nun schweigt das Lied — o, er kommt wohl näher! Ja, er schweigt immer, und seine stillen Blicke nur — sie reden — doch sie wünschen nicht! Die meinen, sie reden nicht einmal, sie verschweigen nicht einmal, was mir selbst ein Räthsel ist, und mir selbst ein ewiges Geheimniß bleiben müßte — — oder schon muß? Er kommt in Gedanken, seine Flöte in der Hand, die mich beben macht, als beseelte Er sie nicht! Fasse Dich, und sieh' ihn an mit Augen still und rein, den Kornblumen gleich, den Veilchen gleich, und halte selbst den innern Duft, der Seele Athem, an! Und wenn auch Thau sie füllt wie Thränen, wenn er in sie schaut, wenn sich sein Bild in hellen Tropfen malt, so wisse dieses Herz, wie die unbewußte Blume von der Sonne — nichts davon“

„Lebst Du doppelt, Euphrosyne?“ frug Edmund hold verwundert. „Sahe ich Dich nicht eben in den Blüthenbüschen dort?“

„Ich war nur hier, bei mir; sprach sie. „Das kann nicht sein!"

„Ja, es war! es ist! Nur jetzt erst rinnt vor meinen Augen jenes Bild in Dein Gebild, in diese leuchtende Gestalt. So blicket man oft zum Mond, und blickt hinweg, und schließt das Auge. Und öffnen wir es, da schwebt sein stilles Gesicht noch einen Augenblick vor uns; dann zieht es sich gemach zu seinem Quell, und fließt zusammen in Eins."

„Und doppelt sehen, sagt man sonst, bedeutet den Tod."

„Und todt sehen, bedeutet doppelt sehen!" sprach er. „Denn der Mensch entsteigt des Lebens Ocean so, wie der Mond hervorbricht aus dem Meere; als eine doppelte Orange blüht er auf; rasch wächset und schwillt die Himmelsfrucht; dann bricht sie, von der goldenen Fülle schwer, sanft auseinander, und das eine Bild — das Scheinbild, sinkt gemach ins Meer; das andere Bild, das wahre aber steigt, so wie der Mond, mit stiller Gottheit zu dem Himmel auf."

„Und folgt ihm nicht das andere in dem tiefen Meere?" fuhr Euphrosyne fort, „und findet es wieder bei des Mondes Untergang? Und gehen beide nicht als Eins hinab — unter die Erde? Du steckst mich an mit Deiner Schwärmerei! Warum bist Du denn heute so traurig? sprich!"

„Ich bin betrübt, und habe nichts zu klagen, das ich wüßte;" meinte er düster; „aber oft betrifft uns fern ein Leid, und wir — wir freuen uns noch! Ein Schmerz für uns zog fort, und wir weinen noch! So tröpfelt es noch von dem blauen Himmel, wenn die Regenwolke schon fern dahin gewandelt."

„... O erheitere Dich! Blicke auf! Wie schön blüht Alles!"

Aber Edmund klagte weiter: „Alles rührt, erweicht mich

heut; die Blumen selbst. Als ich in Deinem Zimmer Dir die blühenden Hyacinthen tränkte, ich ertrug es nicht, Thränen überkamen mich, und ich entfloh hierher, und selbst der Boden brennt mich, wo ich stehe; und mich umfängt es hier, wie eine Blumengruft."

... „Das ist der Frühling!" erklärte sie ihm; „der Frühling, der ein jedes Herz erregt. Mir ist so wohl, so heiter — sei Du es doch auch!"

„Du selber heißest es mich? — Da ist es erst recht umsonst;" sprach er gelassen.

... „Nur Eins bekümmert mich," sprach sie ablenkend; „Dein Bruder will, ich soll ein schrecklich Weib sein, oder ein schrecklich Kind in jenem alten Stück, das er den Freunden geben will; viel lieber stürbe ich."

„Liebe zu den Alten füllt ihn einmal, der auch Du Dein Loos verdankest. Nur die Kraft nennt er Tugend und Schönheit! Er sieht, daß die Welt nur durch die Kraft besteht, wie es scheint, ohne den Geist derselben zu fühlen, den Sinn der Kraft, gleichsam ihr Herz! und so hauchte ihn sonderbar aus der alten Welt der Griechen nur die Kraft an! Und unserer Welt spricht er die Kraft ab! Darum hält er kein großes Glück und darum kein großes Unglück mehr für möglich, wie nur in jenen Tagen der Kraft gewaltet. Aber es ist umgekehrt! Was sonst nur große Häupter thaten, was sie nur befiel, das geschieht jetzt tausendfach unter dem Volke, jährlich, täglich, irgendwo, ja Grauseres, Schwereres — weil unser Sinn und unsre Sitte milder sind. Jene Alten, die keine Herren über sich hatten, verübten es straflos. Jetzt straft es das Recht und die Meinung. Das ist allein der Unterschied. Denn es geschieht sofort, unhemmbar, wie das irrende Menschenblut und Wuth. Und mit dem Leben seines Volkes verfeindet; zerfallen — um Deinetwillen — mit der Heimath, verachtet er auch seine Dichter, als Verirspiegel, die aus hundert Dingen kein ild geben. Die alten Griechendichter vergleicht er aber Brennspiegeln, welche mit ihrer Kraft alle Strahlen in einen Punkt im Menschenherzen sammeln, und hält sie, gegen die allgemeine Meinung, grade für Seelenmaler, die kaum eine That darstellen, noch weniger sie sehen lassen, am wenigsten eine ganze Rolle Guckkastenbilder unter Geschrei ableiern; sondern nur zeigen, aber das auch deutlich und wahr und schön zeigen: wie ein Mensch aus Haß in Irrthum, aus Irrthum in nicht menschliche Thaten verfällt; aber auch, wie er sich schämt, sich rettet, weil sie den hohen reinen Geist dann aus ihm erscheinen lassen, welcher im Menschen lebt, und der grade recht himmlisch und glorreich triumphirt, wenn der schuldige Mensch dem um ihn wie zu Stein gewordenen, umsonst bekämpften Unglück und dem Tode erliegt. Denn der Mensch stürbe nicht, wenn nicht ein Gott in ihm wohnte. So hat ein großer Geist den Bruder jenen großen Alten zugeführt."

. . . „O führe er ihn nun auch weiter zu dem schönsten Glücke!" sprach Euphrosyne.

„Du giebst es ihm ja schon! Aber wie verdient er es sich!" fuhr Edmund fort. „Von dem frischen Baume dieser Zeit ist er gefallen; er gehört in die alte Welt mit seiner Gastfreundschaft, seiner Freundschaft, seiner Weibertyrannei. Ist er ein Mensch? War er es, und lebte so, dann blieb er auch ein Mensch und verwendete alle Kraft auf Menschliches — das jedem scheinbar ein Anderes ist, auf sein Vaterland, auf die ihm anvertrauten Menschen. So aber, ach! verdirbt er sich, und Alle, die um ihn sind, sein Vermögen und sein Ländchen auch. An einen jeden Herrscher haben Freund und Feind, Verwandte, Unterthanen, Felder, Wald und Wild, und was sich seinem Kreise nahet, ja selbst das kommende Geschlecht gerechten Anspruch. — Wie erfüllt er den? Wie kann er den erfüllen? — Ein sogenannter Tyrann war siebenmal menschlicher als er; doch ist die kleine Tyrannei als gewaltlos lächerlich; er hütet sich auch wohl, vernünftigen Männern sie zu zeigen. Ein geringer Mann soll mild sein, und einen König ziert die Milde. — Die Gottheit ist sanft und ewig mild, wie Sonnenschein. Wie schwach ist er! Ein fester Geist übt mild die sichre Kraft und bis zum Tode zu allem Rechten fest entschlossen, spricht er ein eisernes Wort nur um so sanfter aus, je fester es ihm steht.. Von Kraft und Sicherheit ist Gelassenheit allein das Zeichen — Wüthen von Schwäche. Mich hat Gott frei gemacht! Und weil ich seiner nicht bedarf, und über ihn erhoben bin, verdanke ich gern ihm mein Geschick, ich bleibe bei ihm, seine Hand und seinen Sinn zu mäßigen, ihm Alles zum Guten zu wenden, und kann sein Freund sein, ja sein Bruder in dem Freunde."

„Verkennst auch Du ihn, wie Alle?" sprach Euphrosyne seufzend; „doch höre ich es gern, wenn Du ihn schiltst! Dann zeigst Du selber nicht den Schein, als nährtest Du etwas auch noch so leise in Deinem Sinne, was still ihn kränken kann!"

„Du Engel!"

...„Nein! das bin ich nicht. — O wäre ich es!"

„Mir bist Du und bleibst Du es."

...„So höre ich Dich nicht länger!" sagte ihm Euphrosyne erblassend und kaum hörbar. Aber Edmund lächelte sehr gelassen, und, über alle Absicht erhoben, fragte er sie zu ihrer

Beruhigung endlich klar, und um sie nicht als Weib zu kränken, zugleich doch voll reiner Gluth: „Was geht es Dich denn an, wenn ich Dich liebe? Hier tief aus meinem Innern schöpf' ich mir Dein schönes Bild, das wie des Mondes Licht in düstrer Quelle schwankt, umfasse Dich Sterbliche und Unsterbliche zugleich, so ganz wie Du es bist! .... Ob Du mich liebst, ob nicht — was geht es mich denn an? Hier, hier besitze ich Dich, hier bist Du mein, hier bin ich Dein, hier liebe ich Dich! Wer kann mir wehren, daß ich Dich verehre, im Reiche der Sonne noch — und einst in jenem seligen Reiche! .... Und wenn Du die Gestalt, das Weib, so wie ein täuschendes Gewand im Wolkenbette der Gruft einst abgelegt, und wieder ganz allein der Engel bist — dann erst, dann bist Du selber mein! Denn Engel neigen sich zu Dem nur, der sie liebt — dort ist Seligmachen — Seligkeit!"

In der ängstlichen Verwirrung rief Euphrosyne die Kinder gleichsam zu Hülfe. Sie kamen. Die kleine Euphrosyne lief aber Edmund in die Arme, der sie hoch erhob bis über sich, gegen den blauen Himmel schwenkte, und dann sie küßte. Euphrosyne sah das jetzt hochroth vor Scham; vor edlem Zorne überzog eine Trübe und eine Bitterkeit ihr schönes Antlitz, und scheu zur Erde blickend sagte sie ihm zum Vorwurf: „Edmund! Edmund! So treulos bist Du an dem Freunde! dem Bruder! — Hier diese küßest Du .... und mich, mich fliehest Du dazu an!"

Sie verschleierte sich. Dann nahm sie ihm auch das Kind und eilte bebend hinweg.

Edmund hatte eine Hand über die Augen gedeckt; und so stand er lange, bis ihn eine Nachtigall weckte, die ganz nahe über ihm schlug; und als er die Hand wegnahm, schien ihm vom Drucke der Augen der helle Tag — Finsterniß; und als er wieder Licht und Farben und Wolken und Blumenbäume sah, sah er: er war allein! Er scheuchte die Nachtigall fort, lächelte bitter zur Sonne, blickte rings umher mit bedauernden Augen und stützte sich dann auf sein Schwert. Und zum erstenmale sprach es deutlich, seit heut, seit seiner eigenen Ueberraschung, mit seinem Munde aus ihm, zu ihm: „Wie herrlich blühet der Frühling rings! Wie schön ist sie! Und sie ist doch .... und ich bin doch! Und hast Du mich, Natur, nur in diese Pracht geführt, daß ich zu Deiner Frühlingssonne weine, und die schönen Blumen Dir bethaue? — Du verführst mich nicht, o Frühlingssonne, mit Deiner Wiederkehr, Deiner Dauer! Lag dem Knaben ja schon da droben der Himmel so blau ... so, so wie jetzt; so wie jetzt ziehet ihr Wolken dem Greis noch vorüber! Und, o Frühlingshauch, so säuselst Du mir einst noch über meine Gruft! O Hoffnung ohne Liebe, bist Du es, Hoffnung? Und Du, Liebe ohne Hoffnung, bist Du es? — Hier steh' ich, Du Frühling und Sonne, Ihr Wolken, Du Meer, als ein flüchtiges Gebild der Tage — preise Euch der, dem das Leben wie ein Gesang verrauscht ... doch athmen, fühlen, zucken in vergeblich herbem Schmerz, ach, und lieben mehr wie Himmel und Leben, treu sein ohne Hoffnung, ungeliebt und mit Fülle des heiligsten Rechtes ungeliebt von jener Einzigen ... ein bittres Dasein trüb', und trüb' umsonst vollbringen — das ist schlimmer, als wäre Jemand nicht hier herausgesandt in den Tag! Denn ihm gab es auch einmal, und ach, umsonst, so eine schöne freundliche Erde, und einen ganzen unendlich seligen Raum voll Sonnen, so schön wie Du, Du warmes, helles Frühlingslicht!“

Er blieb in Gedanken stehen, als ihn eine Hand auf die

Schulter schlug. Er sah auf, und griff an das Schwert. Es war Lothar, der wieder von ihm zurückgetreten. — „Hier wär' ein schöner Ort für ein Grab, für einen Todten;" sagte Edmund noch aus seinem Nachgefühl. Aber Lothar erwiederte nichts, sondern betrachtete ihn nur mit forschendem, gelassenem Blick. Seine Schwester Adda hatte ihn aufgehalten, ohne über ihre Lippen bringen zu können, daß das kleine Kind und Lia verschwunden wären. Lothar aber hatte ihr angesehen, daß sie ihm etwas entdecken wollte, und um sich nicht zu verrathen, er wisse schon Alles, sie gefragt: „Was sie beunruhige?" Und um sich selbst nun wieder nicht bloß zu stellen, hatte Adda nach mancher Ausflucht ihm endlich vertraut, ja ihn gebeten: Den Bruder Edmund von hier zu entfernen. „Von Dir?" hatte Lothar gefragt; und weiter ... „Von mir? ... Von Euphrosynen? ... Von den Kindern?" — Als Adda nun rathlos dagestanden, hatte er sie angelacht, sie angefaßt, und gleich mit zu Euphrosynen ziehen oder führen wollen, da er gewohnt war, alles gleich offenbar zu machen, und durch Offenheit das Ungewisse, Schwebende in Beschämung und Reue aufzulösen, oder das Gewisse zu erkennen, um dann frei und ungehindert seinen Willen walten zu lassen. Adda hatte es abgelehnt mitzugehen, und so fand er an der Stelle, wo er sein Weib verlassen, jetzt seinen Bruder allein, im Herzen betroffen. Am Menschen ist leicht sein Glück zu erkennen. An Edmund erkannte er jetzt nur das Unglück. Denn seine stille Neigung war ihm kein Räthsel, kein Geheimniß; denn Edmunds Liebe zu ihm war ihm desgleichen keines. Und doch blickte Lothar jetzt an den Saum des Horizontes nach Morgen zu, wie in die Quelle der Sonnen und Tage und Stunden, der wandelbaren, oft das Unerwartete dennoch den Menschen bringenden Stunden. Und so überwallte ihn, übereilte ihn sein Herz zu einer kurzen aber gewaltigen Scene, die keine Minute während, wie ein Erdbeben, dennoch beider Brüder Herz wie verwüstete.

Lothar trat dicht an seinen Bruder, daß er mit seinen Augenwimpern die Augenwimpern desselben berührte, legte seine Stirn an Edmunds Stirn, und sprach dann ganz leise: „Wenn Du Dich schonest, schonest Du Sie, schonest Du Mich."

Und Edmund, den Sinn der Worte klar begreifend, sagte ihm wieder: „Ich ehre Mich, also ehre ich Sie ... also ehre ich Dich."

„Nicht ganz wohl gesagt!" sprach Lothar; „doch wohl!" Und scheidend stieß er ihm, wie ein Widder scherzend dem Widder, nur einmal ein wenig mit der Stirn an die Stirn. (Edmund aber küßte ihn dafür.)

„Hab' ich Dir schon etwas zu vergeben? Bruder! Bruder!" sprach Lothar. —

„Ich vergebe Dir nur!" entgegnete Edmund.

„O, Dir ist immer vergeben!" versetzte Lothar. „Immer und Alles! Nur mißbrauche das nicht! Ich trage das auf niemand Anderes über — selbst Deinetwegen nicht! Denn ich bin auch Mann, und ein Mann. Und nun lebe wohl!"

Darauf schied Lothar desto eiliger nach der Stadt. Edmund aber setzte sich auf derselben Stelle nieder, versank in sich, in seine reine, liebevolle Seele, entschlummerte und genoß im Entschlafen jene fast überirdischen Augenblicke, wo selige Gefühle durch die Seele zucken, Düfte wie aus Zaubergärten ihm zuwehen, Strahlen wie von einer innern Sonne ihm vorüberfliegen, Blumen wie von einer seligen Küste ihn umschwimmen, die der Mensch aber nicht ergreifen kann, und in der Sehnsucht nach dem Lichte und Duftquell, nach dem Urland solcher Seligkeit nur noch seliger ist. Er schlief so fest und so träumelos wie ein Kind, und so lange, als solle er sich durch die Befriedigung seiner ganzen Seele stärken, wie ein Wandrer, der morgen einen langen schweren Weg vor sich hat.

Seine Schwester Adda erweckte ihn endlich. Und er sah Cora bei ihr — aber die Schwester ließ ihnen nicht lange Zeit, sich zu begrüßen, denn das Schiff mit Euphrosynens Mutter war in der Nähe des Schlosses in der kleinen sichern Bucht angelegt. Er widerstrebte zu gehen, aber die Frauen führten ihn fort. „Nun gut!“ sagte er. „Aber ich habe Ursachen, o Adda, das Alles nur wie ein Fremder anzusehen, und unter die Gäste nur wollen wir uns mischen.“

„Euphrosyne ist so schon wie außer sich, und kennt und verlangt jetzt keinen Menschen, als ihre Mutter;“ sprach Adda.

Und so gingen sie auf die große schöne Terrasse und stellten sich zu den Gästen, unter welchen auch einige Land- und Seeoffiziere sich befanden. Euphrosyne, auf der untersten Stufe der Marmortreppe vom Meer gehemmt, streckte die Arme schon ihrer Mutter entgegen, welche im Nachen aufrecht stehend, ihr näher und nahe gekommen daher schwebte, neben ihr ein griechisches Mädchen und der Capitain des Schiffes, in welchem Cora und Adda den Freund ihrer Männer erkannten und errötheten.

Ein Seeoffizier neben ihnen freute sich auf gut Englisch, und sprach zu seinem Nachbar selbst unbekümmert, ob er ihn höre: „Seht Ihr das Schiff? Ist es nicht wie ein Mensch, ein großer, wohlthätiger Gott Neptun! Man freut sich immer, daß man ein Engländer ist, wenn man die Häfen sieht, die Plätze in aller Welt, wo junge Schiffe wie junge Vögel in ihrem Neste sich befiedern und beschwingen, und dann leicht in alle Meere hinausfliegen, und aus allen heim mit fröhlichem Gesange kehren. Das Meer ist der fruchtbarste Acker! Schönes Meer, wie fruchtbar bist Du uns!" — Aber der Nachbar, aus einem Lande ohne Schiffe, sagte ihm wieder: „Das Meer ist unfruchtbar, wer es nicht zu pflügen versteht, wie Wir — nicht. Sie sind schon ausgestiegen! Seht, da kommen sie! Auch der Capitain, der die Lady's führt."

Allen wurden die Augen feucht, als sie nun die Tochter ihre Mutter erreichen, sie sich heranheben, und Beide in Eine wunderbare Frauengestalt wie verzaubert sahen. Und doch sah Edmund nur Euphrosyne.

„Nun steht die Tochter," flüsterte Adda zu Cora, „immer wieder sinkt sie an der Mutter Brust, und küßt ihr Hand und Kleid und Schulter!"

„Und die Mutter kniet zu den Kindern," sprach Cora, „umschließt sie beide, und hebt sie auf, und trägt sie auf den Armen!"

Und Edmund sagte ernst und hoffnungslos zu Adda: „Die Mutter wiedersehen, das ist ein heiliges Fest!"

„Und solche Kinder finden, ist ein reines himmlisches Mutterglück!" sprach Adda kaum laut in ihrer Kinderlosigkeit.

Alle umringten nun die Kommenden, und Euphrosyne rief vor Freuden laut: „Die Mutter! meine Mutter!" Darauf erscholl ein fröhliches „Willkommen!" für welches sich die Mutter verneigte, und fast kindisch — Euphrosyne auch! Der Capitain reichte Adda seine Hand in das Gedränge.

„Nicht satt kann ich mich sehen, o Mutter, an Dir!" sprach nun Euphrosyne, ihres Glückes sicher und doch noch zu überrascht davon. „Habe ich Dich denn wirklich? Bist Du es, hier Diese, zu der des Kindes Auge hinaufgeblickt; dem Du — und ach nur manchmal — aber dann jedesmal wie eine Unsterbliche erschienst — o Du bist es! Dich habe ich! Dieses Uebermaaß der Wonne ertrage ich nicht; mein trunkenes Auge irrt rasch umher auf Deiner herrlichen Gestalt, und sieht sich nicht satt! So steigst Du aus des Lebens Nebelflor mir wahr und schön und lebend herauf!" —

Und die Mutter ergriff ihre Hand und verhieß ihr: „Ich bleibe nun bei Dir! Nichts trennt uns mehr, als einst der Tod, der alle Menschen trennt."

„Ein schönes Weib! und fast so jung wie ihre Tochter ... wenn man nicht Beide zugleich sieht;" sagte Cora zum Capitain.

„Ja!" sprach er. „Im Archipelagus blüht die Mutter neben ihrer Tochter noch schön, wie am Orangenzweige die Blüthe bei — der Frucht, die kaum erst reift. So nahe stehen sich die Geschlechter schöner Menschen dort gereiht."

Und schon im Gehen nach dem Hause fragte die gekommene Mutter nun sich besinnend die Tochter: „Und wo ist denn Er — Dein Gemahl, der Dich voraus, und mich nun Dir nach zu Land sich hierher geführt?"

„Du sollst ihn sehen," versicherte Euphrosyne die Mutter. „Er kommt zu Nacht, gewiß, gewiß! Er sucht in der Stadt, Dich auf, und Du hast ihn zu Meer verfehlt."

Sie gingen in die Villa. Edmund aber ladete freundlich den Capitain ein, der Euphrosynens Mutter gebracht hatte, mit der wünschenden Frage: „Ihr bleibt doch bei uns und ruht aus!"

„O," versetzte der Capitain lachend: „die Welt hat keine

Ruhe, die Menschen keine, das Meer keine, die Erntefelder keine, und so haben auch unsere Schiffe keine und wir."

„Doch einige Tage!" bat Edmund.

„Seht, dort blüht Sturm und Ungewitter, Sir! Das erst gehe vorbei; dann ziehen wir wieder fröhlich fort — in unsere Ernte — aus einem Frühling zum andern, wie der Schwan die Sonnenküsten sucht. England rollt seine Wogen."

Fünftes Capitel.

Die Samiotin.

Erst gegen Abend — also nach einem glücklichen Tage — war die Fremde in den Garten gegangen, ins Freie, gleichsam um Athem zu schöpfen vor Freude, und die erschütterte Seele ausruhen zu lassen der Natur gegenüber, wo sie wieder blauen Himmel und Wolken sah, und Bäume und Blumen und Meer und Berge, wo sie also sich nicht fremd, sondern heimathlich fühlen konnte. Und an diesen auch hier vorhandenen, ihr drunten entgegen säuselnden, duftenden — und droben ihr entgegen ziehenden, glänzenden Erscheinungen der Natur, des Himmels und der Erde fand sie sich wieder, erkannte an ihnen sich wieder in der Einen großen Heimath aller Menschen — der schönen Erde. Euphrosyne hatte sie so lange im Hause verweilt, um ihr alles zu zeigen, was sie besaß, sie in allen den kostbaren Gemächern, selbst auf den Thurm umher zu führen, und dabei ihr alle ihr Glück zu erzählen, dessen es nicht bedurfte. Denn die Glücklichen sind so leicht zu erkennen, an dem aufgerichteten, wie ungebeugten Nacken, dem frischen Auge, den heitern Zügen, den wie zur

Frage leicht geöffneten Lippen; denn die Glücklichen sind neugierig; die Unglücklichen sind schon völlig mit Dem zufrieden, was sie erfahren haben und wissen, und darum schweigen sie gern — bis sie klagen. Wo sie und sobald sie nur dürfen, kleiden die Griechinnen gern sich in die ihnen so lange verboten gewesenen Farben, in Grün, oder Roth. Darum ging auch Euphrosynens Mutter jetzt in Granatblüthe-rothem Kleide, in prächtigem Putz, um dem erwarteten Schwiegersohne werth zu erscheinen; und ein schönes Weib in schönem Schmuck ist allerdings Alles, was die Männer von ihrem Geschlechte zuerst und zuletzt verlangen; reich gekleidet, ist sie nicht arm, nicht von niederer Herkunft; und nur ein niedriger, armer Bräutigam fragt dann noch nach anderen Schätzen, womit die Menschen — die Aeltern sie, nach der Mitgift der Natur, noch beschenkt.

Edmund mußte ihr auf seinem Wege begegnen. Kein Seitenpfad führte ihn ab; schicklich umzukehren, war schon zu spät. Er blieb also stehen. Aglaja erwartete gewiß, daß ihre Tochter ihr nachkommen werde, denn sie blickte sich öfters um, und wandelte dann nur wieder langsam ihm näher. Euphrosyne hatte aus Scham über die Scene am Morgen vermieden, ihr von Edmund, dem Bruder ihres Gemahls, zu sagen; sie hielt also den jungen schönen Mann in seiner Uniform auch für einen der Fremden, der Gäste aus der Stadt oder den Jonischen Inseln, wo viele Engländer theils leben müssen, theils aus Wohlgefallen leben wollen. Edmund war Euphrosynen heut nicht mehr genaht, also auch ihrer Mutter nicht; und so begrüßten die beiden Begegnenden hier sich als Fremde, und dadurch war für Edmund eine schwere Stunde, und durch diese ein langes schweres Leben herbeigeführt, das Ihn nicht, oder nicht so befallen, wenn die Mutter statt seiner zuerst Lothar, seinen Bruder, getroffen hätte. Aber wenn es auch mit andern Folgen und gewiß heilsamer geschah, so mußte, sobald Lothar erschien, dasselbe Unheilschwere geschehen. Denn es lag in ihrem Leben; und das ganze Leben ist die Zeit der Entwickelung und Reife aller Gedanken und Werke des Menschen; und anderer Menschen: die Ernte des Schicksals, und die Jugend ist die Zeit der Saat.

Edmund sah das schöne Weib nur mit jener Verehrung und mit jenen dankbaren Gefühlen, ja mit jener Bewunderung an, welche ein Liebender für die Mutter seiner Geliebten empfindet, und welche ihm plötzlich erst in der Brust werden, wachsen oder aufstehen, wenn er ihre Mutter zum Erstenmale sieht; bis dahin ist die schöne Geliebte ihm ein Kind, ein Gebild des Himmels! Jetzt wird sie ihm eine Erdentochter, ein Menschenkind durch die Entdeckung des Menschenweibes — und er seufzte; aber die Tochter ward ihm auch noch theurer, ja heiliger; denn wie ist sie geliebt worden seit ihrem ersten Tage! wie glücklich ist sie schon lange, schon immer gewesen, ach, ohne ihn! So war denn Edmunds Rede so freundlich-bescheiden. Sie begann die ersten Worte zu ihm auf Italiänisch; aber er hörte sie lieber griechisch reden. — „Also, das kannst Du?" sprach sie sogleich vertrauter, und in dem üblichen „Du." Sie lobte ihm die Schönheit der Insel und sprach: „Wie felsenschön ist diese zackige Zakintho! Hier sind die Zaubergärten der Semiramis, die auf den breiten Felsenstufen in der Luft schweben; fürwahr von Naxos komm' ich und bin erstaunt."

„Der schönste Garten des Jonermeeres bleibt auch wohl Zante," entgegnete Edmund. „Doch täuscht Dich nur der Reiz der Fremde, das Neue, das nur wenige Tage gefällt, und selbst das Schönste eine Zeit verdrängt. O, diese Oertlichkeit der Erde! Nur eine Stunde fern, oder höher in der Schweiz, welch ein anderes Land! Nur um die Morea herum — und wo befinden, wo fühlen wir uns! In welcher Mitte .... von den Pyramiden, von Jerusalem, von Smyrna, den Hügeln von Troja, vom Olymp, von Athen und Sparta und Kreta! O, die Umgebungen sind das heimlich Süßeste im Leben! — Hier, hier bedrückt uns das nahe arme zweifach-sclavische Italien; das vernünftige Europa haucht uns alle Freude weg, als läge ein großer, in einen Drachen verwünschter Riese dort. Hier ist kein Meerteich! Hier ist kein Fluß! kein Flüßchen — als die Erdbeben verkündenden Pechquellen! O, wie! Wie anders strahlt die Sonne im Archipelagus! Aus seiner azurblauen, spiegelklaren Fluth erheben sich, wie an tiefverborgenen Stengeln, geheim und mit süßer Kraft genährt, rings ohne Zahl die blühenden Inseln alle, den Wasserlilien gleich. Sie scheinen umher zu schwimmen, und heben ihr schönes Antlitz hold zu dem heitern Himmel auf; und wiederum gar so freundlich blicket die Sonne in ihr volles Herz; und wie Gesumme der Bienen, dringt daraus Gesang; alles blüht und duftet aus den Kelchen; ein sanfter Hauch raubt den nie erschöpften Duft und hüllt die Blume in des eigenen Hauptes Glorie, und fern schon athmest Du ihr süßes Leben ein!“

„Du warst dort?“ frug sie kaum; „so spricht nur Der, der das gesehen.“

„Es wird diesen Frühling — ja, schon achtzehn Jahre,“ antwortete ihr Edmund, „als ich, kaum zwölf Jahre alt, zum erstenmale bei Euch war.“

— „Also zogst Du nicht allein, so jung!

„Es zog Lothario mit mir, auch jung, kaum achtzehn Sommer alt."

— „Lothario?" .... frug sie.

„Nun ja," sprach er, „mein älterer Bruder, welcher dereinst des Vaters Rang und Namen erben sollte, und ich den seinen, wie in England üblich ist. Denn dort haben wir Personen der höhern Menschen oder Geschlechter keinen eigenen Namen, wie die Raupen und Schmetterlinge, die Frösche und Wasserlibellen keinen Namen haben; sondern ganze Reihen, die aus Einer Haut in die Andere fahren, bedeckt der Eine Name: Baronet, Graf, Marquis, Herzog — Raupe, Schmetterling, Wasserlibelle und Frosch, ja bloß: Frosch! Du lächelst? Freilich ist das, gegen alles eigene Ehrgefühl, zum Lachen. Wir zogen so jung nun allein; denn selber sollten wir klug werden durch das Leben, nicht durch hohle Worte; so wollte der Vater. Wir waren nichts als reich, verbargen uns romantisch, und so flogen wir von Insel zu Insel: von Chio zu Tino, von Rhodus zu Naxos, und überall hin, wie junge Bienen taumelnd, froh von Kelche zu Kelch, und saugten mancher Blume Honig, und trugen manchen schönen Schatz uns heim in unseres Mutterstockes Zellen — in Herz und Brust."

Sie hatte ihn während dieser Worte lange und prüfend angesehen, lächelte immer freundlicher und erzählte dann ihm gleichsam: „Und Du, — Du warst also ein kleiner blondgelockter Knabe .... und trugst einen kleinen blauen Mantel .... und immer ein rothes vergoldetes Fernrohr in der Hand — — denn waret Ihr nicht auch in Samos?" frug sie.

„Freilich!" sprach er ungern.

„Ich sehe Dich an," fuhr sie wärmer fort, „und sehe in

meine Seele zurück ... und finde mit jungem Entzücken da auch Dein liebes Bild sich regen, wie auf einem stillen Bazar, und aus der stillen und regen Menge blickst Du hervor mit Deinen rothen Wangen, Deinem blonden Lockenhaar — — Du bist? ... ach, wie hießest Du doch?"

.... „Edmund?" .... frug Edmund. „Und warst Du auch in Samos?"

„Da wohnten wir ja!" antwortete sie.

„Dort?" frug Edmund.

„Freilich! Zuerst — denn da bin ich geboren! Ach, dort in Samos lebten wir unsere glücklichste Zeit!" sprach sie mit leuchtenden Augen.

„So irrst Du Dich nicht in mir;" sagte ihr Edmund. „Doch ich erinnere mich keines Mädchengesichtes von dort .... nur dunkel steht im Gewühl von meinen Lebensbildern mir eine dunkle — eine verhüllte Gestalt .... die mir mein Bruder in der letzten Nacht gemalt, als wir zu Schiffe stiegen, und die er mir genannt ... wie hieß doch jene Gestalt? ... wie hieß sie doch!"

.... „Aglaja?" — — — frug Aglaja ihn jetzt. „Und weißt Du auch davon?"

„Was vertrauen sich Brüder nicht! gleich, oder doch später;" antwortete Edmund. „Und so irre ich nicht in Dir, und Du, Du bist, ach, jene Aglaja! jenes Götterkind, das dort mein Bruder liebte mit der ersten Gluth der Jugend, das er heiß in seine Arme schloß, als hätte die schöne Helena sich ihm verjüngt — und dessen Reiz und Schönheit er nie vergaß; denn wer vergißt der ersten Liebe Frühlings-Götterlust — wer Dich, die er vor vier Jahren endlich redlich, vergebens redlich wieder aufgesucht — Du bist, Du bist es, mir geht die junge Seele auf — und Du, Du versinkst in das Paradies der Jugend ... wie eine Träumende stehst Du vor mir; Du glühst, Du bebst, Du lächelst und Du weinst! Aglaja!"

„Ich bin's! Du bist es. Wonne, du betäubst mich ganz! Wonne? Ach, nur mein altes Glück, das in mir eingeschlafen war, mühselig unter meinen Thränen eingeschlafen, wie ein krankes Kind, das endlich, endlich todt mir schien, ach, das ich viel beweint — steht auf! Es richtet sich in mir empor, und hebt mich mit aus dem Klagereich Unglücklicher .... und Er? Er lebt! Sprich Ja! Ich beschwöre Dich! Sprich nur: Er lebt! — und was sonst mein Gram war, soll meine Freude sein! Sprich, ich soll ihn wiedersehen! Er ist in England! Er ist hier in der Stadt! In den Inseln! Sei er überall, nur nicht im Himmel!"

„Er lebt;" sprach Edmund, nur sehr gelassen, im tiefsten Herzen neidisch und doch gerührt von schöner Frauen durch nichts zu vertilgender Liebe.

„Er lebt!" wiederholte sie mit ausgebreiteten Armen, vor Freude leuchtend. „O Euphrosyne! welches Glück!"

„Und Du bist Euphrosynens Mutter — sah ich — soll ich noch fragen!" frug Edmund dennoch.

„Ja doch, ja!" sprach sie siegreich. „Sie ist mein Kind, mein liebes, süßes Schmerzenskind!"

Edmund bewunderte ein sich wiederholendes Glück. „Wie sonderbar," sprach er, „o Himmel, beglückst du Menschen! Sie sehen ein Wesen, sie lieben es, sie lieben sich — doch anders hat es der Himmel beschlossen: er trennt sie! sie scheinen sich verloren — und nach langer Zeit noch legt er der Geliebten Kind an unsere Brust, und junges Glück wird alt, und altes Glück wird jung! — Und Wem hast Du Dich darauf vermählt, als wir von Dir schieden? Denn ein solches schönes Weib, wie Du, bleibt selbst bei Euch nicht ungepflückt, und welches glücklichen Mannes Kind ist Deine Euphrosyne hier?"

„Laß Dir erzählen! drängte Aglaja. „Dir darf ich es wohl vertrauen, Du bist Lothars Bruder. Darum wisse denn ... ach, wie fange ich an ... ich war an den Bischof verlobt; jung, damit ich ihm ausdaure; denn ein Bischof soll nur Eines Weibes Mann sein ... und er war gut und ein schöner Mann in seinem schwarzen vollen Barte. Ach, wie bezaubert war ich von dem Andern, dem Fremden, von Deinem Bruder, ach, wie sag' ich es ... wisse denn, was Dir und ihm verborgen blieb, denn Ihr waret fort."

„Nun?" frug Edmund. „Du wardst des Bischofs Weib, und eine Bischofstochter ist hier Euphrosyne ...."

„Ach!" unterbrach ihn Aglaja, „das wollte ich um alle Schätze der Welt nicht! Und doch, ach! wir armen Mädchen sind fürwahr wohl übel daran; es ziehet uns unser eigenes Herz zu den Männern, sie ziehen uns hin, mit süßen Worten hin, und Eide scheinet uns der Liebe leeres Geschwätz, womit sich der Geliebte-Liebende selbst belügt — und Uns! Vertrauensvoll und der schönsten Hoffnung voll, bethört er noch unser Herz? — er bethört das wonnevolle Herz nicht, das jedes Glück ihm giebt, und es ewig ihm geben möchte! Ach, Ihr Männer ziehet von dem Altare der Liebe wie die Wolke fort, wenn Ihr das Herz uns trafet und Leben uns entzündet; doch von dem Blitze getroffen, bleibt das Mädchen, ach, so wie ein Schwan gelähmt, auf den Gewässern bang zurück, hebt sich nicht mehr freudig auf, und blickt zur leeren Luft, zur leeren Fluth hinab, — und sucht Euch stets!"

„Was kannst Du meinen? Sprich es deutlich aus!" drängte nun Edmund sie.

Und die Hand über die Augen sprach sie kaum verständlich und düster: „Soll ich Dir meine Schmach denn noch beschämt gestehen, die ich mir selber gern verborgen hätte? und gern der Mutter! und erst dem redlichen Verlobten, dem ich nun gerade erwachsen und ach, nun völlig genug erschien, eine Despotin zu sein; denn Du weißt, das Volk nennt seine Bischöfe bei uns seine Despoten, wenn es bei Euch nicht auch so ist — und ich war das geehrteste, vornehmste Weib in Samos! Aber ich war redlich — und weinte redlich. Doch die Mütter sehen durch Lachen und Thränen der Töchter; die Mütter sehen scharf, und vor der Töchter angebornen Freundin mußte ich mich verstellen, verbergen! Ach, welche Nächte, welche Schrecken waren das, als ich das leise, leise, zarte, heilige Bilden der Natur . . . das wundergleiche Regen ihres Gebildes in mir empfand, in mir, der schon wie Verwittweten, die im Voraus schon, wie eine Rebe, von allen ihren künftigen Frühlingen abgeschnitten, am Boden liegend, ihre Lebenskraft verweint! So ward des ehrlichen Weibes, ach, nur des glücklichen Weibes schönstes Glück mir lange Qual, und ihre Freudenthränen mir Einsamen Leidensthränen nur, die mich der Mutter bald verriethen. Oder . . . hatte der Bischof mich ihr verrathen, dem ich, — als er mir zu Füßen fiel: ihm zu gehören . . . Ich wiederum jammervoll-lächerlich genug zu Füßen gefallen war, den ich beschworen: seine Hand von mir zu lassen, keine Hand mir mehr zu berühren, oder mein Haupt zu küssen, wie er so gern, so bescheiden that! — „Er" wird wiederkommen! — hatte ich ihm gesagt. Der männlich-schöne gute Despot hatte Ehre, er hatte das hohe Amt — ich hatte ihm die Augen getrocknet, ja ich hatte ihm die Worte weggeküßt von seinem Munde, ich hatte ihm den Mund mit seinem schwarzen Barte zugehalten — und er hatte nur gemurmelt! O diese Töne! Doch er that mir Gutes für Böses — meine Mutter ward mir die Mutter! Der Vater aber war ein strenger, ja harter Mann, doch nur aus der hausväterlichen, verständigen Absicht, um für sich und die Seinen durch ein redliches Leben, das selber im Kleinsten nicht von dem reinen Wege der Menschen abweichen sollte, des Lebens Glück zu erzwingen, oder doch desselben immer werth und gewärtig sein zu können; und er hätte mich umgebracht, wenn er es erfahren, daß ich nun sogar mir selber des Lebens Unglück bereitet, und fortan nur des Unglücks immer werth und gewärtig sein sollte! Zum Glück reisete er um jene Zeit, wo bald kein Verbergen mir länger möglich war, in seinen Handelsgeschäften hin nach Smyrna, Triest und Wien, und blieb, auf dieser von der Mutter betriebenen Reise in der schönen Stadt verweilt, wohlthätig für mich so lange aus, daß mich die Mutter indeß hinweg führen konnte, zwei Tage weit hin über das Meer, nach der Kryty,*) in die Nähe von Canea zu armen Hirten am Ida, in ein liebes kleines Haus im Olivenhain. — Dort rang sich mir ein Kind . . .“

„Sprich ein Knabe!“ bat sie Edmund mit zum Himmel erhobenen Händen.

Und Aglaja fuhr erschreckt fort: „. . . ein Mädchen vom Schooße, das nannte ich . . .“

*) Kreta, Kandia.

„Gieb ihm alle heiligen und unheiligen Namen," rief Edmund, „nur nenne es nicht . . ."

Er konnte den Namen nicht aussprechen; und für sich und die Tochter beschämt, sprach Aglaja nur leise den Namen: „Euphrosyne!"

„Euphrosyne!" wiederholte er zögernd, als koste das Wort ihm das Leben.

„Ja!" sprach Aglaja, „mein armes Kind, Lothar's liebes, süßes Kind."

„O Gott, Lothario! welches unglückselige Loos!" rief Edmund, und bedeckte Augen und Gesicht mit seinen Händen, und vor seinen Ohren rauschte es wie ein Meer.

Und so fuhr Aglaja, das Unglück nicht ahnend, nur wehmüthig fort: „O konnte ich dem geliebten Manne sein Kind, mein Kind an seinen Vaterbusen legen — Nichts hätt' ich gelitten! Alle Schmerzen, alle Sorgen, ach, die ein Weib um den Mann gern und freudig erträgt, sie wären auch mir zu Wonne der Mutter geworden. O, und doch erst Das war die längste Zeit von meinem Leben, dort, als ich von meinem Kinde mich trennen, scheiden, wieder heim nach Samos, nach Cora mußte, von der Mutter fortgeführt, die mich dem bangen Glücke nur so wenige Tage ließ, und mir Bittenden nur zitternd nur Einen . . . noch Einen . . . den Letzten, und dann noch den Vorletzten . . . den Allerletzten, und dann noch Einen Tag mit Schweigen zugab, aus beständiger Furcht: der Vater kehre vor uns nach Hause, durch Aenderung seiner Reise, durch schnelle Besorgung, durch Krankheit; finde uns nicht, und forsche dann nach der Ursache und dem Zwecke von unserer so langen Fahrt; wenn sie ihm gleichwohl zur Vorkehrung schon gesagt, daß sie indeß ihre Schwester in Naria besuchen würde Und auch bei dem Hirten verrieth sie meinen und ihren Namen vorsichtig nicht, damit der Mann nicht je sich an den Vater wenden könne, oder an uns sich wende, wenn der Vater zu Hause sei. Die vorsichtige Mutter ließ den Leuten Alles, was sie hatte auftreiben können an Geld; und wenn ja einmal . . . ehe ich oder sie wiederkommen könne . . . Etwas an uns zu bringen sei, so nannte sie sich ihm mit dem Namen ihrer Schwester in Naria. — So ließ ich sie, und weinte mich noch einmal recht aus auf meiner kleinen Euphrosyne kleinen Brust; und lieblich — zum erstenmal lächelnd in den Tüchern lag das Kind — und ahnete die treulose, böse Mutter nicht! So kehrte ich heim, aber mit meinem Sinne blieb ich dort — und schien dem Vater stets ein frommes und gutes Kind; denn wirklich suchte ich ihm auch das unbekannte Unglück zu vergelten durch eilenden Gehorsam! So trüget die Liebe uns zuerst, und zwinget uns dann, auch Andere zu betrügen, bange in unserer Brust. — Doch Du hörst mich nicht!"

„Erzähle nur, erzähle ewig so fort;" sagte ihr Edmund. Und während er sie am Arme anfaßte, um sich anzuhalten, und sie in das Haus zu führen, erzählte ihm Aglaja weiter: „War nun der Vater wieder weggereiset, was mir nur selten, in Jahren kaum erst widerfuhr — schnell war ich da, wie eine Schwalbe über das Wasser huscht, in dem leichten Schiffchen hinüber zu meinem Kinde, die ich jedesmal um vieles größer und um vieles schöner — aber auch immer stiller und sinniger fand, und die dann später mit schweigender Geduld die Lämmer hütete um den Ida, und nur die Mutter kannte und den Namen nicht, den rechten nicht — wo ich sie wieder mit immer steigender Wehmuth und herberem Schmerz verließ, wenn sie sich still abwandte, um vor der Mutter ihre Thränen zu verbergen, und nur leise fragte: Wann ich wiederkomme? Wann ich einmal ganz bei ihr bliebe? oder wann sie einmal mit mir ziehen, wann einmal ganz bei mir bleiben dürfe? Sonst Nichts! Und wenn ich ihr auch Nichts, oder ein gütig täuschendes Wort gesagt, auch still bescheiden schwieg. Aber — wenn ich geschieden war, dann rasch auf den Berg am Strande klomm, höher und höher, und zuletzt ganz droben im Winde und Sonnenschein mit ihrem Hirtenstabe stand und nachsah .... wie die Mutter weiter und weit, fort in ihrem Nachen zog, so lange ihr scharfes Auge noch das theure Bild der Mutter ergriff!"

— „Du armes Kind!" stöhnte Edmund, „o stündest du noch weinend dort oben in Sonne und Wind! oder wärest du da droben auf dem Gestein zu Stein geworden! oder geschmolzen mit dem reinen Schnee! —"

„Mich hielt die Hoffnung — ach, die nur traurige Hoffnung auf den Tod des Vaters bei stiller Geduld, das schöne, theure, sanfte Kind mir fern zu wissen .... Doch ach, sollte ich wünschen, daß mein Vater stürbe? Und wie anders konnte ich doch ihr Schicksal wenden? — vollends, als mein Vater plötzlich verarmt war, und wir, um uns den Augen der Spötter des Unglücks zu entziehen, nach Naria zogen, um nicht da jetzt arm zu sein und bemitleidet und beschenkt — wo wir zuvor wohlhabend gewesen und Arme beschenkt! Ohne dies Unglück des Vaters hätte ich Euphrosynen endlich wohl zu meiner Mutter Schwester geführt, deren Mann aber ein schlauer, falscher Mann war, doch meines Vaters guter Freund. So ward sie vierzehn Jahr alt, als Krieg und Verwüstung über die arme Insel Kryth fiel; wir waren arm, recht arm; mein Vater blieb nun ohne ferne

Geschäfte in seinem kleinen Ergastirion immer bei uns; und von aller Sorge um die Sorge des Vaters lag meine Mutter gefährlich krank darnieder, so daß sie auch nach wenigen Wochen starb. Das ward mir wieder zu neuer Betrübniß! Denn da — vier Jahre werden es jetzt — da hatte indeß meine Euphrosyne ein reicher Herr vom höchsten Range aus England gesehen, hier dieses Hauses Herr, in welchem wir sind, und dessen Namen, dessen Stand und Rang — mir völlig und ganz unbekannt, aber reizend für mein Kind erschien. Meiner Mutter Schwester gab mir seinen nur kurzen Brief, den sie unter ihrem Namen empfangen, und was ich ihr sagte, und meinte, das schrieb sie zurück. Diese Freude war meiner Mutter letzte Freude, und sie segnete den Himmel dafür. O wie that mir das wohl! — Er hatte sie als Sclavin losgekauft — das rührte mich! er wollte sie zum Weibe nehmen — mehr konnte sie niemals hoffen zu werden! So willigte ich, hinter meiner Mutter Schwester verborgen, denn heimlich aber deutlich ein, daß er sie sich zur Gattin mir — bis ich selber zu ihr nachkommen dürfte — entführte in sein Vaterland. Und ich, ich konnte keinen Scheidekuß auf ihre Lippen drücken! ich konnte sie nicht segnen! und so trieb ich sie aus ihrer fremden Heimath noch ein zweitesmal in eine fremdere, eine kalte hin! Sie mußte von mir scheiden, ohne ein Lebewohl — doch sie ist gern, mit Freuden ist sie geschieden; denn sie liebte selbst den Mann, und schnell und wunderbar hat ihr Herz sich ihm ergeben."

„Das ist ja alles klar!" sagte Edmund, wie im Schlafe redend, zu sich selbst; „und o Natur, irrst du doch? — Wie glücklich war ich! Ich mit ihr! und Sie! Sie mit mir! . . . O, ich habe himmlisch Recht gehabt! Die wahre Liebe hat ewig Recht und überall .... und auch ihre Seele hat Recht gehabt, himmlisch damals — fürchterlich jetzt!

Aglaja aber bat ihn um Geduld, sie anzuhören, und sprach eifrig und froh: „Seit so langer Zeit, ach, schütte ich heut mein Herz zum erstenmal vor einem Menschen, vor einem Freunde aus! Du kennst diese Wonne nicht! — Sie hing ihm an, sie folgte ihm gern, und doppelt froh aus ihrer letzten Schmach, aus welcher sie kaum ein Anderer, und ich in meiner Armuth sie nicht erlöst, auch wenn ich erfahren hätte, wohin man sie geschleppt. Und so ging sie aus ihrer engen stillen Welt, aus ihrer lieben Flur, und verließ die Heerde dort, und das kleine Haus, und den Olivenhain, und den alten Berg und ihres Meeres Bucht. Und wie viel sandte sie zum Abschied mir Gold von ihrem Gemahl zum Mutterlohn! Ach, wie weinte ich über den reichen Schatz. Aber er kam meiner Kindesliebe zu gut! Aus dieser nahm ich ihn fröhlich an, ja ich küßte das traurige Gold! Denn mein alter Vater war nun blind, ja er hörte mich kaum, und im hellsten Sonnenstrahle saß er mit den Augen gegen die Sonne, und seine weißen Haare und sein schöner Bart glänzten wie Silber. So that ich ihm wohl mit der Gabe seiner Enkelin; und wenn ich ihm den Pokal mit Wein reichte, wenn ich zur Fastenzeit Limoniensaft ihm auf den Caviar drückte, dachte, wußte ich..... er würde nicht essen noch trinken, wenn er wüßte, von Wem er solche gute Gabe empfing, durch meine Hand nur, die er küßte, als eine fleißige fromme Tochterhand! O heiliger Jammer der Welt! und o Seligkeit noch! die Seligkeit der auf der Seele brennenden Liebe! Wie konnte ich ihn verlassen! Ach, die Schuldigen sind ihrer eigenen und aller Welt Sclaven und elende Diener! Jeden Morgen wollte ich ihm mein

Unrecht entdecken, billig und doch gestärkt dafür dulden — aber wie fürchtete ich immer ihn gleichsam hinzurichten! Aber als er da selber krank ward und täglich schwächer, ach — als er nun sterben sollte, als sich die Tochter ja doch so wohl vermählt, als er verzeihen konnte — da sagte ich in der letzten Stunde ihm Alles, auch des Kindes Namen. — Doch welche Qual? Denn ehe er es recht verstand, mußte ich es, die schmähligen, traurigen Worte, vielmal und laut und lauter schreien! Da verstand er meine Rede! Da wollte er mich ansehen, denn seine Augen funkelten auf mich gerichtet — da erhob er seine Hände — da murmelte er mir unverständliche Worte — da kehrte er sich ab — da war er gestorben! Hörst Du — er kehrte sich ab .... und so blieb er todt .... so war sein Abscheu, sein stummer Fluch, mein elendes Gefühl verewigt. Mit Thränen bestattete ich ihn zur Erde. Nun war ich allein! Nun kränkte ich kein Herz auf Erden mehr! Nun konnte ich nur Freude machen! Freude erleben! Denn die Hoffnung: einst noch Freude zu erleben, erhält alle Menschen bei schwerem Leid begnügt, geduldig bei harter Arbeit; und das ist es, was den Armen selbst noch oft so verwunderbar aus den Augen blitzt! Verdenkst Du mir nun, daß ich die Bitten meines Kindes, und ich möchte sagen das Gebot, den dringenden Ruf ihres Mannes erhört, als er sogar nach mir gesandt! — auch von Lothario's Gedenken, und ihn vielleicht zu sehen, zu finden ... von der süßen alten Hoffnung hergelockt? So siehst Du mich nun hier, so siehst Du mich endlich beglückt, und die Theuren erfreuend, wie wir uns je gewünscht!"

Und im Herzen Feuer und Qual, sprach Edmund nur: „O Himmel, daß es so gekommen!"

„Ja, er sei gepriesen! Welches Glück hat er gereift!" bewunderte Aglaja, und blieb einen Augenblick stehen.

— „So ist denn Euphrosyne, diese Euphrosyne hier, Lothario's Kind? —"

„Lothario's! so wahr ich lebe und bin. Du zweifelst, ob ein anderer Mann mir noch gefiel? .... und kennst mein Schicksal?"

— „Das arme Kind! Das arme Weib!"

„Bedaure uns nicht! Nicht mehr!" sagte Aglaja lächelnd. „Jetzt sind wir Beide glücklich, Ich und Sie! Denn Sie hat mich nun, ihre Mutter, und nun steht das Himmels-Glück ihr erst bevor — wenn Du den Vater an ihren Busen führst! Ich dächte, Du sagtest ja: Er hat mich nicht vergessen! Ach, er hat mich aufgesucht, und ach, nur nicht gefunden! Doch nun ist Alles ausgeglichen! Auch so — bin ich zufrieden. Du schweigst? Ist er vermählt? Er kann sie doch sehen, doch grüßen, doch eine Hand ihr reichen! O gönne, verschaffe mir Das! Dich rührt das Glück, das sich uns Beiden fand — denn unter Deinen Augenliedern, die Du fest geschlossen, Du guter Mann, quellen Thränen mit Macht Dir hervor! Du Lieber! Das ist ja des Glückes schönstes Glück, daß es uns widerscheinet aus guter Menschen Auge. O siehe mich an! Höre mich ja! Eile, o eile zu ihm! Gieb ihm, schenke ihm dies Kind, sage ihm, mit Wem er nun hier verwandt ist, wenn ihn sonst nichts rührt! Und zuletzt sage ihm auch von mir, der Armen, ein bescheidnes Wort. Sag' ihm, ich sei hier, ich sei noch sein, ohne ihn jemals zu begehren, wenn das vielleicht dem stolzen, oder dem eitlen Manne schmeichelt. Doch ich, ich harre seiner mit Ungeduld! Es löscht die Zeit, es löscht kein Gram die erste Liebe in unserem Herzen aus! Das

Einzige, was er mir ließ, hier diesen Schmuck, ein theures und dennoch uneingelöstes Pfand, das goldene Kettchen mit seiner Mutter Bilde, und Deiner Mutter Bilde, sie konnte ihm nicht theurer sein! Ich las aus ihm mir nur seiner Züge männlich schönes Ebenbild, wie ich mir wohl als Kind aus klarem Wasser die Sonne schöpfte — oder aus der grün umsponnenen Mutterknospe die Rose aufhauchte! Ich bitte Dich dringend, sobald Du hier dem Hause Abschied sagen kannst, sobald nur Ein Gast schicklich von hier geht — scheide, gehe, kehre auch Du, Du, den ich hier so wunderbar traf! Wohnt er in der Stadt hier, wohnet er hier nahe auf einer von Euren Inseln, oder lebt er in Eurem Vaterlande? — ich schmachte, ihn nur zu sehen! O thue, thu', was Deine Bruderbrust ja Dir auferlegt!"

„Das will ich thun," antwortete ihr Edmund; „und eher, als Du glaubst und denkst!" Und indem seine Blicke auf das jetzt vor Aglaja's Brust schwebende Bild mit bangen Augen starrten, und während Aglaja ihm freundlich dasselbe recht nahe hielt, redete er zu dem Geiste der ihm wie erschienenen, ihn flehenden Mutter: „O theure Mutter! lächelst Du einmal mich wieder an? und ganz von Thränen überschwillt mir das Auge; es stockt mir die Brust von Schmerzen übervoll! O wäre ich auch ein Bild, ein freundliches Bild, wie Du, und lächelte so ruhig fort in diese Welt zu Allem! zu Allem! und Nichts, Nichts empfände diese Brust; und schon ein Hauch, wie ich Dich jetzt durch meinen Athem wie hinter Nebel gehaucht, verlöschte Stirn und Auge und Mund und Lächeln! — O laß mich fort!"

Er entriß sich ihr, und stürzte in das Haus.

Sechstes Capitel.

Bruderliebe.

Ein Gefühlvoller, der Andere unter der Wetterwolke des Unglücks weiß, übersieht ihre Gefahr aus Mitleid noch klarer, als sie selbst — denn der Unglückliche hat kein Mitleid mit sich, sondern bloß sein Leid in sich, das ihm die Besonnenheit nimmt, weil es zu Anfang und zumeist die Vernunft verdüstert durch Schmerz, Furcht, Reue, ja selbst durch die klare Einsicht: wie, ja wie leicht er sein Schicksal vermieden hätte. Auch Edmund war ins Unglück gestürzt durch seine Liebe, und hatte also auch seine Besonnenheit verloren, und glaubte doch noch besonnen zu denken, ob er gleich kaum nur seine Besinnung hatte. Seine Pein überstieg diejenige, welche, wie die Menschen sagen, einst die Verdammten leiden; denn diesen ist alles dann bekannt und gemessen, selbst das Unmaaß und die Endlosigkeit. Ihm aber war, als wenn der Himmel über seinen Lieben und ihm einstürzen werde, eine unbekannte Qual sie lebendig begraben — aber er ahnete noch eine Abwehr, und Er sollte sich gegen den Himmel stützen und schnell, stark und auf immer. Es giebt drei Gattungen Unglücklicher. Die Einen, welche im vollen Drucke des Elends, es zu glauben sich doch nicht überwinden können, und unaufhörlich und immer auf's Neue die Möglichkeit desselben mit bittrem Scharfsinn untersuchen und meinen, es werde nicht kommen, wenn sie seinen Grund unfehlbar entdeckt haben werden! Diese sind die Elendesten, aber die Besten! Es giebt Andere, die ihr Geschick sogleich willig übernehmen, bescheiden es dulden, sich in ihren Zustand fügen, wie in eine große, neue, für sie geschaffene Natur; und ohne Kampf dagegen sind sie glücklicher durch ihre Gelassenheit, und selten und nie verschlimmern sie sich ihr Leben durch regungsloses stummes Ertragen; ja die Natur, die sie so hoch ehren, schont sie wieder mild und heilet sie freundlich aus. Diese sind die Schuldigsten und die Klügsten. Die Dritten nun scheinen Alles für ein Vorübergehendes, noch Lebendiges, also für ein zu Aenderndes, und wenn nicht Aufhebbares, doch für ein zu Verlöschendes, Ausheilbares zu halten, wie Kinderwunden; und Narben in Schlachten verwundeter Menschen sind gleichsam ihr Wappen, ihre Mosesschlange. Sie greifen und tappen überall in der Natur umher nach Hülfe; sie suchen und finden Mittel, Rath, Trost, Linderung — aber gemeiniglich nicht mehr für sich, sondern für ihre Mitmenschen, ja oft für die kommenden Geschlechter. Sie werden die Wohlthäter der Welt — durch Belehrung und Warnung, und in diesem Geschäft gehen sie auf. Diese sind die Nützlichsten und die Menschlichsten.

Alle diese Gedanken schwirrten in Edmunds Sinn. Er frug nicht: Was hätte geschehen sollen? Dazu war er zu practisch. Er frug: „Was soll ich nun thun?" denn er fühlte mit Beben und banger Bestürzung, daß ein ungeheures Geschick in seine Hand gelegt sei! In der von der sinkenden Sonne vergoldeten Halle wie in Feuer wandelnd, frug er sich laut: „Was soll geschehen? Was kann geschehen? — Das will ich thun!" Er hörte über sich die raschen Tritte der Füßchen der geschäftig und eilig umhergehenden Euphrosyne, und der ihm sonst so holde Gang derselben, diese Töne, das Wissen ihrer Nähe brachten aufs Neue und völlig ihn aus aller Fassung. „Wodurch bin ich auf einmal so niedergeworfen?" frug er wieder. „Durch

Wissen!" antwortete er sich. „Ich habe es!" sprach er, indem seine Augen auf den blitzenden Waffen an den Wänden hafteten, und eine stille, aber ihn durchschauernde Sprache zu ihm redeten, die später genauer anzuhören sich seine unruhige Seele im Geheimen vornahm. „Sie Alle sollen nicht weiter wissen! Das ist meine Aufgabe — — dann ist Nichts geschehen! ... und ich, ich gehe auf immer allein hinweg. Und wer ist der Quell dieses Lichtes — dieses Feuers? — Aglaja! Aglaja allein!" .... Dabei glaubte er die Sprache der blitzenden Waffen zu seinen Augen schon deutlicher, ja ganz klar zu verstehen. „In wenig Minuten kann mein Bruder Aglaja sehen — Aglaja erkennen! Sie Mutter nennen hören! Alles durchschauen! Selber erblassen! Aglaja erblassen sehen! — die schon so lange unschuldige, redliche Dulderin, die nun glaubt: Freude zu machen! Freude zu erleben!" — Er lachte laut, und schwieg dann, die Frechheit bereuend, und schamvoll. Denn er gedachte: Wen Hocherhabenen, das Geschick schaffenden, oder ihm doch nicht gewachsenen, das Gelächter meinen sollte! .... „O soll Aglaja, die gute .... am Betrug ... am Verlassensein unschuldige Mutter, soll sie denn wissen? Ist sie nicht werth, gerettet zu werden? Ist es ihr nicht besser, unwissend zu sterben und todt zu sein — als wie ihr alter, blinder und tauber Vater aus Liebe und Ehre noch erst vor Entsetzen zu sterben .... oder ein vergiftetes Leben zu leben, nicht schlimmer? Oder führe ich sie mit mir fort, nur fort? Aber wie wird sie auf ein stummes Wort mir glauben, mir folgen? — Warum sollte sie das? Sie wird nicht! Oder brauch' ich Gewalt, und trage sie fort in das Schiff und bezahle es, kaufe es um jeden Preis und es lichtet die Anker? .... Oder bin ich ehrlich und redlich, bin völlig offen, wie der Bruder erst letzthin immer von seinen Freunden forderte — werfe mich auf ein Pferd und entdecke ihm: daß Aglaja lebt, daß sie da ist . . . und Wer sie nun ihm ist? — Er läßt den Frauen das Haus; er flieht mit mir; er scheidet sich von — —" Er schwieg, bestürzt von den sonst überall heiligen zwei Worten der Menschen: Weib und Kind. „Aber ach! dann ist er so elend mit wie ich — wie der Mörder mehr als der Zuschauer, wie das Feuer heißer als sein Bild im reinen Wasser! O welches Buch, welches Wort, welcher Mensch ist jetzt mein Lehrer? Herbei, ihr Geister! Herbei, o Kraft! Herbei, o Liebe! lehre mich lieben, ja heiße mich — tödten . . . . den Leib tödten, daß die Seelen leben: die Bruderseele, die Seele der jetzt schon vergeßnen Geliebten! die Seelen der kleinen Kinder! Gieb mir Muth, mich zu opfern! oder wer sonst als Opfer fallen muß! Aber erhalte dann auch lebenslang mir diesen Augenblick wach und klar und lebendig — daß mein Werk mir immer so nothwendig, so unumgehbar sei, und so wohl mir sei in der Brust, nun ich entschlossen bin!"

Er hörte die Kinder fröhlich spielen — und durch diese Töne der Freude war er erst wirklich entschlossen, mit Freuden. Und dennoch liefen ihm Thränen über die Wangen. Die Sonne verschwand. Die Halle ward düster, und Grauen umfing seine Seele vor Haß und liebendem Zorn.

„Was überfiel Dich?" frug ihn Aglaja, hereinkommend.

Und zitternd wie ein Mann, der in der Dunkelheit zum erstenmal auf Raub ausgeht, weil er kein anderes Rettungsmittel für sich und die Seinen mehr weiß, stammelte er ihr entgegen . . . . „Du hast . . . . die Pest uns mitgebracht!"

„O Gott! erschrick mich nicht!" rief sie in Angst. „Was ich um und an mir trage, ist rein."

„Sagte ich: die Pest? — nur Pest? nein, Schlimmeres als die Pest!"

„Schlimmeres? Ist es möglich? Doch seh' ich, Dein Auge rollt .... was hast Du vor? So sah ich noch keinen Menschen! Und Mörder sah ich doch selber schon."

„So flieh'! flieh' auf der Stelle gleich hinweg, fort! fort!"

„Dein Drohen bestürzt mich, und athemlos steh' ich gelähmt."

„Du zauderst noch? — O zaudre nicht!" bat er sie flehend; „Du willst Dein Kind vergiften! Oh!"

„Von meinem Kinde scheidet mich nichts, was es auch sei!"

„Du tödtest die Kinder! es stirbt das ganze Haus!"

„Wie könnte das sein? Mir schaudert, doch ich fasse es nicht!"

Edmund verzweifelte, Aglaja allein zu bändigen und fortzutragen, ohne daß ihr Geschrei sie erlöste. Und was dann sollte er sagen? Kein Diener war da, ihm zu helfen; die Gäste alle waren nach den Bergen gegangen; das Haus stand fast allein. So riß er denn rasch die große, grade, breite Klinge aus einem der aufgeschmückten kostbaren türkischen Säbel, trat vor sie hin, und sagte wie ein Gebet zu ihr: „Wohlan, so willst Du nicht? So muß es geschehen! Und also! .... eh' noch der Herzog kehrt, ehe er Dich erblickt! Und schwiegest auch Du — Dein Anblick redet, versteinert! So sträube Dich nicht!"

Jetzt wollte Aglaja vor ihm fliehen. Er ergriff sie aber mit der Linken, hielt sie fest, und rief der Errettung froh: „O

Euphrosyne! so beglückt mich der Gott, mich Dir opfernd zu weihen! und Deinem Gatten — meinem Bruder!"

„Deinem Bruder ..... ihrem Gatten, ... Deinem Bruder! stammelte Aglaja.

„Ja! nun kannst Du Alles wissen, was Dir, wenn er kam, sich ja plötzlich von selbst verrieth; denn nun lebst Du nicht länger!"

„Der Herzog ist Dein Bruder ... Euphrosynens Mann .... ihrer Kinder Vater .... ihr Vater!"

„Weh!" antwortete Edmund statt Ja! „Zum Herzog machte ihn der Tod, die Liebe zum Vater, und die Untreue zum Mann. Ich führe nun seinen Namen — denk' an den Frosch!"...

„Allmächtiger!"

„So stirb nun gelassen von meiner Hand! Denn nun weißt Du! und weißt allein! Doch, was das Glück und eine Engelseele gilt, das vertraue ich keines Weibes Tugend an, selbst keiner Mutter! Denn sie ist ein Weib, und die Zunge heißet Weib! Die Tochter hier begrabe Deinen Leib. Dein Lothar beweine Deinen unkennbaren Leib. Denn nur mit Deinem Haupte .... dem verrätherischen schönen Antlitz, flieh' ich hinweg und versenk' es in's Meer, in den Aetna ... dann stelle ich mich wahnsinnig, oder ich werde es wirklich .... denn ich bin es wohl schon!" — Er beugte sie jetzt an den Haaren hernieder zur Seite, so daß ihr Nacken bloß ward. Aglaja aber schrie: „Hülfe! ... Mörder! ... Hülfe!" — und noch eh' er den Säbel — der einen, durch einen scharfen Ausschnitt gebildeten Haken an der Spitze hatte, um Etwas vom Pferde damit aufzuheben — aus dem Teppich reißen konnte, worin er ihn selber beim Aufstützen verwickelt hatte, erschien Euphrosyne plötzlich zur Rettung der

Mutter. Er hatte sie auf der Marmortreppe in der Abendsonne, die noch die oberen Gemächer mit Glanz erfüllte, in ihrem weißen Kleide wie einen Engel herabschweben gesehen; und nun wie im Fluge bei ihnen, konnte sie vor Bestürzung kaum athmen, kaum sagen: „Gott! . . . . mein Gott! Wer ist es! — — Wen seh' ich? — Edmund! Du bist es? Du! Mutter! O Mutter! was hast Du gethan? Was ist geschehen? Denn Er -- Ihn kenn' ich!"

Aglaja umschlang sie fest, blieb an ihrem Halse ruhen, und erhob ihr Gesicht nicht einmal zu dem dumpfen Rufe: „mein Kind! o mein Kind!" — Edmund stürzte zu Euphrosynens Füßen, umwand ihre Kniee und blieb so in ernstester Verehrung, thränenlos; ja, als umfange er viel zu kühn eine Menschen-Heilige dieser Erde, erhob er sich scheu; und erst als er Mutter und Tochter gleichsam wiedererkannt hatte, noch lebend . . . geweiht: das heilige Leben nun weiter noch auszuleben — da wandte er sich ab und klagte seiner eigenen Seele: „So dürfen Engel aus dem Himmel fallen! So darf das Schicksal Dich und mich entzweien! Wie todt, bin ich nun ruhig; alles Leid verquillt; versiegt fühl' ich plötzlich alle Thränen der Sehnsucht; leer und öde schlägt die Gluth der Flammen in mich zurück, und oh! . . . . nach meiner Liebe Tode kann Nichts mich mehr bedrohn!"

„Vergieb mir Alles, o mein Kind, was ich Dir that und war!" bat Aglaja ihre Tochter.

Und Euphrosyne frug die Mutter: „Sprich nur, sprich! was bedeutet das? Du drückst mir die Brust ja ganz athemlos!"

Aglaja ließ sie los, und flehte mit erhobenen Händen: „O

trüge uns ein Gott, so wie wir sind, gnädig von der Erde hinweg!"

„Was soll ich hören? Und was war es, was ich sah?" frug Euphrosyne. —

„O laß das!" bat sie Aglaja; „und sage: bist Du mein Kind? Und möchtest Du thun, was Deine Mutter Dich bitten muß?"

„Mit Freuden! Sprich!" antwortete sie ihr.

„So komm mit mir fort!"

„Wohin? Warum?"

Und zögernd, und endlich stammelnd, brachte Aglaja das Wort herauf: „Dein Vater fand sich hier! — o komm!"

„Ein Vater? nein — der ist ja todt, wie Du mir gesagt."

„Er war es Dir! Denn mich hatte er verlassen, mich, und Dich in mir — ich ersparte Dir gütevoll das Leid der Sehnsucht! Denn die da im Grabe ruhen, die haben selber Frieden, und geben ihn auch denen, welche sie lieben."

Euphrosyne dagegen erschien durch das Wort wie von Feuer durchglüht, wie von Flügeln gehoben, die sie nur so eben erst sich gelöst empfand; und schwer aufseufzend, aber wunderbar froh drückte sie der Mutter mit hastigem Danke die Hände und sprach: „O welchen Schmerz vernichtest Du in mir! und hebst ihn mir ab von der Brust! Welches Leid wird mir zu Traum und ziehet wie Nebel von mir hinweg — und o welche Wonne steht mir mit dem Vater auf!"

Aglaja aber flüsterte, zur Erde blickend: „So träume Niemand sich unglücklich — was er auch entbehrt! was er auch trägt!"

„Ein Vater!" fuhr Euphrosyne in ihrem Entzücken fort;

„o Himmel, ich möchte es glauben! Denn alle Kinder, die ich sahe auf Erden leben, die lebten ja nicht von selbst, wenn auch kein Vater mich auf seinen Knieen gewiegt. Ach, ich habe inniger gesehen, was ein Vater ist, als viele Kinder! Denn gern sahe ich alle diese Lust der Hütten — und wie die Myrte, woran ich mich lehnte, empfand ich mich allein! O dann kam Er! Dann nannte ich Ihn Vater, wie das junge Weib ja gern den Mann sich Vater nennt, der es nun neu ihr und ihren Kindern wird. Ein Vater! und nun: mein Vater! o! wo ist er, daß ich ihn sehe .... o Gott! verdiene ich das?"

Und Aglaja flüsterte wie vor: „O Gott! verdient sie das?" —

„Nein! nein!" sprach Euphrosyne, „das Unglück selber ist der Mensch nicht werth."

„So komm' in Deine Heimath mit mir fort!" drängte die Mutter. „Das Schiff geht wieder ab, das mich gebracht. — Besinne Dich!"

„Ich bin besonnen!" entgegnete ihr Euphrosyne: „Du sagst ja, er sei hier! O Glück! so bleibe ich hier! und hier seh' er die Tochter in des Gatten Arm, und seine Kinder auch! o schönster Lebenstag!"

„Dich beschütze Gott, daß Du nie Beide zugleich siehest!" sagte ihr die Mutter leis. —

„Sind sie sich Feind?" frug Euphrosyne hastig. „Ist er von niedrigem Stande? — Ich bin es ja! — Ist er arm — ich will ihm geben! Ist er krank — ich will ihn pflegen! Ist er blind — ich führe ihn!"

„Unselig besäßest Du nur den Vater um den Mann;" sprach Aglaja immer erweichter. — Noch blinkte ihr eine andere Hoffnung, denn Euphrosyne sagte aus tiefstem Herzen: „Den Vater zu finden, wäre mein schönstes Glück, ja das Eine nur noch, was mir fehlt, was ich mir immer geträumt; -- doch um den Gatten — nicht!"

Diese Wendung ergriff Aglaja und sagte ihr fast hart: „Diesen eben verlaß' nun, verlaß' ihn auf immer, auf ewig! und auch die Kinder verlasse!

„Das spricht die Mutter? — Verlasse Du mich doch?" versetzte Euphrosyne aus äußerster Zärtlichkeit nur sicher lächelnd.

„Jetzt nicht, mein Kind, in dieser rathlosen großen Noth"....

„In dieser rathlosen großen Noth ...." wiederholte die Tochter zurücktretend, und eine Hand erhebend.

„Es ist geschehen!" sprach Aglaja; „und willst Du Dich noch erretten lassen, so fliehe mit mir!"

Und Edmund sagte ihr mit seelenbewegendem Ton: „Ich bitte Dich: thue, was sie sagt!"

„Auch Du?" frug Euphrosyne erstaunt; „doch ach, doch ja — ich sahe Euch Beide wie tödtliche Feinde, und höre jetzt Euch Beide reden aus Einer Seele!"

Und Aglaja fiel ihr zu Füßen und sprach: „O siehe mich hier vor Dir, auf meinen Knieen bitte ich Dich" —

„O Mutter — Gott! was thust Du? Was begehrst Du von mir Unmögliches?" bat Euphrosyne nun sie; „o mache mir das Herz nicht schwer, das Dich und Dein Beginnen nicht begreift! Mit allen süßen Banden hält es mich hier fest, die eine Mutter halten können — Kind und Mann."

„Die eben sollst Du fliehen" — verrieth die Mutter — „entsetzlich sind sie für Dich! Ihn sollst Du fliehen!" ....

Edmund drohte Aglaja: „Junge! — Weib!"

Euphrosyne wiederholte das: „entsetzlich," Aglaja verstärkte es ihr durch den Ausdruck: „höllisch!“ und wie ohne Erbarmen sprach sie mit höchstem Erbarmen es aus: — „Denn er ist Dein Vater!“ —

Edmund riß Aglaja von ihr, und da sie schon kniete, leicht völlig zu Boden, und hielt das Schwert mit der Spitze ihr schwebend und zuckend — was er jetzt ihr noch thun solle — über der Brust. „Weib!“ rief er — — warum gelang mir nicht meine That! und wie ein Engel stünde ich hier! Gerechtfertigt hast Du mich nun selbst — doch Du selber tödtest Dein Kind!“

Euphrosyne athmete ein tonloses „Ach!“ ein; sie sank auf ihre Kniee — noch einmal, wie zum letztenmal schien sie, umher blickend, von der Welt Abschied zu nehmen; dann zog sie ihren Schleier langsam herab, wankte zur Seite, stützte sich mit keiner Hand auf den Teppich, dem Sinken zu wehren, sank, und blieb ohnmächtig liegen.

Siebentes Capitel.

Aehrenlese der Hülfe.

Als wenn der Blitz eingeschlagen, so trat jetzt einer jener großen Augenblicke des Lebens ein, wo der Mensch über Mitleid, Hülfedrang, ja über Schmerz und Bedauern hoch hinweggehoben ist, und ihm dünkt, als säße er als ein Gast in der GötterRath, und sähe aus Wolken zur Erde, die ihn nichts angeht, und als sei er nur da, um das Geschehene, das Vollendete still zu bewundern.

Aglaja war dann erschrocken und trostlos über das, was sie aus Mutterliebe gethan, als sie sich wieder in ihre Seele, in ihr Haupt, in die Welt, hier in das Haus denken mußte; und trotz dem kam es ihr nicht an, der Niedergeschmetterten auch nur das Haupt höher auf ihren Schooß zu legen. Denn sie gönnte ihr diese Ruhe wie einer Gestorbenen, ja einer jetzt Seligen. Sie blieb unbewegt stehen, um sie nicht einmal durch einen kleinen Schritt auf dem weichen Teppiche aufzuwecken. Die Stille, die Ehrfurcht über der stillen Euphrosyne war wie eine Zeit aus dem Himmel.

Edmund dachte nur: Das Schicksal giebt sie mir — und raubt sie mir zugleich. Aglaja flüsterte über ihr: „Ach, zur unglücklichen Stunde gebar ich Dich!" — — „Wohl; so ist es;" antwortete ihr gleichsam Edmund, eben so leise flüsternd: „so überführt uns die Zeit davon, was wir sonst nie geglaubt! Ja, es giebt gute und böse Stunden in der Welt. Im Sommer wird eine buntgemischte Reihe von heitern, sonnewarmen, und von Regentagen sein, von Stille und Sturm. Säet nun der Säemann seinen Saamen dann und so, daß des Himmels holder Wechsel und der Erde belebende Kraft ihm still entgegenkommen, ihm Keim, Wachsthum, Reife geben, daß das Leben der Saat mit dem großen Leben zusammenwandelt, und der Bedarf der Frucht und jenes hohe Walten der Natur sich deckt — dann sagt man: der Säemann hat ausgesäet am guten Tag! Oft stirbt auch gute Saat, am bösen Tage gesäet — doch nie bringt böse Saat, auch guter Tage, gute Frucht." —

Aglaja beschwerte sich gleichsam, aber leise, nur leise gegen ihn durch das getrostere Wort; „Wie klein ist gegen dieses Unglück mein Vergehen!" —

„Daß ich Dich frage," entgegnete ihr Edmund eben so schaurig leise: „glaubst Du an eine größere Strafe, an einen größeren Fehl, ein größeres, endloses Unglück, als ein Unrecht zu thun? Am Menschenglücke, und darum an dem Gotte, begeht auch das kleinste Unrecht schon ein schweres, ein einziges Verbrechen — denn jeder Mensch ist einzig! Und was soll neben dem Rechten, neben dem Guten sein? Stelle Dir einen breiten, schönen, entzückenden Weg vor, worauf die Lebendigen alle bequem und sicher wandeln können — willst Du an dem Abgrunde wandeln? in die Klüfte, in das Meer sehen, ja, da Dich hinunterstürzen? — Willst Du, das Meer der Kräfte der Welt soll ein weiches Bett sein, da es doch eben nur darum das Meer ist, um Saamen und Blumen und Thau und Glück über die Lebendigen auszusenden, die auf dem breiten Wege wandeln, den Jeder kennt und findet, als ein geborner Schauender, Wissender, als ein mit Vernunft und Sitte begabter Mensch. Willst Du ernten neben dem Acker?"

„Und konntest Du mich nicht an meiner eigenen Sehnsucht fangen?" frug Aglaja ihn leis. „Wie wenig, Ihr Männer, seid Ihr doch falsch und schlau, als Eurer Kraft bewußt. O, wie wohler thatest Du: — Du vertrautest mir scheinbar nur — „Lothar wohne dort oben in dem weißen schönen Hause am Berge!" — Und noch vor Nacht folgt' ich Dir hin — und Du stürztest mich in den Felsenabgrund zur Seite! . . . Oder Du täuschtest mich so: Er solle da drüben wohnen in Chiarenza — und ich schiffte mit Dir, wohin ich dann mußte in Deiner Gewalt! . . . Oder sagtest Du mir sogar: Er ward hier drunten in das Gewölbe des Thurmes begraben . . . und o, wie eilig folgt' ich Dir, nur seinen kalten Sarg zu umfangen! — Und Du begrubst mich in den Boden zu ihm, und noch glücklich war ich!"

— „Und," flüsterte Edmund zu ihr, „wie bewahrtest denn Du die so lange wohl bewährte Schlauheit, den wohlmeinenden nothwendigen Trug? — Denn konntest Du eben nicht auch Euphrosyne ergreifen und locken und führen an ihrem Verlangen: den Vater zu sehen? — Ich habe ihn mitgeführt" — konntest Du sagen — „er ist noch im Schiff; und nun ich fand, daß Dein Mann nicht hier ist, nun komme zu ihm in das Schiff!" — Und sie kam! Und Du kamst — und wir flohen davon!'

„Wehe! Wehe! und doch . . . ach, was drängt doch geheimes Unrecht so an den Tag!" flüsterte Aglaja ihm zu, und sah ihm so bange dazu in die Augen.

— „O, Jahre schläft die Schuld wie ein Dattelkern. In grauer Vorwelt ausgesprochen, hängt ein böses Wort wie eine Eule an Felsenwänden — lange rauscht das Meer tief unter ihr dahin, bis sie hinausfliegt in den hellen Tag, und oft, wie ein böser Engel, sich neu gebären läßt So schläft das Crocodill in festem Schlamme verdeckt, und wenn es die warme Sonne merkt, bricht es hervor und faßt mit grausamem Zahne unschuldige Wandrer an."

„O, war denn diesem Schicksal gar nicht zu entfliehen?" seufzte Aglaja.

Und wieder ganz leise raunte Edmund zu ihr: „Das Schicksal — es giebt Keines, und giebt doch Eins: das Schicksal ist der Gang, den die Natur geschickt ist von dem Gott, des Künstlers lebendiges schönes Werk, das ihm geheimnißvoll und offenbar vollendet, nur was es soll. Mit feinen Sinnen ist das Element begabt; mit unsichtbaren Händen bildet leis ein Tropfen

Thau die Blüthen, und ein warmer Hauch, die Sonnenstrahlen malen wie mit goldenem Haar die Blumen und die Früchte, sicher stets und mit fester Hand, mit quellenderer Schöpfungskraft — als nur Menschensinn! mit treffenderer Hand, mit Schönheit, Maaß und Seele, inniger, sicherer, herrlicher, als Deine! Ja, Dir fehlet selbst das feine Auge, das leise Ohr, daß Du die Zauber fassen kannst! So wirket das Element der Gottheit Willen leis, und leis allmächtig — auch geheimnißvoll in Dir! Es donnert! Es blitzt! Es wird Frühling! — also spricht, den Geist der Elemente ahnend, auch der Mensch. Und nun erstaune ich, in die Welt umher zu schauen, wo alles Lebendige nur der Gottheit Rath und Willen lebt und webt."

„Zeigt die Natur nichts an? Spricht es kein Forscher aus?" frug Aglaja, sichtbar gelassener.

„Alles ist Zeichen! Alles ist die Erfüllung — auch der Mensch; auch jeder stille verborgene Gedanke, jedes Gefühl! Laut redet die Natur und wirket offenbar. Wen hat sie auch zu scheuen, die Reine, Göttliche? Doch was die Erde und die Gestirne auch verkünden, das sagen sie bloß durch die That, als weder gut noch bös, mit ganz gleichgültigen Blicken über alle Sterbliche. Daß die Natur sich stets erhalte, fort sich pflanze, ihr großes Ziel erreiche, dazu nur geschieht, was auch geschieht, mit stiller Sicherheit und Kraft. Daß es geschehe, ist der Gottheit Sorge allein, ach, und nicht allein — denn: daß es Dir gut geschehe, ist dann Deine! Denn erfüllt sie ihr großes Werk, gönnt sie Dir gern, Dich damit abzufinden, wie Du es vermagst; denn ewig meint es das Schicksal gut mit Menschen, und nie bös! Darum erhebe Dich! erweitere Dein Selbst zu ihrem Selbst, und göttlich schaue Alles an! Es giebt kein Unglück, nur den Traum davon in uns — unser kleines Unrecht, groß — wie wir selbst."

„Wir träumen Alle! wir fehlen Alle" — sagte Aglaja zu ihm, mit langsamem Nicken des Kopfes. „Wer löset mir dieses Geflecht? Ach, nichts Gutes bleibt uns mehr zu hoffen und zu thun!" —

„— Was hilft uns fruchtloses Klagen?" sprach Edmund lauter, denn er war getroster. „Stets bleibt uns ein Weg, den Schmerz zu verwandeln in ein Thun! Die wahre Art zu leiden ist: sich zu heilen. Einen Rath nun giebt mir die Bruderliebe ein, den auch die Tochter wählt." Und da ihn Aglaja ansah, sprach er aus: „Die Flucht! und was uns quält — verschont ihn, bleibt ihm verschwiegen."

Da stand Euphrosyne mit freudiger Bewegung auf, so daß sie erschracken.

„Was zaudern wir?" fuhr Edmund belebt fort: „denn alle unsere Stunden sind gezählt, die Augenblicke! Wie bald ist er zurück! Ein Zufall kann ihn uns entgegenführen, ehe wir es gedacht. Und was dem Menschen gut erscheint, das thue er gleich! Die neue Stunde bringt ein neues Nöthige, und nichts versäumen wir hier mehr, als edle Zeit. Hole ihr Ueberkleid und was Du etwa hast."

„Wenig und nichts!" antwortete Aglaja; „meine Sachen sind noch auf dem Schiffe."

„So bringe meinen Helm mir gütig und mein Schwert, auf jeden Fall. Denn Diese hier verlaß ich nun nicht mehr, und was wir brauchen, das beziehe ich überall."

Und so eilte Aglaja. Zu Euphrosyne vermochte Edmund kein Wort zu sprechen. Sie standen sich beide abgewandt, Sie angelehnt, Er frei. Und so drängte ihn seine Seele, jetzt sich still zu fragen: „Warum geheime Schuld doch so zu Tage drängt? — Was harren die Menschen auf ein Weltgericht — Gott ist in uns! Schon hier! und jeden Augenblick und überall hält er Gericht in jeder Brust. Im Bösen ist schon die Hölle, und er fühlt sich verdammt, allein, am fernen Meeresstrande, wie im Gewühle der Menschen. Im guten Menschen ist der Himmel, den ihm schon der innere Richter zugesprochen; und so lebt er selig, wo er auch sei, und was ihm auch geschehe, was ihm geschah; und den Ausspruch Gottes wandelt mehr kein schwacher Mensch!" Mit Zittern hielt er seine flache Hand nah' über Euphrosynens Haupt und sprach: „In das Reich der Tugend dringet kein Schicksal! Darin geschieht nach festem, heiligem Gesetze unwandelbar das, was geschieht; unraubbar selig machend oder unselig; doch stets nur so, so wie der Mensch es sich verdient." Und sehr bescheiden, doch sehr erhoben sprach er über sie aus: „Darum, wer ohne Schuld ist, der sei ohne Leid!"

Aber Euphrosyne verneinte es still, und durch ihre Bewegung des Kopfes glitt seine Hand ihm herab auf den Nacken, und er zog sie ein, wie eine Schnecke; denn hier sah er ja doch die Unschuldige leiden, und in der Liebenden keinen Himmel.

Da kam Aglaja außer Athem, den Arm voll Sachen, den goldenen Helm auf dem Kopfe. Edmund behelmte und umgürtete sich; dann kleideten sie Beide Euphrosynen an, die es müßig geschehen ließ. Und nur mit halber Stimme tröstete Edmund die traurige Mutter: „Aglaja, weine nicht! Du weißt, es muß so sein! Ist noch Etwas, was Du vermissest? — Nun, so komm!"

„Nichts! Alles!" antwortete Aglaja; — „Nichts vermiß'

ich, und Nichts ließ ich hier — als Alles! alle mein Glück, und nur das Leben nehme ich mit fort."

„So lebe auf immer wohl, du theures Haus!" stöhnte Edmund.

Da eilte Euphrosyne schnell bis zur Thür voraus, aber dort kehrte sie plötzlich und mit erhobenen Händen zurück.

„Was ist noch?" frug sie Aglaja.

Euphrosyne schlug ihren Schleier in die Höhe und rief: „Meine Kinder! Meine Kinder!"

„Lasse sie ihr noch einmal sehen!" bat Edmund. „Aglaja, führe sie her! Von dem Glücke scheiden, ist das süßeste Glück!"

„Oh!" rief Aglaja, „welch ein Gang! welch ein Werk! Wer macht den Kindern gern die kleinen Herzen schwer!"

Aber Edmund tröstete sie mit dem Wort: „Sie haben dann einst doch ein Traumbild von einer Mutter, ihrer Mutter! Die Kinderwunden heilt noch narbenlos die Zeit."

Und so ging Aglaja nach den Kindern. Dadurch war Edmund an seinen Bruder erinnert, von welchem er nun ohne Abschied hinziehen, fliehen — ihm: als Entführer erscheinen sollte, und auch sein Angedenken ihm zur Verwünschung machen. Aber das eben that ihm wohl. „Werde ich wiederkehren? Jemals? Niemals? Niemals!" sprach er. „Ach, nichts kehret wieder! Kein Baum hat Hoffnung! Wer es auch einst gesagt, — das sprach nur ein Thor. Keine Blume kehret wieder — nur Blumen. Kein Blatt kehret wieder — nur Blätter. Kein Mensch, kein Kind kehret wieder — nur Menschenkinder, so lange der Himmel bleibt; und auch die nicht so lange. Sie fliehen alle von einander, zerstreut; versammelt; sie sagen sich kein Wort; und ich — ich thue alle Tage eine Wohlthat, so lange ich von ihm bin! Also mein

Bruder, leb' wohl! Stirb wohl! Und nur Eine Hoffnung habe ich, daß Eine Erde uns einst bedeckt."

Aglaja kam mit den Kindern, und die kleinen Mädchen liefen zur Mutter. Euphrosyne kniete auf ein Knie zu ihnen, und Edmund sah mit Bewundern die Natur jetzt walten, das Schicksal und die Liebe in einem schönen Wesen kämpfen, und abwechselnd siegen; jetzt den Schmerz, jetzt das Entzücken; aber beide himmlisch. Denn Euphrosyne drückte das eine Kind mit dem einen Arm fest an ihre Brust und küßte es herzlich, während sie das andere Kind, als ihr verabscheut, mit dem andern, starr ausgespannten Arme weit von sich hielt. Dann blickte sie das umarmte an, stieß es dann von sich und hielt dieses Kind nun mit starr ausgespanntem Arme weit von sich ab, indem sie das andere nun an die Brust zog und herzlich küßte und herzlich weinte.

„Du machst mich ja todt, Mutter!" sagten die Kinder beide.

Euphrosyne ließ sie nun Beide, richtete sich empor und sagte zu ihnen: Mutter! sprecht Ihr? — nein, ich bin Eure Mutter nicht mehr — ach!" — und dann begrub sie gleichsam ihr Gesicht in ihre Hände.

„Nein! Du bleibst doch unsere Mutter!" sagten ihr die Kinder natürlich zurück.

— „Meine Schwestern seid Ihr," sprach sie; „ach, Ihr Lieblichen sollt nun nicht mehr meine Kinder sein!"

Und die Kinder wiederholten: „Wir wollen nicht Deine Schwestern sein, nein! wir sind ja Deine Kinder!" —

Edmund faßte die Mädchen schnell, zog sie fort in den Saal und schloß sie ein, wo sie still waren, als fromme Kinder. Indeß waren Aglaja und Euphrosyne schon fortgeeilt. Und als Edmund herbeikam, stand er einen Augenblick in der Oede, dem

Schweigen. Schauder befiel ihn, und er rief: „Ha! grausenvoll und leer verlasse ich dieses Haus!“ Da kehrte Euphrosyne geschwind noch einmal zurück, wie ein abgeschiedener Geist, und schwebte voll Angst durch die Halle, und sank auf ein Knie, wie zu beten. Die Unruhe riß sie empor, und sie floh hinaus mit einem, durch seinen leisen Klang erst recht herzzerreißenden Ach!

So war es geschehen.

Achtes Capitel.

Das Bekenntniß.

Sie waren kaum fort nach dem Schiffe zu, als Lothar aus der Stadt zurück vor sein Haus gesprengt kam und fröhlich vom Pferde sprang.

„Nun?“ sprach er. „Adda, wie stehst Du hier so betroffen? und meine Cora! Habt Ihr Euch Euer Leid geklagt? und welche der Andern? Ich hoffe, Cora, Du! Es wird sich Alles lösen, Alles verbinden, Ihr guten Kinder!“

Aber Adda zitterte immer heftiger. Endlich warf sie sich ihm zu Füßen und sprach: „O, klage Du selbst über Dich, über Dein Weib, über . . .“

„Warum? Ich, klage nicht;“ trotzete er.

„O ich weiß nichts, ich will nichts wissen!“ sprach Adda. „Aber, was mir geschehen, das muß ich Dir klagen. Ich habe meinen Bruder verloren!“

„Verloren? Verliert sich so Etwas?“ frug Lothar, doch ernst geworden.

„Ich will in das Haus gehen,“ erzählte ihm Adda, „da

begegnet mir Edmund in Hast; er will vor mir weichen; er besinnt sich; er fliegt auf mich zu; er drückt mich ans Herz, daß mir die Brust noch schmerzt; denn er trug sein Schwert quer vor. Ich bin erstaunt; er sieht mir noch einmal zärtlich ins Gesicht, dann spricht er: „Leb' wohl, meine Adda! auf Leben und Sterben — leb' wohl! Sieh' mich noch einmal an! — Und grüße den Bruder! tröste ihn, beruhige ihn — Euphrosyne war ja doch niemals sein. Sag' ihm: Ihre Mutter ist hergekommen; nein, sag' ihm: Sie war hergekommen! Sie war hier! Aber jetzt schweig! heute, die Nacht nur noch, schweig! Morgen erst rede!" — So sprach er, dann eilte er fort nach dem Strand. Ich sehe ihm nach, und sehe, eilig, eilig ihm schon voraus ... O, siehe Du selbst: Wen! und Was! wenn es noch Zeit ist!"

„Bin ich so weit gebracht, ich, so weit, daß ich meinem Weibe nachzu ...... —" Er hemmte sein Wort, stampfte mit dem Fuße die Erde, und sagte Adda auf ihren Kopf: „Du lügst! als die größte Schmach von einem Engländer für einen Engländer."

Sie biß auf die Lippen, änderte ihren Sinn aber plötzlich und sagte: „Bleibe also gelassen hier, Du einziger Mann der Welt! Und herzlich und redlich gesagt: Es kann anders sein! O nur nicht irren! nur sich nicht täuschen, noch Andere! Ich beschwöre Dich: denke an Uns!"

„Ich will nur glauben, was sie selber sagen."

„Frage sie mit dem Sprachrohr! rieth sie ihm, „sie werden Dir die Antwort vom Schiffe wohl zurufen, meine ich."

So ging er zornig, und dennoch bis um des Hauses Ecke nur langsam, wie gewöhnlich. Und hier an der Mauer hing, wie an jeder Ecke, um in die Gärten und auf das Meer hinzurufen, zufolge einer sehr nachahmungswerthen bequemen Einrichtung, das Sprachrohr an einer Kette; und da Lothario seinen Bruder deutlich erkennbar am Strande sah, und deutlich sein Weib, und noch ein Weib mit einem Mädchen, welches Reisesachen trug, so setzte er das Sprachrohr an und rief ein schallendes: „Back!“— (Zurück!) unter sie, daß sie auseinander traten vor Schreck.

„Sie haben meine Stimme gehört; und Ein Wort des Mannes ist genug! zu viel!“ setzte er hinzu. Dann sah er durch das Fernrohr auf seinem Stocke, und sah: Edmund riß desto gewaltsamer an der Kette, woran die Barke des Hauses angeschlossen lag, um hinüber ins Schiff zu rudern, oder mit derselben hinaus auf das Meer. Euphrosyne hatte sich auf den blumigen Rasen gesetzt, den Kopf in die Hände gestützt, und so erschien ihm ihr Nacken blendend weiß im Glanze der Sonne. Das Weib im rothen Kleide rang ihre Hände, riß dann mit Edmund an der Kette, und erhob die Hände wieder verzagend, gewiß, weil sie ihren Kräften widerstand.

Lothar hatte also wirklich Unheimliches gesehen, aber auch ihre Lage richtig gewürdigt. Sie mußten warten, bis er käm; und so ging er nur langsam nach dem Strande.

Vom Bord des noch gegenüber liegenden Schiffes aber konnten die Augen das Ufer mit Kernblicken bestreichen. Darum schon durfte er ihnen keine Scene geben. Darum grüßte Lothario also, als er wie lustwandelnd zu ihnen getreten, die zitternden, tief verschleierten Frauen verbindlich, ja er bot seinem Bruder die Hand, der ihm mit schmerzlichem Ausdruck in die Augen sah, und dulden mußte, wie Lothar seine Euphrosyne zwar hastig und fest am Handgelenk ergriff, aber dann wie sehr gelassen an seinem Arme zurück zum Hause führte. Und nur leicht sich umwendend, sagte er noch zu Edmund: „Führe doch unsere Mutter!" Und nur froh, daß er Euphrosynen hatte, und jetzt um weiter Niemand und nichts Anderes in der Welt bekümmert, ging er voraus in die Halle, ohne daß jedoch Aglaja ihm weiter als in die Nähe des Hauses folgte, dort fürchtend und zaghaft entschlüpfte, um irgendwo sich die Nacht zu verbergen, die Nacht zu entfliehen. Lothario hatte es noch bemerkt, und im Hineingehen nur seinem Diener ein streng ausgesprochenes Wort gesagt. Mit Aglaja war auch das Mädchen verschwunden. Denn Edmund hatte nicht auf sie geachtet, nicht achten mögen, und sann langsam wandelnd nur nach, wie er des Bruders glücklichen Irrthum, die Eifersucht durch verschämtes und reuiges Zugeständniß recht glaubhaft zwar, aber auch für Euphrosyne die Folgen dieses Glaubens erträglich mache, ja von ihr auf sich abwende, durch Uebernahme aller Schuld.

Lothario aber schleuderte Euphrosynen von seiner Hand unsanft vor sich hinein in die Halle mit dem erbitterten Worte: „Zurück, Du Schlange!" ... und erst nach langen tiefen Athemzügen frug er sie glühend: „Entschlüpfen wolltest Du? und wohin? Hin, unter Deine Trümmer und Gesträuch? Mit Wem? ... Deine Mutter floh mit Dir zurück — mit Edmund wolltest Du fliehen? Sprich! Du sollst!"

Euphrosyne gab leise stumme Zeichen der Bejahung mit ihrem Köpfchen zu allem.

„Das ist zu viel!" rief er aus — „und Alles gesteht sie selber mir ein! Die Mutter, ha, sie soll zurück! Sie kann nicht entfliehen; befohlen habe ich meinen Dienern, sie mir, mir überall zu bringen, und sei es um Mitternacht. Aus dem Schlafe sollen sie mich wecken. O, so greift man kindisch nach dem schönsten Apfel, nur von Außen schön! Aber schlecht ist er innen, von wildem Stamm! O traue Jemand nur den schönen Griechinnen! Sie sind verliebt; und wer verliebt ist, der liebt nicht."

Die Kinder hörten jetzt den Vater, pochten mit den zarten Fingern an die Thür und riefen: „Lieber Vater, mache uns auf! Wir haben ja nichts gethan! Nicht wahr? Oder schenk' uns die Strafe!"

Lothar eilte hastig nach der Thüre, drehte den Schlüssel, öffnete, und ließ die Kinder unter seinen Armen hindurch herausgehen. Dann nahm er und herzte und küßte sie Beide. „Wer hat Euch eingeschlossen? Ihr armen Kleinen!" frug er sie kosend. Und „Edmund!" antworteten Beide freundlich.

Er hieß sie hinaufgehen, und außer sich, so lieben kleinen Engeln nachblickend, sprach er, als glaub' er es nicht: „Auch ihre Kinder sogar ließ sie zurück? Das thut eine Mutter? — o das kann nur das Weib, das die Mutter vergessen! Nein, das die neue Mutter im Sinne trägt ... in der Wuth — nicht im Herzen. — Sie ist die Erste nicht! Zu Allem fähig ist ein Weib, treuloser Liebe willen, die sie ganz bethört! — Wohl! ich höre ihn kommen! Ja, ich habe Euch überrascht — doch wenige Augenblicke — und ich kam zu spät. Doch das war mir glücklicher."

Euphrosyne bewegte sich leise zu diesem Wort.

„Das schöne Reh hab' ich in seinem Trieb geraubt," fuhr Lothar da schadenfroh fort — „und auf der leeren Fährte kommt es still zurück ..."

Edmund trat sicher und gefaßt ein, blickte nur einmal hinüber zu Euphrosyne und blieb dann schweigend stehen.

„Ja, kommst Du?" redete jetzt Lothar ihn an, „komme nur nachgeschlichen, Du sauberer Held, Du treuer Bruder, der es stets mit mir so wohl gemeint, und selber das Leben hinzugeben — log, wenn Ich es verlangt. Ist das der Knaben Bruderschwur, den unser Vater einst — nun siehst Du, warum — vorsichtig von uns gefordert? So hältst Du ihn? — Du — hast Dich losgezählt! Doch Ich, ich zähle mich nicht los, und ich halte Dir ihn treu, Du thust auch, was Du thust; mein Bruder sollst Du bleiben, und wenn Du mich erwürgst! Ich rathe es meinen eigenen Händen nicht, daß sich nur Eine, Eine nur Einen Finger dagegen rührt — Du warst mein Bruder, ehe ich Diese hier gekannt!"

Edmund mußte tief Athem holen, dann konnte er ihm erst sagen: „Ja, Du verdienst, — daß wir Dich so behandeln! Doch — ich wünsche nicht, daß Du jemals erkennen lernst, daß Ich verdiene, wie meine Bruderbrust Dich liebt. Stets gegen Dich offen habe ich geschworen zu sein, Dir kein Geheimniß zu verschließen, welcher Streit sich auch jemals zwischen uns erhebe, nur mit Güte und Offenheit ihn aufzulösen — — — frage!"

„Hast Du mit ihr fliehen wollen?' frug also Lothar mit zur Erde starrenden Augen; „also Sie mit Dir! das ist Eins! Nein? . . ."

„Ja!" antwortete Edmund.

„Ach!" stöhnte Lothar.

„Ach, stöhn' ich Dir nach;" sprach Edmund zaghaft leise. „Ach, uns spinnet das Leben fest in manche Leiden . . . in unsere Liebe ein — doch ewig bleibt der Gott von unserm Innern Herr! Also auch einen Schwur nicht halten, kann ein Edles sein, das fühle ich jetzt, und glaube es Deinem Bruder, Du; doch weiter forsche nicht!"

„Ruhe nur gemächlich aus auf meiner Liebe, die Dich jetzt

auch sicher stellt!“ versetzte Lothar und wandte sich von ihm. „Aber hier diese schöne Schlange büße Alles, die wie mein Kind, mit ihrem kleinen Köpfchen sich an diese Brust geschmiegt — um ihrer Wangen Gluth nur desto sicherer selber an mir zu verbergen, und das Herz, das voll Betrug dem andern Manne entgegen schlug, indem ich Thor! mit Wonne sein Klopfen empfand! und lange schon unselig war als ich mich noch beglückt gewähnt! Denn daß Er Dich geliebt, das war so leicht zu sehen! Auf heute habt Ihr nur geharret! auf einen Tag der Freude und Verwirrung — wenn Ich nicht da sei! Das Volk der Griechen ist noch heute so klug als sonst! Nichts Grausameres auf Erden giebt es, als ein Weib! So schön sie ist, so über Alles schön, so heiß wird sie geliebt, so gewaltig besitzt sie unsere Seele, daß sie uns tödtet, wenn sie uns ihre Liebe raubt. Was ist man auch ein Thor! Was glaubet ein Jeder! Was glaubte ich auch, und selber ihr, die ein Engel schien, die noch ein Engel scheint — der ich Alles that und war! Gieb einem Weibe die Schätze aller Welt, schenke ihr sechs Königreiche, setze ihr sieben Kronen auf das Haupt, kleide sie in Diamanten ein, daß es ein Auge kaum erträgt — umsonst! Denn sie betrügt Dich doch! Mit nichts kannst Du des Weibes Herz gewinnen, wenn sie Dich nicht liebt; und liebt sie Dich, so läßt sie Heimath, Krone, Königreiche — ja die Kinder selbst! Ein Schmähwort ist der Name Weib; sie schmähen heißt nur sie nennen.“

Die wehmüthige Geberde Euphrosynens zu diesem Worte durchstach Edmund das Herz. „Du sprichst Entsetzliches!“ mußt' er entgegnen; „Du gießest Feuer aus über dieses Engels Haupt. Und doch, doch lieber hör' ich Dich so! und höret sie Dich so, und wonnig fühlt sie ihren Schmerz, den sie um ihre Liebe gern erträgt. Darum eifre nur, tobe so fort, und drücke ihr ihre Liebe erst recht, wie süße Schwerter in die Brust — es soll uns wohl in unserer Seele thun!"

„Ihr rühmt Euch noch!" drohte Lothar.

„Sie sich nicht, und ich rühme Sie, nicht mich!" sprach Edmund; „soll Eines schuldig sein, so wirf alle Schuld auf Mich!"

„Und ich entschuldige Dich, nicht Sie!" beharrte Lothar. „Die Schuld von aller Untreue trägt allein das Weib! Denn ihr gab der Gott der Schönheit Reiz, der kein Mann widersteht ... gab ihr ein zarteres sittliches Gefühl, die edle hohe Scham, die des Mannes wilde Leidenschaft oft vergißt; und über Alles gab er ihr der Würde und der Hoheit Blick, daß sie, wie eine Gottheit, Jeden niederwirft, der von ihr fordert, was sie selbst nicht gewähren will."

Edmund seufzete: „So sieht die Welt nur, was erscheint! Nie das Warum." Da ihn aber Euphrosyne durch einen auf ihren Mund gelegten Finger zu schweigen bedeutete, setzte er betreten hinzu: „Ich sprach zu viel!"

„Wie?" frug Lothar; „stehe ich mitten innen hier, und ausgeschlossen? Deute ich diese Zeichen nicht, die hier aus Euren Augen wie aus Sternen still zu Sternen über diese Welt vorüberziehen, wie Nachtigallruf zu Nachtigallruf über das Thal — wie Kukuksruf zu Kukuk? O, dies Verständniß will ich lösen! Binden will ich Deine Seele mit dem tiefverborgenen Gift, zernagen soll es eher sein Gefäß, bevor ein Tropfen wieder über diese Lippen quillt. Verlaß mich, Edmund!"

„Für jetzt, und für immer, wie es denn einmal ist, gern!" sagte ihm der Bruder — „doch nur wenn Du mir im Voraus versprichst, daß Du Dich nicht an Ihr vergreifst, wenn sie es auch wie eine Lilie stumm hinsterbend geschehen ließe, und todt und schön noch schweigend vor Dir läge, die reiner ist als alle Reinen, und unschuldiger, als je ein Weib."

Euphrosyne rang die Hände über diese Worte; und darüber betreten, rief Lothar mit Ingrimm: „ich ahne, ich ahne — oh!"

Da sprach Euphrosyne wieder zum erstenmal, that rasch zwei Schritte auf ihn zu und frug bestürzt: „Was ahnest Du? Was?" —

. . . „Dieses Verhältniß ist schon eine Schuld;" versetzte er schneidend kalt. Und da Euphrosyne aufathmend und froh zu sich sagte: „Nun ist mir wohl!" Da wandte er sich von ihr an seinen Bruder: „Sei ruhig! Ich verspreche es Dir! ich halte es Dir, so lange ich meiner selbst mächtig bin, und dieser Sinn ist stark, und Viel — verachtet er! Befürchte nicht, daß ich sie auf das Meer hinausführe, und wie sie verdient, versenke, wo sein Grund am tiefsten ist — nach milder Türken Art. Der Türke liebt ja nicht, begehrt die Liebe nicht — den schönen Leib, den Leib allein, und wenn ihm diesen ein Weib befleckt, so tilgt er nur Den hinweg. Und ich verdenke das ihm nicht, wenn er sich den bewahrt. Im Irdischen lebt und athmet ja nur der Mensch, und aller seiner Freuden rauschendere und erregendere schönste Hälfte geht ihm ja nur aus dem Sinnlichen zu — ich lebe, heißt: ich habe einen Leib! Doch ich — ich habe sie geliebt, so geliebt, wie ich es nur vermag zu lieben — ihre schöne Kinderseele wollte ich Thor!"

„Verschone sie! trage sie auf Deinen Händen! Thu' ihr das Beste, was Du weißt und hast und kannst; Du hast ihr doch nimmer genug gethan! Und was Du thust, erinnere Dich: Du bist ein Mensch! und Steine selbst geziemt es ihm zu behandeln, nicht was ein Stein erdulden möchte, oder was ein Molch verdient, nein, wie der Mensch es soll, wie es seiner würdig ist! — Ich selber bin bestürzt; ich weiß nicht, was ich thue und sage; denn ein Gott nur endet dieses Leid; und was geschehen will, geschehe, was es auch sei. Denn ich, ich scheide — Dir zum Trost und Frieden! Das ist das Beste! Erst die Noth treibt uns, das endlich zu thun, was lange weise war und gut, und was wir stets aus süßer Gewohnheit mit Qual süß erduldet. Ich fahre sogleich hinüber ins Schiff — und diesmal nehme ich den Schlüssel zur Barke mit, um mir mit Tagesgrauen die Abfahrt zu besorgen. Und so lange Diese lebt, so lange siehst Du mich nicht wieder. So lebe wohl! Auf lange, auf schwere Zeit — leb' wohl! Und für den fernen Bruder, bitt' ich, sei der Bruder!"

Er reichte ihm seine Hand, aber Lothar gab sie ihm nicht einmal, er mußte sie sich nehmen.

„So lösen sich die süßesten Bande, so endet ein langes frohes Beisammensein in Mißmuth, Undank, Zorn, Verachtung!" sprach er leise und ging dann langsam nach der Pforte.

„Auch Du, auch Du, Du selbst verlässest mich?" flüsterte ihm Euphrosyne nach. „Du Einziger . . . ."

Edmund sah sie mit unbeschreiblicher Würde an; wie segnend; und sie, sie sah ihm nach mit einem langen Blicke, wie die untergehende Sonne den ihr schwindenden Gipfel des Berges ansteht und vergoldet, so lange sie ihn schaut.

Und erst nach einer furchtbaren Zwischenzeit sagte ihr Lothar: „Nun will ich Dir Dein Inneres zeigen!"

Er führte sie zur Seite in den Saal, mit den Marmorbildern der alten Götter geziert, und ließ sie indeß hier allein. Und so verging ihr eine lange dunkle Zeit im Haupt, wie der Erde bei einer Sonnenfinsterniß. Endlich keimten ihr leise wieder Gedanken, bescheidene, stille, wie Veilchen; und wie der Sonne das Licht wiederum überfließt über den Rand der Silberscheibe, so kam ihr das Leben mit der Erinnerung des Lebens, die Liebe wieder — und nicht sich, nein, sie beklagte Lothar. — „So schläft ein Kind ruhig in seiner Wiege," so lispelten ihre Gedanken, „und eine Schlange legt sich über seine Brust und wickelt heimlich ihr Geflecht um seinen Hals — doch schläft es so ruhig fort und lallet süß im Traume — und ich ergreife sie, ich wickle sie ihm los, und stumm verberg' ich sie stechend in meiner Brust! — Mein Vater! o mein Vater! bin ich so Dein Kind? Bin ich so Dir treu? „Mein Vater!" Ja, so nannte ich ihn schon stets, so will ich ihn stets nennen! Was er thut, das thut ja der Vater nicht, das thut der Mann! — Der Mann! Sprecht Ihr es aus, o meine Lippen? Ach! entfloh es Euch, dieses Wort, das wie ein Schwert des Kindes Herz durchsticht? So sind denn alle die süßen Namen der Natur mir Gift; Gift: Kind und Vater, Tochter, Gattin — Gift; nur Einer blieb mir rein, der Name: Mutter. Doch auch der ist mir Gift aus der Unschuldigen Munde. Nicht hören darf ich ihn! Aber sagen! rufen! Zu meiner Mutter kann ich Mutter sagen, und ach! ich rufe die Mutter umsonst! Ach, sie . . . was wird erst geschehen, wenn man die Arme bringt! O wehe, mir schwindelt, ganz ermattet hat mich Schreck und Qual." — Sie blickte umher, sah in das Antlitz einer Marmorgöttin, und weiter ohne eines Menschen Hülfe, rührte sie die Hand des Weibes an und bat zu ihr empor: „O, gieb mir Deine Ruhe, Du lächelndes Antlitz, auch so heiter, so zufrieden, so verlassen in der Fremde, ein grauses Schicksal — Marmor in der Brust —

und kühlen, seelenlosen Auges anzuschauen . . . wie Du hier stehest und lächelst, o Du Götterbild!"

Da kam Lothar. Er hatte in seinen Büchern gesucht, und sich verwundert, daß er heute in Shakespeare's Werken kaum eine Zeile von einem treulosen Weibe fand. Aber er sah — die alte, so menschliche Welt der Griechen hatte zwei Werke vorzüglich bloß über das Weib: die Ilias — und als Kern darin: ein treuloses Weib! und die Odyssee — und als Kern darin: ein treues Weib! Aber gerade in diesem Werke von dem treuen Weibe fand er, zum äußersten Hohne, die Stelle von dem treuen Hunde, der seinen nach zwanzig Jahren wiedergekehrten Herrn erkennt, ihm noch einmal die Hand leckt, und vor Freuden stirbt. Diese Stelle nun las er ihr, wie ein Priester, laut und rührend, aber selbst dazu weinend, vor.

Euphrosyne sank erbleicht zur Erde.

„Halt!" rief er sich selbst zu; und gerührt kniete er zu ihr hin, und rief, sie schüttelnd: „Mein Kind! mein Kind!" Sie schlug die Augen endlich auf, erblickte den Engel an der Decke über ihr, mit dem Palmenzweige — und sie reichte Lothar eine Hand.

Neuntes Capitel.

Frucht der Täuschung.

Der Fehler der Kinder ist der, daß sie Alles aus ihrem Gefühl thun; ohne Erfahrung, an die nächste nothwendige Folge ihrer Handlungen gar nicht denken, zwar glücklich, sehr glücklich, wie ohne alle weitere Umgebung leben, oder aus Heftigkeit ihres

Beginnens gar keine Rücksicht darauf nehmen. Auch die Erwachsenen denken sich nicht immer in ihre Umgebungen klar, noch weniger, wie sie Andern erscheinen und erscheinen müssen, wenn sie ohne ihnen gegebenen Aufschluß leben; wie sie im Glück oder Unglück sich selbst aber fühlen, so, glauben sie, müssen auch Andere sie empfinden, sie schonen und ehren und überall gewähren lassen. Wie viel mehr sehen sie sich dann erst getäuscht, wenn sie Andere täuschen, wenn auch aus der redlichsten, liebevollsten Absicht.

Euphrosyne glaubte aus ihrem Gefühl sich selbst nun nirgend bewahrter, als in ihrem Schlafzimmer, in ihrem Bett; und darum hielt sie auch ihre Mutter Aglaja nirgends für sicherer als in ihrer Nähe. Und da Edmund die Verborgene endlich gefunden, hatte auch er sie am räthlichsten heimlich und leise im Dunkeln zu Euphrosyne bis an die Thüre derselben geführt, und die Tochter hatte die Mutter wiederum in ein kleines Gemach gebettet, worein man nur aus ihrem Schlafzimmer gelangte. Wenn sie nicht fliehen gewollt, wenn die Flucht nicht entdeckt und vereitelt worden wäre, hatte Aglaja schon einen Rath gewußt, um im Hause zu erscheinen und zu bleiben, nämlich den: auch wenn sie Lothar zu kennen, ja zu erkennen geglaubt hätte, sich für eine andere Griechin, höchstens für ihrer Mutter Schwester-Tochter auszugeben! Aber, was half das Euphrosynen damals? was half es der Tochter und ihr selber nun jetzt? Aglaja hatte daher mit Edmund eine neue Abrede genommen, und war bald eingeschlafen. Auch Euphrosyne hatte sich gleichsam in den Schlaf gerettet, und der Schlaf hatte sie auf die Erschöpfung in seine Arme genommen; aber der Traum behauptete sein Recht zu erscheinen, und kam, bemächtigte sich ihrer Seele und ihres Leibes, und sprach mit ihren Lippen jetzt:

„Oh! ... Oh! entflieht! entflieht! Ach, sehet die Mutter an, — sie ist in Stein verwandelt — entflieht! flieht! flieht!“ —

Athemlos von dem Laufe im Schlaf, setzte sie sich im Bett auf, erkannte sich froh und sprach leise: — „Ach! ich bin ja hier, — Das war ein böser Traum! Mir träumte: ich war eine Tochter Loths — vom Weine berauscht, und ich gab dem Vater Wein, bis er berauscht dahin sank und ich hinsank. — — Dann kamen wieder Engel und führten uns hinweg, hinaus in das Feld; hinter uns gleich versank die Stadt mit ungeheurem Gekrach! Die Flammen prasselten und sauseten hinter uns; und wie wir flohen, ward mir heiß, mein Rücken heiß; und vor uns krochen unsere schwarzen Schatten hin, und richteten sich an den Felsenstücken auf! Die Mutter war vorangeeilt bis auf die Höhe; ermattet blieb sie stehen und sah sich um, ach, nach Uns! Und wie wir ihr genahet — da war sie starr! Da rührte ich sie an — da war sie Stein! und graunvoll zogen wir an ihr vorüber! — Ach, so kommen unserer Kindheit Träume wieder, noch im letzten Schlaf! — Doch anders im letzten Schlaf! — Im letzten Schlaf? — Wie schrecklich, Schlaf, hast Du geträumt! — ich bin ja wach! Hier liegen ja so süß entschlummert deine lieben Kinder!“ —

Sie stieß einen Schrei aus. — — „Großer Gott! Weh, meine Kinder sind es, meine — o wären sie es nie! Und welches Bett ist das, in welchem dich Schlaf umfing, das wie ein Grab mit seinem Hauche dich nur betäubt, und diesen Traum“ — — —

Sie blieb eine Weile still. Dann lispelte sie wehmüthig: „Wie schlief ich noch die letzte Nacht so süß, von holder Sehnsucht eingewiegt — betrogen! — Ach, Glückliche sind in Allem glücklich! Doch den Armen foltert sein Schmerz überall, und erst in stiller Nacht, da kommt er wie ein Geist und quält ihn erst recht. Da hat er uns so recht allein! Wo fliehe ich hin? Wo bin ich nicht? Wo finde ich Rath? — O Du erhabenes Wesen, Vater der Welt! hat Deine Hand denn keine Gabe mehr für mich? Hast Du denn keinen Tropfen Trost mehr für mich in Deinem Kelche, der Alles, was da lebt, mit Liebe tränkt, selber das welkende Blumenhaupt noch mit Thau? Oder gossest Du schon Alles aus mit Ueberfluß auf Dein Kind? Ich bitte Dich um Nichts, als um einen Blick aus Deinem milden Auge, daß ich Dein Kind noch bin; und wenn Du etwas noch mir geben willst — o, so gieb mir Thränen, Thränen! Doch genug! so viele ich brauche! — und ich brauche viel . . . viel . . . viel . . ."

Darüber war sie zurückgesunken und endlich wieder eingeschlummert. Da kam Lothar in das Zimmer, schloß die Thür wieder hinter sich ab, athmete den starken Geruch der obschon wenigen Hyacinthen und Narcissen, die neben Euphrosynens mit Perlmutter ausgelegtem Koffer auf einem Tischchen blühten, öffnete das Fenster der lauen, lieblich gestirnten Nacht, und trat dann vor Euphrosynens Bett, dessen Vorhänge zurückgeschlagen waren. So lange dem Menschen nicht selbst ein Unglück geschehen ist, ihm keines seiner Lieben gestorben ist und begraben, so lange glaubt er nicht recht zum menschlichen Geschlechte zu gehören, und hält sich für ein besonderes Wesen in der großen Gesellschaft derselben. Daher war ihm sein Unfall oder sein Fall neu, und wirkte zuerst wie herabreissend auf ihn. Aber nun er sich nicht besser, nicht glücklicher fühlte, als Andere, sich ihnen gleichstellen mußte, nun wirkte derselbe verbindend und bindend auf ihn; und nun wollte er sich auch in Allem den Menschen gleichstellen, was auch geschehen müßte. Er wußte kaum, wie entflammt sein Gemüth vor Zorn und Rache war, da unter den Gästen im Hause auch ein Bekannter von ihm sich befand, der ein bildschönes junges Weib mit Namen Fanny mit aus Griechenland gebracht hatte. Er hatte das Weib bewundern, den Freund glücklich preisen müssen, da sie so gar schön war, so feurig ihn liebte. Und heut erst hatte er durch den Arzt erfahren, daß der Freund das schöne Weib einem Consul entführt habe! daß sie eine Treulose sei! Und nun hatte er, je schöner, je freundlicher sie war, sie mit desto größerer innerer Verachtung und Ingrimm, oft auch nur mit dem tiefsten Bedauern angesehen, daß sie so herzlos, so ehrlos und lieblos gewesen, um so schlecht zu sein. Er verehrte also im Herzen: Ehre, Liebe, Sitte und Treue so hoch, so lebendig, daß er nur darum so schwer haßte, so tief verachtete, so herzlich bedauerte, wer seiner Schuld so Hohn sprach; denn, empfand er, die Treue ist bloß eine Schuld des Weibes und des Mannes, keine Tugend!

Sein Herz verquoll ihm aber, als er jetzt Euphrosynen vor sich sah. „Sie schläft!" sagte er sich; „sie schläft so ruhig — ja, sie hat geweint, denn die Thränen stehen ihr noch auf den Wangen! Ach, wie scheint sie doch so hold, so rein, so engelschön! Ich fühle mich verwandelt, gerührt, und heißer sogar liebe ich sie, als je. O Schönheit, Alles muß man Dir verzeihen! Das Herz verzeihet sich ja die eigene Wonne nur. Und ist sie nicht auch ein Weib? ein armes, schwaches Weib? — Das Weib ist ja das Schwächste, was die Erde trägt — und leicht ab ist ihr Herz gewandt — und leicht zurück gewandt! Und so entfernest du sie? Muß sie nicht ferne stehn? Kann sie zurück, bereuen, wenn du sie von dir drängst durch solches Grause, wie du ihr gethan — Verzweiflung war's! Mißtrauen in mich selbst — in ein Menschenkind! und ich schäme mich! .... Zieh' sie zurück, zurück zu dir durch Güte und Liebe! — Ein Weib ißt keine Feige, daß sie nicht ihren eigenen Geschmack derselben dem zu Gunst anrechnet, der ihr sie gab. Tausend Fäden, tausend Netze giebt es, ein Weib zu bestricken — wärmet doch Liebe jede Brust, so wie die Sonne Steine selbst."

Er küßte sie zart auf die Lippen. Darüber erwachte Euphrosyne und frug: „Du bist es?"

„Ich bin es! erkenne mich, erkenne Dich," sagte er ihr hold; „Du bist mein gutes Weib, mein Kind, mein Kind, und Alles sei verziehen. Verzeihe Du auch; ich war zu hart; denn selber das Recht soll man sanft üben; wer es störrisch, stürmisch übt, der fehlet nur schwerer selbst — vergieb!"

„Mein Vater, mein Gebieter, oh!" flehte sie ihn, entferne Dich! Mich brennt Dein Kuß wie Feuer! fort!"

„Es ist ja Alles gut. Sei ruhig; ich bin ruhig, bin Dein Vater wieder, bin Dein Mann; so sei mein Weib auch wieder!"

„O zurück!" drängte sie, „Du tödtest mich; zurück!"

„Zu Deinen Füßen laß mich nur sitzen," bat er.

„Furchtbarer! zurück, hinweg!" rief sie bebend, ja zornig, zog die Vorhänge herunter, sprang dahinter in ihrem Nachtkleide aus dem Bett, zündete an Hymens Nachtfackel die Kerzen an und trat zu den Kindern, so daß Lothar vor Grimm von ihr wich, und die Faust vor die Stirn hielt.

„So weit ist es gekommen?" sprach er gedämpft mit Zähneknirschen; „so vergällt ihr Verführer das Herz eines Weibes daß sie, umstrickt von euch, die Liebe selbst für Schande hält und Entehrung, und ihre Treue dann zu brechen scheint, wenn sie den eigenen Gatten küßt! Jetzt seh' ich es erst: Auch unsere Kinder hat sie weggebettet von sich! Warum ermord' ich sie nicht? Was hält mich auf? Was greift mir in den Arm wie eine Götterhand? — Doch, giebt der Tod der Treulosen ihre Liebe uns wieder? — Was geht mich die Liebe mehr an — die Ehre nahm sie mir!"

Er machte drei hastige Schritte auf sie los; da lief ihm Euphrosyne angstvoll in die Arme und flehte: „Ermorde mich nicht! o ermorde nur Du mich nicht! Laß mich ermorden! Nein! thu' auch das nicht! . . . . . Ich will es selbst!"

Lothar betrachtete sie starr, und mußte ihr widerwillig sagen: „Du sollst es nicht! — Und dennoch — wärest Du todt — und Ich! So träume ich, und so spricht mein tiefster Sinn in mir. Ja, sähest Du mich nicht an wie mit meinen Augen — und flehte Deine Stimme mich nicht, wie meine Stimme". . ,

Euphrosyne wendete sich auf dieses Wort wieder von ihm und beugte sich über die Kinder.

„Ja rühret Ihr sie, meine Kinder! rühret ihr Herz und führet mir Eure Mutter zurück, daß Ihr sie behaltet!" sagte er scheinbar den schlafenden Kindern, damit sie es selbst vernähme. „Wohl! ich verlasse Dich!" sagte er scheidend zu ihr, „und lasse Deiner Seele Zeit, daß sie sich faßt, und still wieder zu dem zurückkehrt, dem sie gehört. So schlafe wohl! doch mich — mich fliehet der Schlaf!"

Zehntes Capitel.

Der Abschied.

So ging er. Euphrosyne aber trat zu den Blumen. Sie mochte über ihnen denken, daß alle Winke der Natur doch nichts sind, daß der Mensch sie nur versteht, wie er sie fühlt, klar oder dunkel .... daß sich das ganze menschliche Geschlecht verwandt sei, Ein Geist, Ein Blut, Ein Leib, Ein Leben und Ein Sinn, und daß wohl auch die Gattinnen der Männer nur ihre Schwestern seien. Denn sie pflückte eine doppelte Narcisse, betrachtete sie, und gewahrte da auf Einer Mutterpflanze, auf Einem Stengel Zwei Blumen aufgeblüht als Schwester und als Bruder, die schuldlos und kindlich sich vermählen .... sie mochte wohl einen Augenblick ganz erheitert meinen, daß im Menschenleben nur Herkömmliches Gesetz, und ein Wahn Gewohnheit werde — aber der Quell dieses Herkommens regte sich ihr in der Brust, denn sie riß die zwei Narcissen auseinander, warf sie zur Erde, und trat sie gleichsam todt. Und so stand sie schon erhoben, und die ewige Zuflucht und Sicherheit, die sich über der Welt hinwebt, wie eine ewige Morgenröthe, ahnend: daß aus dem Herzen Alles, was himmlisch ist, kommt — daß der Mensch der Mensch sei, daß er wisse, was die Taube nicht, daß er unschuldiger und keuscher lebe als die Blumen selbst, die nur rein sind, doch unschuldig nicht, und daß der Mensch allein die Unschuld habe durch — die Schuld. Und darum eben schien sie jetzt die Blumen zu preisen, die so rein waren und der Unschuld nicht bedürfen, wie sie. „Wie ich" vermochte sie nicht über die Lippen zu bringen, sondern nur ein schmerzliches Oh! worauf sie lange zur Erde blickend schwieg.

„Der Schlaf ist fort;" sprach sie dann; „der Schmerz ist hier; das Abendroth schleicht erst nach Norden; dort der schöne große Hesperus steht noch nicht hoch und schaut hier zu mir herein. Aber was ist das? rief sie erstaunt; „die nächtliche blutrothe große Scheibe dort, die aus den Bergen wie ein großer Crocus sich hebt, und mich anhaucht! Du bist es, o Mond! Ach, jetzt grüßen Dich die Lieder der nächtlichen Hirten dort, o mein Gestirn; nun weiden in des Berges Kräutern und Blumen erst die Heerden am süßesten; die Sterne treibt der Mond wie goldne Lämmer aus, zum Thore der Nacht auf ihre Frühlingsweide, und tränkt sie in den klaren Wassern wie ein Hirt die Seinen, und die unverblühte Abendröthe säuselt dazu den alten göttlichen Gesang. So weiden sie! So sah ich sie schweigend, so sahen sie mich!"

Sie hob den Deckel des Koffers auf. „Das ist kein Traum! rief sie; „hier liegt ihr, meine kleinen armen Heiligthümer, wohlverwahrt und treu." — Entzückt athmete sie den Duft verloschener Frühlinge. Entzückt bestaunte sie Alles; sie getraute sich kaum etwas darin anzurühren, bis sie eine Muschel hervorhob — verwelkte Blumen — einen verblühten Kranz von weißen Rosen, eine Schleuder, und zuletzt ihr Hirtenkleid, das sie hoch empor hielt, und dann sich anzog, während draußen vor dem offenen Fenster die Nachtigallen schlugen, und Edmund zum Zeichen der Abreise für Aglaja mit seiner Flöte, zugleich für Euphrosyne zum Abschied, zum letztenmale ihr Lied mit der rührend schönen Melodie blies, wozu sie nun die Worte halb dachte, halb sang, oder halb betete und halb weinte, und so im Entzücken verloren stand und horchte, wie die Töne wieder zu ihr sagten:

Ich Gebeugte und Verlorne,*)
Im Olivenwald Geborne,
Nur der Heerde nachzugehen,
Bin ich einmal ausersehen.
La le li, lallela, la le la :,:

Eh' er kommt, der Sonnenwagen,
Wenn es braun beginnt zu tagen,
Und die Sterne leis verklingen,
Schon die Vögel alle singen.
La le li, lallela, la le la :,:

Melke ich im Morgendämmer,
Schere still dann meine Lämmer,
Schere, bis ich's Mittag denke,
Treibe sie dann hin zur Tränke.
La le li, lallela, la le la :,:

Meine Zicklein hüpfen munter
Ihren Müttern nach, hinunter,
Und die Schleuder laß ich fallen,
Horche auf die Nachtigallen.
La le li, lallela, la le la :,:

Und so schleich' ich mit der Flöte
Ruhig bis zur Abendröthe:
Nachtigallen zuzuhören,
Felsenschwalben zuzuhören.
La le li, lallela, la le la :,:

---

*) Ἀτυχὴς ἐγὼ κειμένη etc.

Gern bin ich mit dem zufrieden,
Was mir einmal ist beschieden,
O ich armes Griechenmädchen,
Liebreich auch als Hirtenmädchen.
La le li, lallela, la le la :,:

Edmund schwieg, horchte auf ein Zeichen als Antwort, daß ihn Aglaja vernommen habe. Aber sie schlief, und Euphrosyne in holdem Vergessen weckte die Mutter nicht. — Er blies noch einmal, lauter, zu laut, aber desgleichen vergeblich. Er ging also, von dem Drange der Noth gezwungen, in Euphrosynens Zimmer, dessen Thür er offen fand, und trat fertig, in seinen Reisekleidern hinein. Heimlich drängte es ihn auch von Euphrosyne Abschied zu nehmen, die er am Abend so streng und sicher sich selbst und ihrem Verstande und ihrem Schicksale überlassen, überlassen mußte.

„Auch von den Todten nimmt man ja Abschied!" sagte er sich. Er stand still. Euphrosyne lag rückwärts mit dem Kopfe über die Lehne des Sessels gebeugt, und schien in den Mond, in die gestirnte Nacht zu sehen. Sie schwieg. Er trat näher, sie rührte sich nicht. Er rührte sie an. Da stand sie langsam auf, ohne ihn zu erkennen; und, den Finger vor dem Munde, flüsterte sie: „Still! höre doch! — Jetzt schweigt es! — Hast Du es nicht gehört? Du mußt!"

„O wohl!" erwiederte er ihr; „ich war es ja — selbst der Mutter zum Zeichen! Es ist Zeit! Ich schlich in meinem Gram um Dich und mich zum letztenmal hier in der Nacht umher, und meine, ich habe auch Dich gehört!"

„Bist Du es, Edmund?" frug sie, ihn starr anblickend — „in solchen Kleidern; wie?"

„Und wie erst sehe ich Dich, Euphrosyne! ach, wie zuerst in Deinen Kleidern! O Himmel!“

Und wie erwachend frug sie ihn: — „Bin ich kein Hirtenmädchen mehr?“

„Und hier die Rosen, diese Blätter umher! wie rühren sie mich!“ sprach Edmund.

„Sie sind dahin! verwelkt und todt, wie ich;“ — und indem sie eine Tritonschnecke an das Ohr hielt, sagte sie: „nur wie in den Gewinden dieser Muschel murmelnd noch das Meer fortrauschet, so rauschet die schöne Jugendzeit in meinem Busen hier!“ Sie faßte ihn bei der Hand und seufzete: „O könnte ich Dich in jene Jahre führen! in jene Jahre Dich — wo mir noch nicht geschehen, was dann geschehen — — verlaß mich, Edmund, verlasse mich jetzt! Denn nicht allein, daß wir ihm gern die Hölle ersparen, o verschonen wir ihn auch mit dem Traume der Eifersucht, die Hölle der Liebenden — und dennoch erhält mir allein nur dieser sein Wahn noch kümmerlich das Leben!“

„Wer tröstet Dich?“ frug er als Antwort; „und bedarfst Du auch nicht Trost, so gönne mir noch die Wonne, Dich zu trösten, zu beklagen; gönne mir der Thräne Seligkeit!“

„Ich bin von den Lebendigen weggeschwebt,“ beruhigte sie ihn; „ich bin ein Bild geworden, das in stillem, reinem Dasein lebt. An den Bildern ist ja Alles heiter — auch der Schmerz; die Thräne stehet auf ihrer Wange — und fließet nicht ab; die ausgestreckte Hand wird nicht müde zu flehen; der Betenden vergeht nicht das Auge am Himmel; in stiller Göttlichkeit, in Götterstille, in holdseligem Erwarten und in heiligem Vertragen weilen sie bei einander; immerfort verüben sie das unbedeutendste Geschäft, voll unbegreiflicher Zufriedenheit, weit über allen Wechsel, alle Unruhe der vergessenen Welt erhöht. — Und endlich, wenn die Zeit sie antastet, wenn sie ihnen jede freundliche Gestalt umher weglöscht — dann lächelt noch ihr Engelsantlitz voll Geduld in heiliger Ergebung vor sich hin! Also auch keines Auges, keiner Thräne mehr bedarf ich, über menschliche Theilnahme, menschliches Mitleid hienieden selig und unendlich schon erhöht."

„Wehe mir, wehe Dir, wenn Liebe Dich nicht mehr erreicht, und Du noch ein menschliches Herz im Busen trägst! Ach, ich bedarf noch Dein! Des Unglückseligen zu bedürfen, ist des Menschen höchste Gabe! und immer lieben, ist immer seine Tugend! — Ach!"

Sie war von ihm weggetreten, und dieses sein Ach verstand sie wohl, und es zerriß ihr das Herz. „Nun sehe ich," sagte sie schnell und glühend, doch leise zu sich selbst, „wie mich mein Herz getäuscht! Ich sollte Ihn lieben! Nun dürfte Ich ihn lieben .... wenn ich dürfte! Nun bin ich erst elend, doppelt! — Ach, daß auch mein Kind ihn liebt, das weinend an ihm hängt, nun könnte ich es nicht fürder sehen .... es ist ja Ich! und in Ihr blühte meine Liebe zu ihm, wie neu gesäet, auf, und es verrieth ihm meine Seele klar! Einst sah ich gern, wenn ihn ihr kleiner Arm so fest umschlang. — Ich war es! Ich that es, ich duldete es; ja ich lehrte es sie, denn es that mir wohl in meiner Brust. So fange ich mich auf der Untreue — ach! auf der Liebe!" — So blieb sie in sich versunken stehen.

„Wecke die Mutter! Wir müssen scheiden! die Erde brennt mir unter den Füßen!" drängte sie, näher getreten, Edmund.

Gehorsam eilte Euphrosyne; die Mutter gab Antwort. Und

zu Edmund wiedergekehrt, seufzete sie: „Auch die Mutter soll ich verlieren! es bricht mir das Herz!"

„Das meine ist gebrochen .... liebeschwer!" sagte ihr Edmund. Da überwältigten Euphrosyne ihre Gefühle, und immer tiefer und bis zur tiefsten Qual hinabsteigend, sprach sie: „Edmund, liebe mich nicht, mich nicht! Ach, ein Freund ward jeder unglücklichen Brust, und der geklagte Schmerz ist kein Schmerz mehr — auch habe ich Dich ... daß mir ein Herz nicht fehle! Doch darf mein Leid nimmer erscheinen, und in höchster Angst darf ich keine Thräne vergießen — und Du, Du siehest mich ringen in Qual; himmlisch gut möchtest Du mich an Deinen Busen drücken, und Dein Auge fragt: was mich Zerrissene noch zerreißt? — Da will mir vor dem Glücke des Unglücks das Herz zerspringen, meine Lippe bebt, sich zu ergießen vor Dir" .... und sehr leis und langsam setzte sie hinzu: „doch mich meiner besinnend, muß ich sie schamvoll verschließen — — — denn eben Dir muß ich verwehren — ach — — — nicht fromm genug will ich durch Schein noch währen, denn ach, das Leben ist so süß!" — Und glühend und schnell sprach sie: „werde ich ganz fromm, da muß ich plötzlich sterben! Auf meinen Knieen möcht' ich Dir es zeigen, dies elende Herz: daß Du mich hassest, wenn ich es gezeigt .... und daß ich sterbe, wenn Du es verstoßen."

Sie sank einen Augenblick auf ein Knie und drückte seine Hand gegen ihre Stirn.

„Was klagt man," sprach er da über ihr, wie zum Himmel; „was klagt man, daß das Schöne stirbt! Es stirbt ja nicht! Unsterblich steht es in uns auf, und bleibt geliebt! Doch eine schöne Seele tödten, — ach, tödten nicht, nein, lebend in die Hölle stürzen, das kannst Du, o Himmel, daß uns grauset vor ihr!"

Da flüsterte Euphrosyne bittend: „O, verachte mich nicht!" —

„Ich Dich verachten? — Dich? — o Gott!" sagte er außer sich. —

„O, verachte mich nun nicht!" flehte sie. —

„Ganz, ganz verstehe ich Dich!" tröstete er sie; „wenn in der Nacht auf reine Lilien große Tropfen blutigen Thaues fallen, wer hat etwas anderes da, als Thränen? — Lilie, könnte eine Thränenfluth Dich wieder rein und glänzend waschen, wie Du warst, als ich zuerst Dich sah, so werde ich hier vor Dir verwandelt gleich einem Quell von Thränen, und auf Erden nicht mehr gesehn!"

„Vor Dir vergeh' ich!" sprach sie gebeugt; „entzücke — quäle mich und Dich nicht mehr! — Ich brauche nur noch Einen Freund — das ist der Tod!"

„Der Mensch soll immer leben, was ihm auch geschieht, bis ihm der Tod geschieht. Dich heilet auch die Zeit."

„So wähnst Du, daß auf Erden auch für jeden Schmerz ein Heilquell offen sei? — Für meinen, meinen nicht! O siehe, wie die Natur sie gemalt, sie gezeichnet hat, so schlüpft die Schlange in den Gesträuchern; und so oft sie auch ihre schöne buntgefleckte Haut verliert — doch nie ihre Flecken streift sie ab, und sieht stets aus wie vor. So wächst uns ewig das Erinnern!"

„Viel lieber bin ich der, der das Schicksal trägt, als der der Welt und uns es so gefügt!"

„Verkenne ihn nicht! Denn womit verdient der Mensch hier je dieses Leben, dieses Glück, diese Liebe all'! Und auch des Menschen Irrthum wendet und lindert Er noch, und löset Alles gut und schön!" —

„Du Liebe, Du Unschuldige, Dir blühet der Trost, Du hast ja keine Sünde, keine Schuld!"

„Ich habe keine Sünde, doch ich bin die Sünde selbst! Das wollen die Menschen nicht sehen, nicht unterscheiden! — doch ich, ich unterscheide es leicht und wohl! So schlage ich voller Scham die Augen nicht mehr auf — aus Scham für Andere, für das menschliche Geschlecht — dort vor dem Monde des Nachts, und am Tage vor des Himmels reiner Sonne, vor den Blumen allen; die Sterne brennen mir das Denken aus; ja selbst die Blüthen an den Bäumen schauen mich durch und durch, und sie verabscheuen mich! So hasse ich mich, so möchte ich mir entfliehen; und wo ich hinfliehe, da bin ich selbst — und nur Ein Ort ist, wo der Mensch nicht ist — das Grab! Da ist er nicht!"

„Du drängest Dich in den Tod!"

.... „Er schickt ihn mir gewiß! O wäre nun kein Tod — wo flöhe ich Aermste hin? Siehst Du, siehst Du: die Unsterblichen eben bedürfen den Tod, weil er ihnen kein Tod ist. Darum bedürfen ihn die Menschen! Es wandelt Alles hin in seine selige Fluth, wie in ein Zauberbad, was nicht mehr leben kann, und dem kein König, kein irdischer Arzt mehr hilft. Da schafft es sich auf in ihm, verjüngt sich neu und schön! Und siehe, hier dieser Wangen Blässe macht er wieder roth, und froh das Schrecken dieser Brust — und Alles wieder gut!"

Er faßte ihre Hand und hielt sie fest, als wolle er sie im Leben erhalten; und dennoch zog sie dieselbe zurück und sprach fast gekränkt und bitter: „So wenig gönnest Du mir, was mir zum

Frieden dient? Des Lebens Reinheit ist allein das Leben mir; Unschuld ist nichts — und Reinheit Alles."

„Und Deine Seele ist ja rein! — Schaue umher! Die Welt ist jener Ort, wo Alles leben kann und soll, es sei auch wie es sei. Darum ward es so! Darum nur lebt es!"

„Mein Leben ist mißlungen — und der Meister löscht mich weg! Nun gelinge mir ein schöner Tod, der mich die Schönheit und die Reinheit dieser Welt und meines Geistes zu tragen lehrt, zu tragen lehrt: geliebt zu sein! geliebt zu sein, zu lieben, neu mich würdig macht!"

Sie richtete sich empor, sie glänzte, ihre Augen strahlten; sie bebte, und sie so erblickend sprach er erstaunt:

„Du lebst schon würdig! Ehrfurcht füllt mich von Dir! Drei gewaltige Worte nur höre: Was den Menschen treffen kann, dazu hat er Kraft! —"

„Mir ist die Kraft vergiftet."

„Die Seele ist der Muth. Bewahre Deine Seele."

„Wann richtet sie mich wieder empor, und hält und trägt mich immer?"

„Wolle nicht mehr sein, als ein menschliches Wesen — und willst Du das nur sein, wohlan, so sei auch Du!"

Er hatte ihre schönste Eigenschaft, die Bescheidenheit, getroffen, die fast ihr ganzes Wesen ausmachte; und so sprach sie aus jener, im Leben so wenig erkannten Kraft der Bescheidenheit: „So ziehst Du mich wirklich in das Leben sanft zurück? — — Still will ich denken, wie es mir ergangen ist auf der Erde; und nichts mehr errege ich mir, als noch die Wehmuth über mein Schicksal, und die Scheu, die göttliche, die mich, indem ich sie getreu in meiner Brust bewahrt, ins Grab gedrückt. Zu meinem

Werthgefühle geht kein Weg zurück — doch einer vor! und sei er kurz! Darum schweige, du mein Mund; ihr meine Augen, schlagt euch nicht mehr auf; ein unerforschter Gleichmuth schwebe in Deinem Antlitz und ruhig seien alle Deine Züge — und daß Dich nichts verlocke, nach einer liebend dargebotenen Hand, auch Deine Hand, im Wahne der Glücklichen, vergessen auszustrecken — auf daß dein Leid dir schläft! So zehre mich der Wehmuth Fülle in mir weg, die Gluth des Göttlichen in festverschlossener Brust, wie die Sonne den Schnee von stiller Berge Gipfel. Und wenn ich über dieses Leben nun hinausgehoben, unerreichbar, schmerzlos, ruhevoll und selig bin — daß ich Dir keine Thräne errege! Ich bin ja nun in jenem stillen ewigen Reiche, und friedenreicher, glücklicher als Du! Und dann, dann erst vergönne ich Dir zu ahnen, was Du heut gesprochen: Dort ist Seligmachen: Seligkeit.“ —

Edmund wollte sie umfassen, aber auf eine Bewegung von ihr besann er sich, und sie lächelte ihn nur unbeschreiblich an.

Dieses Antlitz nun sah Lothar und schauderte, denn wirklich es galt einem Andern als ihm. Er hatte vom Garten aus, den er schlaflos aufgesucht, an der Decke von Euphrosynens hellem Zimmer — zwei Schatten gesehen; zwei! war heraufgekommen und leis in die Thüre getreten; und der Teppich, der sie verhing und worauf der Engel mit Tobias kunstvoll gewirkt abgebildet war, verdeckte auch ihn.

Die Wirkung dieses, wie das Licht so klaren Anblicks, so natürlich er hervorgerufen erschienen, war nothwendig ungeheuer, entscheidend für ihn. Er verlor alle Fassung und stand wie ein Todter, bis das fluthende Blut ihn erweckte. Er beklopfte sich die Brust, griff hastig nach seinen Feuerwaffen, und als ob er einen Scorpion erhascht, drückte er das kleine Gewehr frohlockend auf das Herz, dessen ungestümes Wogen er unter der aufgedrückten Hand mit Verdruß fühlte. — „Geduld, du Narr!“ sagte er zu dem ihn empörenden Geist. — „Mich hat sie fortgeschickt! Nun sehe ich es: warum! Und wie schön, wie lieblich hat sie sich für Ihn geschmückt! So sahe ich sie zum erstenmale, so ward sie mein! Mein?“ frug er sich selber verhöhnend.

Euphrosyne aber, die sinnend gestanden, sagte jetzt getroster, ja entschlossen zu ihrem Freunde: „O Mund des Trostes, Mund der Liebe, Alles ist vergebens, wenn ich diesen Mann hier schauen soll! Wenn ich die Kinder schauen soll, die immer neu den Schmerz mir erregen und die bittere Schuld! O, wer kann schlafen, wenn der Donner immerfort grollend droht? Ach, das Gewissen nicht, wenn es auch Liebe kann. Und weißt Du mir ein Mittel in der ganzen Welt, das früher mich befreit, als nur der Tod, vor dem mir grauset?“

„Die Heimath könnte, ja sie würde Dich erheitern!“

„O, wie sehne ich mich nach der Heimath!“

„Denn,“ fuhr Edmund fort, „was uns auch in der bösen Welt geschehen sei — wir gehen nach Hause; da werden wir gesund! Da, wo unserer Kindheit Geisterstimmen flüstern, wo noch die Enkel jener Blumen stehen, die wir einst bei dem Kränzewinden verschonten! Da lebt der müde Mensch, so wie ein frommer Klausner in den Gefilden, wo .... noch da und dort — einmal das Paradies gestanden!“

„Wohl! Es sei!“ sprach Euphrosyne. „Loswinden muß ich mich aus seinen Schlangenarmen, und schuldig werde meine Seele nicht noch auch! Behalte er auch die Kinder! Ach! er hat sie lieb — so wird er glücklich sein, sie werden glücklich sein, auch ohne ihre Mutter, ach, und glücklicher! — Vor meiner Liebe hat das Grausen sich aufgethan."

„Wen opfere ich meiner Wuth?" frug sich Lothar. — „Sie? .... Ihn? .... Beide? — Mich! — Er spannte den Hahn seines kleinen Gewehrs, das seine Faust fast verbarg!"

„Ich liebe ihn, muß ihn immer lieben;" sprach Edmund, „und nun erst recht, seit ich die stille Schuld hier trage um ihn! Er ist, er bleibt mein Bruder — er ist, er bleibt .... Dir beklagenswerth! Darum möge es sanft geschehen!"

„Das war ein Wort zu seiner Zeit! Du lebst! Du bist mein Bruder!" sagte sich Lothar im Herzen.

„Schwer, und kaum vermißt er Dich!" sagte Edmund zu Euphrosynen.

„Ich weiß es, ich fühl' es, und so schäme ich mich vor ihm;" sprach sie. „Nicht lebend möchte ich von ihm scheiden, nein, ganz still, ganz unbemerkt! O könnte ich mich, wie Juliet, hintragen lassen in die stille Gruft — ich wäre ihm todt! ... und Du erlösetest mich aus meinem Sarge."

„Du willst es selbst!" sprach Lothar ingrimmig leise. „So schüre Gluth und Qual auf mich! Und du, Lothar, trinke ganz ihn aus, den Kelch, der dir nur einmal so gallesüß am Munde schwebt! Gieß ein!"

„Doch sprich," fuhr Euphrosyne zu Edmund fort, „wie kann, wie soll es geschehen? Am besten wäre es, wenn ich krank werde .... wenn ich offen von ihm scheide; ich ihm — wie frei — bekennte, was er so schon glaubt: Ich liebe ihn nicht — geirrt hätte sich dieses Herz, und Du, Du seiest es ..."

Sich selbst überraschend hielt sie einen Augenblick inne, und fuhr dann fort: „Also kann ich dann der Mutter folgen und Dir, mein Trost, mein Freund in aller Noth!"

Lothar stöhnte fast laut: „Nun!"

„So geschieht, wohl überlegt, am besten und mit Sicherheit, was wir ein wenig übereilt, sprach Edmund, was Dir zu Deinem Frieden dient, zu Deiner Ruh!"

„Zu meiner Ruh! zu meinem Frieden?" ergriff Euphrosyne ängstlich Edmunds Wort. „Ich weiß nicht, mir wird so Angst! Ich glaube daran — ich ahne Friede und Ruhe, wie den stillen Mond in dunkler Nacht — und weiß nicht, wer ihn mir bringen soll und wann!"

„Es wird sich Alles lösen, gut und schön!" sagte ihr Edmund, sie an der Hand haltend; „so wie eine Mutter ihr schlafendes Kind, umschwebt die Gottheit still und immer nahe das ganze menschliche Geschlecht. Wie die Blumen aus den Sonnenstrahlen, saugen wir aus Ihm uns Dasein, Leben, Liebe, Tod und Glück. Ein Frühlingsstrahl erweckt sie, wird ihr Vater, nur ein Tropfen Thau ihre Amme, und zuletzt ein Hauch der Nacht, ein Nebelreif: der Tod. So hat auch Gott der stillen Boten an uns Viele zu jeder Zeit bereit: ein Wort, das absichtslos der Menge entquoll, wird Trost für uns: Er ist es, Er! Ein bleiernes Loth entsauset, nicht so gemeint, des Jägers Rohr, und trifft ein armes Kind, das nicht mehr leben kann — es ist der Gott! O fühle Ihn in Allem, was geschieht!"

Und ruhig lachend sprach Lothar: „Nun ist sie eingesegnet!" Euphrosyne sank zu seinem Abschied jetzt an Edmunds Brust und sprach: „So weih' ich Dir nun meine Thränen und die Seele . . ."

. . . „Gott!" wollte sie sehr leise noch dazu sagen, aber in diesem Augenblick, wo sie die linke Hand erhoben, fühlte sie einen Stich in der Brust, daß sie nun laut es rief: „Gott!“ und erschreckt aus Edmunds Armen fuhr, und das Herz sich hielt mit der Hand, unter der ihr Blut hervorquoll.

Die Kinder richteten sich auf den Hall des Schusses in ihren Betten auf; sie rieben sich die Augen, sanken aber voll Schlafs wieder zurück.

„Gott!“ sprach Euphrosyne noch einmal.

„Nein: — Ich, verruchtes Weib!“ rief Lothar, hervorgestürzt. Und Edmund rief ihn an: „Lothar!“ und Euphrosyne lispelte gebeugt: „Der Vater! — Oh!“ Dann schwankte sie und sank in Edmunds Arme. Edmund ergriff sie, legte sie sanft zurück auf den Teppich zur Erde, und sprach, entsetzt sein Gesicht von ihr kehrend: „Der Vater hat sein eigenes Kind getödtet!“

„Du bist von Sinnen!“ trotzte Lothar.

„— Du wirst von Sinnen kommen, wenn die Hölle reden wird!“ sagte ihm Edmund zurück.

„Die Hölle rede! Ich höre!“ sprach Lothar, starr hingestellt. „Ich habe Dir es redlich gedroht, verkündigt, daß ich sie strafe! Sie! und Du, Du hast nicht gehört!“

„O, warum redete ich nicht, ehe es zu spät war!“ — trauerte Edmund über sich. — „Was half Reden? Was half Schweigen? — — Doch siehe, siehe! Er hat geholfen! und mit Freuden trage ich Deine Schuld: daß Du Dein treues Kind ermordet, nicht Dein treuloses Weib!“

„Wirf Flammen und Licht aus der Hölle Mund hervor!“ forderte Lothar. „Ich glühe schon von ihr, durch die Rache am Weibe, und wenn ihre Gluth nur von fern mich zieht, zieh' ich sie an und lodere.“ — — —

„Unseliger!“ bat Edmund seinen Bruder; „schweige von Hölle vor ihrem Ohr! Denn ihre Seele schwebt zum Himmel jetzt hinauf, zu ihrer Heimath.“ —

Er sprang von den Knieen auf zu dem Tische hin, riß Hyacinthen ab und legte sie Euphrosynen über ihr Gesicht; er rüttelte die Kinder aus dem Schlafe und hob sie aus ihren Betten, damit sie das Einzige sähen, aller Kinder heiliges Schmerzensfest, den Tod der Mutter! — Er that mit der Faust drei heftige Schläge an Aglaja's Thür, dann eilte er, zwar ohne Hoffnung, doch nach Beistand, nur über den Corridor hinüber. — Da that er drei heftige Schläge an des Arztes Thür, rief ihn herzu und kam athemlos zurück. Da trat schon Aglaja in ihren Kleidern heraus, wie sie sich niedergelegt auf die wenigen Stunden; sie stürzte blaß hervor, that rasche Schritte nach ihrer Tochter hin, sah mit rollenden, dann sich feststellenden starren Augen, griff in ihr Haupt und griff eine schwarze Fluth von schwarzen Haaren über Gesicht und Brust.

„Wer ist das Weib?“ frug Lothar.

Edmund hörte nicht auf ihn, sondern sah nur die entsetzte Mutter, und sagte ihr schmerzlich: O Aglaja! armes Weib, Du kommst zu des Kindes Tode!“

„Mein Kind! — O!“ rief Aglaja, floh zu ihr und erstickte sie fast mit Küssen und Liebkosungen.

„Diese Stimme! .... Dieser Name!“ stammelte Lothar. „Wer spricht sie hier wieder? Wer ruft sie wieder? .... Alte Zeit wacht auf und alte Sünde ....“

„Mutter!“ sprach Euphrosyne; „Mutter ...“

„O wer hat Dir das gethan? mein Kind!“ frug Aglaja, von Einem der Brüder zum Andern ängstlich blickend. Und Edmund zeigte auf Lothar, und sprach tonlos: „Der Mann! Lothario! Herzog! Vater! Tod!"

Und nun starrte Aglaja die verstummte Gestalt des Mannes an und frug: Du bist Loth....?

Sie stockte vor Gefühlen, vor dem Blick in dies Gewebe der Schrecken. Und Er wiederholte den in schmählichem Sinne aufgefaßten Namen und frug sich selber: „Loth?....Loth nennt sie Dich Lothario!"

„Aglaja, hilf, Aglaja steh' ihr bei, sie kämpft;" bat sie Edmund.

„Ich! — weh! soll das die Mutter sehn?" Und mit abgewandtem Antlitz that sie ihr doch alles Mütterliche.

„Aglaja Du?" frug Lothar nun sie.

„Ich bin Aglaja!" antwortete sie mit zur Erde gesenktem Antlitz; „Ich! und diese ist Dein Kind!"

„Mein Kind? Mein Kind?" sprach er, wie ein Wahnsinniger die Sonne fragt, ob sie scheint. Und jetzt war ein seltener, ein hoher Anblick für Menschen auf Erden, ja selber ein ernster Anblick für einen Gott, zu sehen: wie ein Mensch — Lothar — ein starker Mann, einen gewaltigen Kampf mit einem Ueberwältigenden, einem Fremden, einem wie aus der Erde gestiegenen furchtbaren Riesen tapfer kämpfte, und mit ihm rang, und ohne zu fallen, sich in sich selbst verblutete. Wie sich die Gestalt des ihn Umarmenden verwandelte, wie sich das Auge desselben, mit dem er ihn ansah, verwandelte, so rollte und zuckte das Auge des Menschen, des Mannes mit. Wie, und von woher, er neu sich angefallen empfand, so streckte der Mensch die Arme hierhin und dorthin. — Ja zuletzt, als wenn sein Feind sich ihm in die Brust gezogen hätte, um das Herz ihm auszureißen, schlug sich der kämpfende Mensch mit der Faust vor die Brust, daß sie hallte; und als wolle der Feind ihm nun die Seele vergiften oder entreißen, schlug sich der kämpfende Mensch mit der Faust vor die hohe gewölbte Stirn, daß ihr Gewölbe dröhnte. Dann stand er lange Zeit vor Betäubung ruhig. Der Riese ließ von ihm ab; denn der Mensch schöpfte wieder Athem. Das Ungethüm war verschwunden, denn der Mensch schlug wieder die Augen auf und sah umher. Und in dieser heiligen Frist kam die alte, über Alles gewaltige Natur ihm zurück; ihre Macht herrschte allein und göttlich in ihm — sie warf den Vater auf seine Kniee hin zu seinem Kinde, und redete mit seinem Hauch, mit seinen Lippen aus ihm, daß er sprechen mußte: „Mein Kind! — Mein Kind!" —

Und Euphrosyne reichte dem Vater die Hand; denn diesen seligen Augenblick war sie nur sein Kind.

„Mein Kind!" wiederholte Lothar.

Jetzt schien aller Grund zu schweigen für Aglaja weggerissen. Jetzt war es geschehen — anders, aber es war geschehen, und so riß sie die Kette vom Halse, warf sie mit seiner Mutter Bilde ihm hin und rief: „Da ist Dein Pfand! — Dein Wort! Es rede zu Dir nun selbst. Daß ich Aglaja bin, das glaube Der, und meinen Schmerzen glaube, daß ich nur die Mutter bin — und daß hier dieser Engel Dein Kind ist, daß glaube hier eben ihrem Tode!" —

Sie kniete nieder zu Euphrosyne, welche der Mutter die andere Hand reichte. Da ließ Lothar Euphrosynens Hand und sprach: „mein Kind — mein Weib." —

Da sank Euphrosyne zurück mit einem Laut, den keine Sprache bezeichnet, den die Menschen aber mit einem kleinen

Kreis, mit einem O schreiben. Edmund stieß den Vater und die Mutter jetzt mit Gewalt hinweg: „Sie stirbt!“ rief er; „hinweg! Nun ist sie mein! Hinweg mit Euch! .... Oh, stirbst Du?“ redete er zu ihr, und richtete sie mit Brust und Haupt empor. Der Arzt sah hülflos müßig zu.

„Edmund! Edmund!“ sprach Euphrosyne, nur ihm, und ihm kaum vernehmlich; „ich bin noch nicht todt! schlimmer als todt — ich lebe noch. Doch der Erde hier gehöre ich nicht mehr an, der Gottheit bin ich schon.“ — Und ihre letzte Kraft zusammendrängend, sagte sie noch: „Wie die Olive ihre Blätter noch zuletzt im Herbst bewegt, so flüstere dieser Mund Dir noch den letzten Hauch des Lebens zu: — Ich war seit jenem Augenblicke Dein, als ich zuerst Dich sah — und dann — dann mich zurücke warf in seine Arme; doch trug ich Wundersames still, und mitgenommen hätte ich es in die Gruft! Doch nun“ — und das sprach sie mit himmlischer Freundlichkeit — doch nun vernimm: ich habe Dich geliebt!“

Sie wollte sich eine Hand vor die Augen halten; ja sie erröthete noch einmal flüchtig, und wie ein Schein verlosch das Rosenroth ihr wieder.

.... „Geliebt!“ sagte Edmund mehr sich als ihr; „o so blitzt der Himmel in den Felsenabgrund und leuchtet dem hinabgestürzten todten Wanderer ins Gesicht!“

„Ich konnte ja nicht widerstehen!“ sprach sie voll hoher Scham: „ich mußte Dich, Dich tief in meine Seele ziehen, wie die offenen Blumen sich des Himmels Regen still in ihr schönes Antlitz regnen lassen — ach — und tief in ihren Kelch verschließen müss ....“

Sie schloß die Augen.

„Nun ist alle meine Stärke hin,“ schluchzete Edmund; ... „entschuldigst Du den Himmel noch und seinen Geist, Du Engel! O lebtest Du noch länger als der Tod — auch Den noch würdest Du entschuldigen — — still! still! Nun stirbt sie.“

Euphrosyne streckte sich in den Tod, ihr Gesicht verwandelte sich und ward blaß und ernst, und der freche Tod spitzte auch ihr die schön gebildete Nase, aber nur einen Augenblick, dann ließ er ihr überwundenes Gebild los und eilte hinweg zu andern Menschen, zu Greisen und Kindern und wen er berühren soll.

Aglaja fiel auf ihre Kniee und betete sinnlos das Vaterunser, wie es aus den alten Worten in ihrem Geiste zusammenrann: „Vater unser, der Du bist wie im Himmel — also wir auch auf Erden — Amen! Zu uns komme Dein Wille — geheiliget werde Dein Reich — Vergieb uns unsere Erde — und erlöse uns von unserer Macht und Herrlichkeit — wie wir dir vergeben — „Oh!“ rief sie und blieb starr!

Von diesen Worten war aber wenig zu hören, denn, zwar nur leise, zu Euphrosynens Ohr sprach Edmund: „Nun ziehe hin, wo Gott die ewige Liebe ist, und Du sein Kind, sein Engel bist an seiner Brust .... und siehe dort die goldenen Lämmer unter Dir hin weiden, seinen Mond, den Hirten, Deinen Freund!“

Aber auch Lothar rief laut während dieser Worte zu den schlafenden, an den Betten hingesunkenen Kindern, und sprach zuletzt allein: „Ihr schlaft? und Eure Mutter stirbt! — Wie Palmenblüthen an den Palmenzweigen blüht Ihr hier unwissend fort im Schlafe — und unter Euch jagt sich, wie Lamm und Tiger, der Tod in grauser Jagd! Nun seid Ihr Waisen! Oh!"

Er sank über sie hin, richtete sich aber entsetzt auf: „Weh! meines Kindes Kind! Nur der Aeffin Natur mögliche Enkel!" — Dann starrte er in Euphrosynens Bett und fühlte hinein: „Ha, leer — noch warm und leer!" — Er stürzte sich hinein und zog die Decke über sich; aber vor neuer Angst sprang er daraus mit einem nur gemurmelten Wort. Und nun Euphrosynen todt erblickend, rief er: „des Vaters Kindermord!" und frug wüst, indem er mit den Händen nach seinem Kopfe fühlte: „Wer hat mir den Kopf erstochen?" — entfloh, und der Arzt folgte ihm, ahnend, welchen Stich er im Kopfe gefühlt.

„Auch das ist Menschenloos!" sprach Edmund.

Euphrosynens Antlitz lächelte jetzt.

„Ist das das Menschenloos?' frug Aglaja; „ist sie nun todt? schon todt!"

„Sie ist schon auferstanden! Er verklärt sie jetzt;" lispelte Edmund sehr froh und freundlich ihr zu. „Ihr schönes Antlitz nimmt ein himmlisches Lächeln an! Nun ist Sie selig dort — und Wir unselig hier! Doch wir auch selbst in Frieden, so sehr wir Ihr den Frieden gönnen. An dieses Ihr Glück halte Dich, o Mutter!"

Eilftes Capitel.

Die Kinder.

Nun war Ruhe und Stille im Hause, wie in einem Thale, über welchem sich ein Gewitter entladen hat, das nun fortzieht, aber dessen Leuchten und Rollen kein Mensch mehr fürchtet. Regenbäche rauschen nur, wo sonst keine rauschen; die Kinder laufen mit bloßen Köpfen hinaus unter die letzten Tropfen vom Himmel; Felsen und Bäume triefen und tröpfeln, die Vögel singen wieder in den Gebüschen, die Schwalben besteigen wie neugierig die Luft, wo es zuvor so gehallt und gedonnert; Dampf steigt von den Wiesen empor, Nebel vom Walde; die Sonne blickt die Blumen an, die gebeugt am Boden liegen, als hätten sie sich gefürchtet, und sie duften frisch erquickt und versenden stärkeren Wohlgeruch mit jedem Lufthauch hinaus in die Ferne.

Hier spielten nun die armen Kinder wie vor im Garten, fuhren mit den Widdern, und die rothen Vögel sangen mit feinen Stimmen die griechischen Melodieen. Sie hatten die noch so junge, so schöne Aglaja zu einer nur ältern Mutter, die nun die Frau des Hauses war. Der Geschäfte waren viele zur Bestattung der Todten, und sie und alle verrichteten sie darum mit erträglicher Fassung, weil jedes Werk seine eigene Aufmerksamkeit erfordert, und den Menschen eben beschäftigt und hinhält, daß er nicht fragt: Wozu thue ich dies? Und so war über das Haus jene stille, geheimnißvolle Zeit gekommen, die jedem Hause bevorsteht, und in welcher die Frauen in ihrem Elemente sind, als in dem Unerforschlichen, Ahndevollen, Wunderbaren der Natur; deswegen fallen neu angekommene Kinder, Bräute und Gestorbene den

Frauen anheim, und beiden, den Frauen und Jenen wohlthätig, als gleichsam in die nahen, sichtbaren menschlichen Hände der Natur. Aglaja war zauberisch schön in ihrem Schmerze, und das Gefühl auch ihrer Schuld breitete ein mildes Licht der Bescheidenheit über sie aus, das ihre Erscheinung unaussprechlich rührend machte. Aber es sahe sie Niemand; denn Edmund kam fast gar nicht von den Bergen herab, von wo er über die Pracht der Erde und des Meeres hinaus staunte, und Alles, die Morgenröthe, die Sonne, den Tag, die Gewölke, die Stadt und die im Felde sich regenden Menschen, ja die Blumen und das Gras wieder lernen sollte, oder neu lernen; denn er hielt minutenlang ein Weinblatt an der Rebe, mit einer kleinen fleißigen Spinne darauf, in seiner Hand, bis ihm die Augen vergingen, bis ihn ein andres Wunder zu sich zog. So lebte er im großen stillen Geiste der Natur. Am Morgen nach dem Unglück im Hause hatten sich die Gäste schicklicherweise nach der Stadt beurlaubt; denn nur als willenloses Unglück konnte ihnen Euphrosynens Tod erscheinen, da sie Lothars Zärtlichkeit -- ihre Schönheit und liebevolle Unterwürfigkeit fast belächelt hatten. Die großen Begebenheiten umher, die Sorge mit so vielen in der Schlacht Verwundeten, so vielen Todten, die einbalsamirt, und à la Lord Byron und à la Prinz Byron in einer Tonne den Ihrigen, als der Niederschlag ihres Lebens, nach Hause gesendet wurden, ließen den Menschen nicht Zeit, dieses einzelnen Unglücks lange zu gedenken. Ja, wenn auch ein dazu Befugter ernstlich sich danach erkundigt, so gestattete Lothars Zustand keine Rache, oder sogenannte Strafe; Strafe von Strafenden, die mit ruhiger Besinnung und als ein Werk Gottes dieselbe That noch einmal thun, die er nur bei empörten Sinnen und aus Irrthum verübt — und mit dem Dolch, den er einem Andern ins Herz gestoßen, schon seine Seele getroffen und sich selbst von der Menschheit ausgestoßen hat. Denn Lothar glaubte, sein Kopf sei todt, da sein Verstand ihm hin war. Er glaubte blind zu sein, nicht zu sehen, nicht zu hören, nicht zu schmecken. Und diese Ausflucht seiner reuigen Seele, wozu ihr vielleicht nur die Erinnerung an Georg III. den Anstoß gegeben hatte, war dem Arzt lieb, da sein armer Freund sich doch bewegen ließ: angeblich Trank und Speise der Todten anzunehmen. Adda war immer um ihren Bruder. Sie bereuete geredet zu haben, und vermochte auch wiederum nicht recht zur Reue zu kommen, wenn sie bedachte, daß ihr Bruder Edmund durch Schweigen gegen seinen Bruder, im Grunde alle Schuld dieses Unglücks trug, aber noch nicht in sich darüber erwacht war, sondern immerfort mit gleicher Kraft seinen guten Willen empfand: ihm Grausen und Wahnsinn zu ersparen, der ihn, gleichsam zu seiner Freisprechung, nun denn auch wirklich befallen hatte. Cora dagegen hatte durch ihren Schmerz über den Verlust ihrer kleinen Adda wirklich den Vater derselben, den Marquis, nachgezogen, der unter den neuen Umständen von Lothar, dem Bruder seiner Gemahlin Adda, keinen ernsten Empfang zu erwarten hatte, den er immer gescheut. Ja, Lothar ging, wie der Arzt vorausgesagt, fast ausschließlich nur mit der betrübten Cora um, und selbst Adda fand das natürlich, und wie sie sich suchten, sonderte sie sich von den andern.

So vergingen die Tage bis zu Euphrosynens Bestattung. Den Menschen bisher entzogen, war sie diesen Abend zum letztenmale auf Erden sichtbar. Und wie schön! In der doppelten Neubyzantinischen Kapelle des Schlosses, die in der Mitte quervor durch zwei Pfeiler getrennt war, lag sie in der Mitte der zweiten auf einem Katafalk, der mit einem grasgrünen blumendurchwirkten Teppich bedeckt war, in weißmarmornem Sarge, in einem reizenden Hirtenkleide, einem Kranz in dem Haar und mit Blumen geschmückt. Hinter ihrem Haupt glänzte der Altar, dessen Gemälde den heiligen Spiridion vorstellte, vor welchem eine purpurglühende Ampel brannte. An den Altarstufen standen zwei mit dem Gesicht sich zugekehrte antike Marmorbilder, die schon vor Alters zu Engeln umgewandelt waren, ohne Eintrag ihrer Schönheit zu thun. Auf jeder Seite des Katafalks brannten in den Seitenhallen altförmige vergoldete Kronleuchter. Die ganze Capelle war mit Blumengewinden geschmückt, und bot den freundlichsten Anblick dar, so freundlich der Tod nur erscheinen kann. Was aber dieses ruhige Bild — des letzten Lebens und Daseins in das Wunderbare entrückte, waren unterirdische Töne, wie Töne der Aeolsharfen. Aber nicht der Wind schien hier fortzuziehen, sondern die Harfen selbst, und immer andere, wie von einem Zuge der Erdgeister gespielt, schwebten und flöteten herbei. Diese unterirdische Musik, von den Bewohnern der Insel aus alter Zeit her: „die Flöten des Briareus“ genannt, sind aber wie ferne schöne Schlachtmusik, nur Anzeichen und Vorspiele des hier so häufigen Erdbebens. Aber unaussprechlich schön.

Edmund trat jetzt herein, in seiner Uniform, nur einen Flor um den Arm. Er sahe lange hin, ging nahe, ging fern, ging wieder hinzu, und sprach dann mit leiser Stimme: „Sie schläft! sie schläft so sanft! sie schläft so süß, sie scheinet nur todt — die schönen Augen schließt sie nur leicht, wie träumend zu; ein Lächeln schwebt um ihre lilienblasse Wange, und nur mit Mühe entdecke ich einen bittern Schmerz — von welchem ihr schöner

Mund, wie todte Rosenknospen, schweigt. So ruht die Brust nun friedlich! Kein Leid bewegt sie mehr, und schön ist sie, wie nie zuvor! Ein Wunderwerk wie keines mehr.... sogar im Himmel keins! Denn sie ist eine Todte! Anstaunbar, — doch nicht auszustaunen! Bezaubernd, Seelerau-bend, Fried' und Stille sich erzwingend, göttersam, anschauernd göttlich! .... Ja, Alles giebt der Tod uns wieder: Reinheit, Werth und Liebe, wie uns das Leben auch immer beraubt hat; und selig ist sie, und wird nun selig genannt — und heilig ist sie! und tief unter ihr stehen wir! Auch jene Hyacinthen, jene Rosen aus ihrer Heimath, die sie sich so lange gewünscht, welche sie blühend so sehr erfreut, bekränzen traurig-schön nun ihre Stirn.

So trat er erstaunt und bewundernd von ihr. „So ruhig," sagte er sich, „glaubte ich diesen Sarg nicht anzuschauen. Ich ging hinaus und stärkte mich zuvor an den Sternen — da, an ihnen, da war kein Wandel zu sehen; wie Kinder thaten sie die goldnen Augen auf und blickten hold und freundlich; so zogen sie herauf in ihrem heiligen Hause, so, als sei nichts geschehen! Die Blüthen an den Bäumen regten sich; die Blumen waren eingeschlafen an ihrer Mutter Erde Brust, und hielten meine Thränen für des Himmels Thau. Und wehete es nicht? rauschte es nicht? sang es nicht? und zogen nicht Schiffe fort, hinaus in die dunkle See, und Wolken über der See hinaus? So bleibst Du, o Welt, in Deiner stolzen Pracht, in Deinem sichern Gange, o Du, die gleich und ehern bleibt bei allem unserm Leid! Nur auf sich selber angewiesen steht der Mensch! Und wo das Leid nur ist — in seiner Brust — da nur ist, aber da ist auch Trost und Stärkung — wer sie finden kann. Mich quälet Liebe und Tod. Doch ihn, ihn quälet der Mord, des Kindes

Mord, das stumm für ihn gelitten hat, bis zum Tode, ja den Tod selbst. Wahnsinn hat ihn angefaßt, und als Todter klagt er graus und fürchterlich, und sucht den Eingang zu den Todten überall. Nicht erst Wurzel schlagen soll ihm der Wahnsinn, nicht wachsen, darum eile ich rasch, Diese hinwegzuführen aus dem Reiche der Sonne. Eingesegnet werde sie nur noch, nach ihrer Kirche Gebrauch; dann bei dem Morgenglanze des Frühlings wandle sie zu ihrer Blumengruft, im offnen Sarge, wie man ihres Volkes todtes Volk begräbt, und Einmal sehe noch zuletzt die Morgenröthe und der Himmel und die heilige Sonne ihr schönes, liebliches Gesicht. Dann ruhe sie unter dem großen grünen Todtenhügel, den ich ihr hoch aufschütten lasse, wie der Myrinne, zum heiligen Angedenken für die Vorüberschiffenden und an demselben Orte, wo mich eine Blumengruft zu umfangen schien, ach, mich, weil sie mein Glück und Leben ist, und ich in ihr vergehe. So werde Alles denn erfüllt!"

Da kamen die Kinder und klagten ihm: „wie haben wir die Mutter überall gesucht!" — Und jetzt zeigte sie Eine der Andern und rief: „O sieh' einmal: Da ist die Mutter! Sieh hin!"

„Was macht sie denn so müßig dort?" frug ihn die kleine Euphrosyne.

„Erträgst du das, o Seele?" sagte sich Edmund; — „sie schläft!"

. . . . „Warum denn dort?" . . . .

„Wer so schläft, der schläft gut überall."

. . . . „Wird sie noch lange schlafen?" . . . .

„Freilich wohl!"

. . . . „Du, sind denn, wenn ich schlafe, solche Lichter auch und solche Engel um mich?" . . . .

„Ja!"

.... „Die Mutter hat gesagt," sprach nun die kleine Aglaja zu ihrem Schwesterchen, „wir sollen bei ihr beten, wenn sie schläft; ich fürchte mich aber."

.... „Ich nicht! So komm! Wir wollen es thun, aber still, ganz still; sie schläft, daß sie nicht erwacht!" — sagte die kleine Euphrosyne; und die Kinder führten sich an der Hand zu ihr und knieten zu Füßen der Mutter.

„Wer ist nun selig? diese Todte oder ich? sprach Edmund hingewandt. „Es haben es Tausende getragen — aber jetzt trage Ich es ganz und unvermindert, das alte Leid, wie um den ersten Todten einst der erste Weinende! Und ist auch Sterben nichts, als nur die heilige Erde verlassen, wo das Kind in Gras und Blumen gespielt; die Erde verlassen, die uns werth geworden durch manche darauf gefallene Thräne! Ist sterben nur: Euch, Ihr Nächte, Dich, o Mond, Dich, Sonne der Sterblichen, und alle sie vermissen, die holden geliebten Gestalten — dies, dies schon nenne ich bitteres Leid! O morgen lebt sie, morgen steht sie auf — doch heut ist sie todt! Heut leide ich ganz Unaussprechliches — und diesen Schmerz löset und hebt mir kein Glaube — nur, ihn tragen, lindert ihn; ihn rein fühlen als Leben, macht ihn schön! Darum laß mich leiden, laß mich ein Mensch sein, was ich nie zuvor war, und nie mehr bin. Und so erschöpfe ihn ganz, und weide dich an der Fülle dieser schaudernden Wonne, an diesem Abend, der Dir, und der Ihr einzig ist — denn nie wird Diese wieder sterben, die hier köstlich ruht!"

Und so ging er und setzte sich in die Tiefe der Capelle, ins Düstre der Schatten, und blieb dort in sich versunken, der Welt vergessen und antheillos, kaum, daß er den Donner hörte, den jetzt die Erde in ihrem Schooße donnerte, und das sich windende Geheul, das sie heulte, und das dumpfe Getöse und Krachen, das den Donner nicht störte.

Wunderlich gekleidet trat jetzt Lothar herein. Er stand lange, dann frug er: „Wo bin ich hingerathen? Was soll ich hier? Einsam und blind schleiche ich und stoße meine Füße mir ganz wund. Die Welt ist ein Traum, das Leben ein Traum, und auch die Todten träumen, weiß ich nun! Du träumst! ja, ja, Du träumst! Darum so wunderbar erscheint Dir Alles, was Du um Dich her erblickst. Wie? Doch: erblicke ich etwas?" frug er, schüchtern umhersehend. „Ja, mich blendet es wie ein Glanz ... und dort hat sich ein Mädchen hingelegt, das ermüdet schläft! So ist mein Kopf wohl nicht todt, wie so viele Menschen sonst glaubten, daß ihr Kopf nicht todt sei und ihr Herz! Du siehst — du träumst! Die Blinden sehen im Schlafe! Nur das Auge ist blind, doch nicht die Seele! O, wer weckt mich auf in dieser Todteneinsamkeit!" ächzete er und faßte sich an und rüttelte sich: „Erwache! erwache! erwache! oh, und ihr, meine Augen, schlafet wieder ein und werdet blind!"

Die Kinder sahen sich um und Eins sprach zum Andern: „Der Vater spielt recht schrecklich!" — „Komm! wir wollen fort!" bat die andere Schwester.

„Wer spricht denn dort?" frug Lothar.

.... „Wir sind es!" ....

„O Kinder, kommt doch her!" bat er sie; und die Kinder kamen zum Vater. Er staunte sie an; endlich erkannte er sie, besann sich, wandte sich mit Abscheu um, und da er nun Euphrosyne erkannte, stürzte er auf die Kniee. — — „Oh! oh! was hab' ich gethan! was hab' ich gethan! mein armes Kind!" redete er sie leise an. „Die Maske mit dem gleichen ruhigen Gesicht bedeckt Dich nun so schwer! schwer! Doch ja, unter ihr bleibst Du der Engel, der Du bist, und ewig rein."

. . . . „O Vater! spiele nur nicht so schrecklich!" bat ihn die kleine Euphrosyne; „Hu! die Schwester weint vor Furcht" . . . .

„Weint, weint! lacht! fürchtet Euch! thut was Ihr wollt!"

. . . . „Sey nur still! Du weckst ja sonst die Mutter auf!" . . . .

„Nein! meinen Augen träumte: Sie ist todt!"

. . . . „Ist denn die Mutter todt? sie siehet ja gar so schön aus — ich will auch todt sein! lieber Vater! Was ist denn todt?" . . . .

„Todt!" sprach er.

. . . . „O sage mir es!" bat die kleine Aglaja . . . .

„Ein altes Lied."

. . . . „Wer hat es denn gemacht?" . . . :

„Ich weiß es nicht; es singt sich schon aus alten Zeiten nur so fort, wie der Wind so fort pfeift."

. . . . „O singe es uns einmal, bitte! bitte!" . . . .

„Jetzt noch nicht!" bedeutete er sie. „Niemand darf es eher singen, bis ihn die Reihe trifft; und dann verklingt es im öden Hause dieser Welt. Taub ist das Ohr der Todten, und ihr Auge ist blind — verschmerzeten hier ihre Lippen sonst des Vaters Trost? Bliebe ihr Auge thränenlos, wenn nur ein Wort ganz leis eindränge in ihren milden, milden Sinn? Und nicht so grausam ruhete ihre gute Hand, und sagte mir mit leisem Drucke: „Dir ist verziehen!" Ja, todt ist todt! O wüßte ich, was du bist, o Tod! Der Himmelspförtner? oder . . . . hörte ich auch nur der Mann, der unsern Sarg verschließt, und seinen Schlüssel tief in das Meer der Zeit unwiederfindlich wirft — o wüßte ich das — dann wäre mir wohl! dann hätte ich Nichts gethan!"

Er athmete einen Augenblick auf, und stand grade wie ein Fels. Dann beugte er sich plötzlich und murmelte: „Dann hätte ich Nichts gethan? .... Ich! Nichts! Dann erst hätte ich recht Alles gethan! Alles Verderbliche! Was geht der Tod den Menschen an, und seine That? Das Schöne bleibt das Schöne und ist es erst recht in solcher vergänglichen Welt! Das Gute bleibt das Gute, oder die Gottheit, die unsterblich ist, sie könnte es nicht üben — aus Unsterblichkeit, im Himmel dort nicht üben, wo Alle unsterblich leben — untödtbar leben, wo der Tod nicht ist, wo Alles ewig blüht, wie sich die Sage trägt. Daran erkenne Du der Erde Geisterreich! Woher Du bist — und welch ein Gott in Deiner Seele lebt! Und so vergänglich, so verderbbar ist die Welt erst recht das Reich der Tugend und die Wahlstatt der Gerechtigkeit! Und wollte ich tödten? denn tödten? Nur das? Nein! — ich that eine That; nur ein Gedanke flog durch diesen Arm aus der Seele: die Rache! ein sündiges Wort. — Wer wäre doch ich, was wäre ein Mensch, der tödten könnte, verwandeln! Einen kühlen Stahl begräbt die Hand in einer Brust, nicht einen Sperling schweres Blei ... und daß sie stockt und schweigt, zerbröckelt — das thut sie, die Brust, das ist nur ihre Schuld! Und wer sie schuf, die schöne himmlische Gestalt, wem sie am Herzen lag, eh' sie an meinem lag, und wer sie ewig liebt, sie durch mich empfängt — der schaffe sie neu und jung, wenn es ihm gefällt, und sorge für das fallende Laub, für die Wiederkehr des Frühlings, der Blumen und der Todten, die noch häufiger als Laub des Herbstes auf der Erde Schooß fallen. — Er lasse todt sie liegen — Alles nur nach seinem Rath! Doch der Gedanke ist mein, das Wort, die That, die Schuld! O, und erweckte sie jetzt hier ein Gott, erhöbe sie die Hand, und spräche zärtlich mit leisem Druck: „Dir ist verziehen!“ .... Umsonst! umsonst! Die Sünde quält mich fort — — — da steht, ihr kleinen, schönen — großen Sünden! Giebt es denn unbewußt auch Sünde? — Ach, der Irrthum ist ja die unbewußte Sünde — kann die Sünde so unschuldig seyn, so schön wie diese Kinder? Kann die Schönheit so sündvoll seyn? — Ha! ich hasse mich wie Euch! und Euch wie mich! .... hinweg! hinweg! O rettet Euch! flieht! — entflieht! — entflieget mit Flügeln, sonst hasche ich Euch!“

Es blitzte, aber wie aus der Erde herauf; es donnerte und hallte, und es rauschte wie Regen, und Sturm sauste und rüttelte an den Fenstern, als klammerten sich Eulen daran und ächzten. Lothar fühlte in seine Haare. „Es steigt mir ins Haupt“, sprach er bestürzt, „der Himmel murret und grollet mit mir; die Erde ist müde und zornig mich länger zu tragen .... mein Wahnsinn naht! .... Nacht sinkt düster und schwarz über die Augen mir ab — ha! Blindheit ficht mich an — fort! Wer verwandelt mich? Wer fasset mich riesig an? Ich fühle, ich werde starr! — ich werde kalt! .... alt! ich bin ein Greis — schwach, alt und kalt, ich bin ein Todter! — die Füße tragen dich nicht mehr; du bebest an allen Gliedern! Armes Haupt! wer trägt dich zu Grabe, als ich — und wer führt mich Blinden dahin! Oh! .... Oh!“

Die Kinder entflohen, aber unglücklicherweise nach der Thür, die in den Thurm führte. — „So sehen meine Sünden aus!“ rief er, ihnen nachstarrend. „Wie Träume ziehen sie fort aus meinem Haupte — ergreif', ergreif' die buntgefleckten Sommervögel, ergreif' — drücke todt! drück' todt .... da flattern sie!"

Und er stürzte ihnen nach.

Zwölftes Capitel.

Das Wiedersehen.

Aglaja kam in Sorgen um die Kinder, die endlich untröstlich nach der Mutter geweint, und welche sie wohlmeinend eingesperrt, um sie nicht im Sarge zu finden. Sie waren ihr aber entkommen; sie hatte sie nirgends gefunden, und jetzt auch nicht hier, da sie Beide der Mutter doch gern nachgewollt, weil man ihnen gesagt: die Mutter sei fortgezogen. Jetzt beschaute sie selbst ihre Tochter. „Ja, Du bist fort, mein Kind!" sprach sie; „Dein schöner Schatten weilt nur noch unter uns! Ach! warum habe ich das erlebt! Deswegen kam ich her? — um ein furchtbares Licht zu seyn in dieser grausen Höhle, in welcher sie unbewußt und ruhig lebten; ja zufrieden hätte sie der Tod hinweggenommen — ohne mich! Denn viel, viel Unheil lebt verborgen hier in der Welt! So ward Dir die Mutter der Tod, so liegst Du nun hier, getrennt auf ewig von Deinem Vaterlande, wohin Dein Herz mit stiller Sehnsucht stets begehrt, nach seinen Fluren, seiner kleinen Hütte dort. — Sie werden Dich nicht wiedersehen, sie bleiben auf ewig hinter Dir stehen in ihrem stillen Sein. Die Gestirne gehen jetzt heiter über ihnen auf; des Mondes heiliges Antlitz läßt sich freundlich schauen, und sanft erleuchtet es die blüthenhelle Bucht und den Hain und den Berg, und jeglichen Pfad mit seinem alten Glanze wie zuvor, eh' er Dich sah; und segnet die Gefilde fort, nun ohne Deine Lieder, ohne Deinen Blick und ohne Deine liebliche Gestalt. Nun kommt er her! und durch die Donnerwolken blickt er herein zu Dir, und also sieht er Dich! — und wie voll Menschenschmerz hüllt er sich schnell wieder ein, und mag bestürzt das nicht schauen, was selber die eigene Mutter muß!"

Sie horchte auf; denn ihr war, als wenn die Kinder riefen; Angstgeschrei, das von oben herdrang. Auch die Stimme Lothar's, des Rasenden, hörte sie deutlich. — „Was ist geschehen? welches Elend kann den Elenden noch treffen?' frug sie, als es nun still war. Ohne Furcht eilte sie in die Thür. Es regnete und donnerte. Sie blieb eine furchtbare einsame Zwischenzeit fort, und dann kam sie athemlos wieder, die kleine Euphrosyne quer über die Arme vor ihrer Brust.

„Es ist genug!" war ihr erstes Wort; „ich mag nichts mehr wissen, o Welt! Es ist genug! das Herz erträgt das Leid nicht mehr; die Augen sind thränenlos und starren die neue Unthat träumend an! — Ja, sie ist todt — da regt sich mehr kein Hauch; das kleine Herz steht zum erstenmale — doch ein schrecklich Mal! — Die Augen hat sie weinend zu; Todesblässe bedeckt ihre Wangen, und aus den Lippen quillt, wie aus der schönen Purpurschnecke — Blut. Erdrückt — an seiner Brust erdrückt — hat er diese! Er stürzte schon mit empörtem Wahnsinn die andere Schwester vom untern Altane des Thurmes in das Meer .... wie eine Lilie fiel das Kind hinunter in die schwarze schäumende Fluth. Sie ist hin! Wer fände sie nur! Ich kam zu spät Nur retten wollte ich diese, die am Boden lag, und trug sie fort....

und fröhlich, als die Gerettete, Lebende — doch sie ist todt. Er hatte das zuvor gethan! Wo lege ich Dich nun hin, wohin, Du armes Kind! Denn meine bebenden Arme tragen Dich nicht mehr! — Wohin? — Die Todten zu den Todten hin! Da ist ihr Ort."

Sie legte sie zu Euphrosynen, und sprach gerührt und doch mit Frieden zu diesem schweren Werke: „Hier ruhe nun bei Deiner Mutter, Du liebes Kind! Du hast ihr nachgewollt — Du hast sie gefunden! und Niemand trennt Dich mehr von ihr! — Und Du, o Mutter, empfange sie sanft in Deinen Arm; ich lege die Schlafende zu Dir Schlafenden, und wenn Du dereinst erwachst aus Deinem bösen Traume, dann fühle Du froh Dein Kind an Deiner Brust .... und frage nur die Engel nach dem andern! denn sie haben es Dir gewiß bewahrt und aufgehoben, und führen es Dir wieder zu; und also gehe dem großen Vater fromm und still dort entgegen, denn er wird Dich göttlich trösten über all' Dein Leid!

Es donnerte, Mauer und Fenster und Grund erschütternd, so daß die Todte selbst im Sarge zitterte, und die Blumen an ihr und um sie bebten vom Wolkengeroll. Unter dem letzten furchtbaren Donnerschlage trat Lothar mit hoch ausgestreckten Armen aus dem schwarzen Eingang zum Thurme, wie ein Auferstandener aus seiner Gruft hervor. Wie abgeschnitten war der Aufruhr in der Natur; es ward plötzliche Stille, und es beharrte so still. Da trat er niedergeschlagen und schüchtern ein. Denn vor dem furchtbaren Donner, dem feierlichen Worte der Natur, hatte jede Menschenbrust geschwiegen, und alles Menschliche, Gutes und Böses, hatte gleichsam seine Bedeutung verloren und war als Nichts erschienen.

„Jetzt bin ich wach!“ hauchte er nur mit halber Stimme. „Ich sehe wieder klar, und sehe, was ich gethan, und möchte blind und sinnlos sein. O Wahn des Menschen, daß er seine Sünde glaubt zu vertilgen, wenn er die in Erde abgedruckte Gestalt der Sünde zerstört, die lieblich-schrecklich als sein eigenes Gespenst vor ihm wandelt; und die Flamme, die sich selbst verzehren will, ergreift die Bilder um sich her, und lebt und nährt sich schmählich fort! .... Das arme Kind! Nun wälzen grause Wellen seine kleine Brust bei Ungeheuern, und in diesem Wogenbraus schläft sie so sanft, so wie eine reine Perle schläft im festen Muschelhause dahin geschäumt! — Schlaf' sanft, mein Kind; o schlafe auch du, du Sturmgeheul; ihr, meine müden Augen, schlafet; und du, mein Leib, meine Seele, schlafe wie der Tod, so fest wie Diese, die hier ruht! Ihr ist wohl geschehen, und ihr ist wohl. Doch, was die Erde Erschreckliches zu leiden und zu thun dem Menschen zu geben vermag, das häufte sie auf meine Brust, und in mein Ohr ruft eine Stimme —

Schweige! fort! ich will es nicht hören! schweig'! rief er mit rascher Bewegung und hielt sich die Ohren zu.

„Und die kleine Euphrosyne .... wo ist sie hin?“ frug er. „Mir war, als trüge sie ein Engel mir hinweg! .... Dort steht er! Ach! wer ist es? .... Aglaja sehe ich dort? Wo hast Du sie, Weib? Komm hervor! Ich bin nicht mehr furchtbar! ich fürchte mich Athem zu holen! O sprich, wo hast Du sie! lebt sie?“ —

Und als ihm Aglaja stumm auf das Kind deutete, rief er: „weh! ist sie dort, so ist sie todt!“ Er bedeckte sich das Gesicht mit den Händen, und lächelnd erschien es wieder zu seinen Worten: „Auch wohl! nun lebt keine Sünde mehr, als Ich! da jene Kleinen auch, wie Blumen schön, doch giftvoll, nun dahin sind.

Leben konnten sie ja nicht, was den Menschen Leben heißen soll, wenn jemals ihr Geschick in ihnen erwachte."

„Furchtbarer Mann!" sagte Aglaja, doch nicht zu ihm. Er hatte es aber gehört und entgegnete: „Ich habe Gutes jetzt gethan, so unbewußt, wie zuvor das Böse."

„O mein Kind!" — sprach Aglaja ihm zum Vorwurf — „was hättest Du gesagt und gelitten, wenn Du so die eigenen Kinder sähest in schwerem Tode ruhen? Viel lieber wärest Du selbst gestorben; und will ich treu Deine Mutter sein, und es wahrhaft mütterlich mit Dir meinen — o, so muß ich Deinen Tod Dir gönnen; freuen muß ich mich, daß ich, für Dich hier leidend, Dir die Augen zugedrückt."

„Ich scheue mich vor dieser Todten hier zu stehen," murmelte Lothar; — „o, siehe, siehe! .... sie schlägt die Augen auf! sie sieht mich an .... sie bewegt die Lippen — horch! nun wird sie sprechen! sie muß! .... sie spricht — horch!"

Und indem er wie entseelt stand, sprach er aus ihm selber, kaum hörbar: „O, was hast Du gethan!"

„Hast Du gehört," rief er, wie froh; „sie sprach:" „Oh, was hast Du gethan!" „Als nämlich Ich! — Ach, nur aus meinem Innern scholl es auch! Die Todten sind bettelarm; sie borgen sich selber ihr Bild in uns, und wir leihen ihnen noch Lippen, Auge und Ohr und Lallen im Sarge, Stimme in der Gruft. O sei kein Kind, die Todten sind todt! Aber ... der Tod ist gut! aber die Augensterne verwandelt er in dunkle Steine, und die Schnecke in ihrem Ohr füttert er mit giftigen Kräutern todt. Gut! Gut!"

Aglaja kam jetzt hervor in seine Nähe. „Ja, was auch Sterben sei," sprach sie, „sie hat es gethan, vollbracht! Ihr Leben ist gelebt, gelitten ist ihr Leid; und selber den kleinsten Jammer fügt ihr nichts mehr zu. So heilig ist das Recht der Todten, und so fest beschützt der Tod auch die, welche er einmal geraubt. Schon Einen herben Schmerz verschlief das gute Kind, und selbst dieses Erschreckliche ist ihr erschrecklich nicht: — Sie hält ihr todtes Kind an ihrer todten Brust, gefühllos und es rühret sie nicht! So grausam macht der Tod, wie uns scheint, und so gleichgültig gegen Alle, die der Mensch geliebt, und gegen die Erde selbst. Nur mir, nur mir bricht sie willenlos erst recht das Mutterherz."

„Du, Du also bist Aglaja?" sprach er. „Wirklich sehe ich Dich! Und heiße Dich erst jetzt willkommen!"

....„Trauriges Willkommen!"

„Alles sei willkommen!"

....„Ach, sah ich Dich nicht mehr wieder!"

„O, wende Dich nicht ab, Aglaja! Verlasse auch Du mich nicht! die mir der Gott zum Troste gesandt, vielleicht in meiner letzten Stunde. Unglückseligen geziemt es, getreu und sanft bei einander auszuhalten! Reiche mir Deine Hand zum wenigsten! Denn jene alte Zeit schließet sich jetzt an das Neue an; gieb!"

Aglaja bebte. Sie weinte, Sie wandte sich ab, und so entfernt reichte sie ihm die ausgestreckte Hand und sprach: „Mich rührt der Stimme Laut, wie einst; doch fürchtete ich mich einst vor Dir — jetzt weiß ich es: Warum!"

Er drückte ihre Hand in seine beiden Hände, und vergessen in jene Jahre, sprach er immer heiterer: „Mir zieht ein wohliges Gefühl herauf, und ein wehmüthiges, daß ich Dich wiedersehe! Ja, ja, Du bist es! Du bist ein hohes, schönes Weib geworden

— um das ich mich beraubt — und des Mädchens Züge, das Du warst, wie edel sind sie ausgebildet, und wie rein! — Durch den Schmerz? Nur dunkelblauer werden konnten Deine Augen nicht; nicht schwärzer werden konnten Deine Locken, die ich Dir dehnen mußte, wenn Dir ihre Spitzen reichen sollten bis auf Deiner Schultern Schnee. Du aber neigtest Deinen Lockenkopf herab, und übergossest mit dem Haare die Brust — so ward es lang, wie ich gewünscht! — O, goldne Zeit! wo jeglicher Wunsch an Deiner Güte leicht genas! Wo ist das heitere liebe Kind Aglaja hin? Du bist es, und Du scheinst es nicht! Du scheinest es, und ach! Du bist es nicht! Doch schön, wie nur ein Weib sich wünschet schön zu sein; .... und keines Andern waren diese Reize mehr?" — Er blickte sie forschend an, wie ein Schiffbrüchiger nach einem rettenden Segel.

Aglaja entzog ihm entrüstet die Hand. „Geh!' erwiederte sie; „keines Andern mehr, als Dein, Du Unseliger!"

.... „Wie lockt es uns, Schönheit auch für treulos anzusehen!"

„Wie lockt uns Frauen die Natur mit Recht, den Mann, der uns begehrt, für treu, für wahrhaft anzusehen? — So schwer hat nie ein Weib den Augenblick gebüßt!"

.... „Du solltest strenger sein, und nicht so leicht dahin!"

„Dann schmähet der Mann, wenn Mädchen ihm sind, wie er gewollt, gefleht, geweint!"

.... O, stießest Du das Kind nicht in die Fremde hinaus!"

„O, könnten Väter uns verzeihen, was Männer thun!"

.... „Was sagtest Du dem Kinde nicht, wem und wessen es sei?"

„Ein Vater, der entflohn, der hilft den Kindern nichts!"

....„Warum verschwieg der Mann, wer sie geboren?"

„Die alte Schande schadet uns zu neuem Glück."

....„Und hätte er auch Deinen Namen nur gewußt!"

„Vorsichtig aus Vaterliebe, wies ich ihn an eine Freundin an."

....„O, in welche Schuld hat uns der Gott geführt!"

„Uns? — Dich! Ich nehme keinen Theil an Deiner That!"

....„Daß ich mein Kind erschlug, trägst Du so schwer als ich!"

„Halt ein! mache mich nicht auch so sinnlos, wie Du bist!"

....„Daß ich mein junges Weib geopfert." —

— „Das wirf auf Edmunds Haupt und seine Angst um Dich!" sagte Aglaja.

.,..„O, wie lösche ich jenen Tag aus dem Buche der Zeit! Nur jenen Tag! Wir Menschen säen ein stilles Korn in den Acker der Natur. Sie nahm es auf in ihrem Schooße und schwellte es; es wuchs heran, und Früchte trug es, wie es gesollt, — nun ernten wir die Unglückssaat! Denn die Natur und alle ihre Kräfte, sie gehört, so wie ein treues Weib dem Geiste an! und unbedenklich thut sie, was Der von ihr heischt, mit stiller Treue, mit treuer Liebe und Götterkraft, und göttlich ist es, und göttlich bleibt es: was sie thut!

Es donnerte jetzt, und schüchtern vor dem Geroll klagte Aglaja in flehendem Tone: „O, warum macht sie die Saat der Sünde nicht taub? O, gelänge doch kein böses Wort, kein Beginnen böser That! Es ist so, wir sind und dürfen so leben, als meintest Du es nicht gut mit uns, Natur, als wären wir nicht Deine Kinder, und lässest uns doch blühen und ernährest uns doch! Nichts hemmest Du, was auch der Mensch, Dein Kind, von Dir begehrt! Ja, wie aus dem reinen Frühlingsbeet die reinsten Lilien, lässest Du — ach, aussprechen kann ich es nicht — und siehe, kleine, reine Jungfrauen wiederum sind die Mädchen der Sünde; und wieder auch tilgest Du leis und still=gleichgültig auch diese hinweg — und in der ewigen Feier Deiner alten Majestät rollet hoch der Donner hin, der Himmel dröhnet und kracht, die Blitze leuchten dieser Todten ins Gesicht, die Erde schüttert, und auf dieses Kindes Haupte erzittern selber die Rosen! und das todte Herz erzittert durch und durch von Deiner todten Macht!" —

.... „Nur also war mein Sinn zu beugen," sprach Lothar, „und zu ändern durch Gottes Hand! Das Unglück giebt uns tausendfach, was Glück uns geraubt, und nichts Höheres lebt auf Erden, als ein gutes Weib!"

„O, war es nicht mein Kind, das Dich dies Wort gelehrt!

.... „Wer Weisheit lehrt, und wer Weisheit findet, ist oder heißt ja stets unglücklich! unglückselig! Ich sprach es aus, das Wahre: Unglückselig! Auch selig macht das Unglück; anders, weiter und süßer nur! Und ein Unglückseliger ist: wer selig wird durch Leid!"

„Ach! mußte sie nicht so früh, so jung von der Erde hinweg!"

.... „Hiersein ist auch nur Dasein; und Dasein ist überall!"

„Sie war Dein Kind, wie meines; Du irrtest nur, wenn auch furchtbar, ach, und darum, o Lothar — will ich Dir verzeihen!"

Und fast spöttisch trat er ihr nahe und sprach: .... „Das freut mich, daß Du mir verzeihest — donnerst Du auch?"

„Wir Menschen stammeln nur Lohn und Strafe dem Himmel nach;" sprach Aglaja beschämt.

. . . „Welche ernste Feier dieses Lebens feiern wir!" bestaunte Lothar.

„So hat mich nie des Donners Macht gerührt!" sprach Aglaja.

. . . . „Du Selige! wessen hat die Gottheit Dich würdig gemacht!" sprach Lothar zu Euphrosyne hin.

„Ja, sie ist selig, und sie litt nur kurzen Schmerz!"

. . . . „Nur kurz hat sie es gefühlt?"

Aglaja langte eine Kugel aus ihrem Busen und gab sie ihm mit dem Worte: „Hier diese Kugel riß sich ihr schnell durch das Herz."

Er ergriff sie hastig und betrachtete sie auf der Hand. „Du todter Tod!" sprach er, „und doch hat sich die That Dir eingedrückt. Und soll der Mensch nicht biegen, wie ein Stahl, wenn ihn der Himmel wirft? — Nein!" sprach er fest, und rollte die Kugel schurrend auf dem Boden fort. „Fester ist des Menschen Geist, als Erz! Dem Blitz gleich, der durch alle Elemente lösend dringt. Der Mensch ist ja selbst der Geist, der da Alles thut. Darum hat er sich eingeschlossen hier in den Sarg dieses Leibes, damit er seinen Himmel also empfände! O, wie schwach war ich! o, wie klage ich Dich, o Wahnsinn, an!"

„O, wecke Dir ihn ja nicht auf, Du armer Mann! o, wie beklage ich Dich!" klagte Aglaja und sagte sich selbst: „ach, gab ich doch nicht die Kugel in seine Hand!"

„Wohl armer Mann!" sprach er in höherem Sinn; „woran der Himmel schon so lange gewirkt, Wolken und Mutter- und Erdeschooß, und Alles, bis es diesen Tag hervorgethan. — Das raubt mir der Wahnsinn und löschet den Menschen in mir aus!"

„Er spricht wieder irr'!" klagte Aglaja furchtsam.

Doch er fuhr fort: „O, fasse Dich mein Herz! Wie hast du Alles vergessen, was du weißt, nun Krankheit Dich, wie einen Arzt, befällt! Du weißt, und Alle wissen es, Alle genießen es: selig ist die Gottheit, und auch selig ist und bleibt, was in ihr ist und lebt. Ja, unbedacht und träumend selber von Leid und Tod, saugt es die tiefste Seligkeit erst — aus der Schuld. Ich weiß nichts Erhabneres, als die Schuld: — als dies Gefühl: das reine, heilige Gesetz, die schöne Welt hast Du beleidigt — Stolzer! nein! Du hast es gekonnt! Und so ein liebliches Wesen, siehe, starb um Dich, und solche Wunderwerke geben Dir sich preis. — Wer bin ich, daß ich das gekonnt! Dies Ahnen ist erhaben, älter, als die Welt; es ist der Kern, der rein und süß in Deiner Leidenflamme brennt; die Schuld nur zeigt den Menschen als ein Göttliches! Wohin ich immer schaue in dem heiligen Hause der Welt, und die Erde schaue, das Meer und Sonne und Mond, nichts Größeres, Herrlicheres erscheint mir, als der Mensch! Denn in ihm lebt der selige, der vollkommene Geist, der ewig lebt aus freier Willkür, wie er lebt! So will er kämpfen! So will er leiden und sich freuen seines ewigen reinen Wesens! Darum stürzt er zu überschwenglicher Wonne sich selbst in Qual und Tod — wo käme ihm sonst je Tod und Leiden her? Und seine Leiden, sie beweisen ewigfort nur seine Gottheit. Und seine Kämpfe, sie beweisen ewigfort nur seine Liebe. Der ewige Tod: — sein ewiges Leben. Darum heißet dem Menschen hier auch: Leben — Kämpfen! Lieben — Leiden! Und leide ich nicht? — Wer kommt und saget: Ich leide mehr!"

Er sahe umher. — Aber Aglaja sprach: „O, wäre das die Schuld — was ist dann die Unschuld erst? Im Wahnsinn redet er, aber mit seinem starken Geist. So spielt ein Meister sein verdecktes Instrument noch göttlich, ja, wenn er auch träumend zu ihm tritt."

„Mir schwindelt," klagte Lothar; „ich fasse nicht länger die Gedanken!" — Er kniete nieder, und ermahnte sich: „Gott, gieb mir Demuth, dieses mein äußerstes Geschick bescheiden zu ertragen, denn ich bin ein Mensch! Denn wen Du mit Deinem heiligen Blitze berührt, der kann nicht leben, und geweiht flammt er empor. Und darum lebe rein der Mensch, daß er als das, was er sein soll auf Erden, als Mensch zufrieden wandle unter den Sternen hin! Was könnte mir seliger kommen, als der Tod? Ein schmachvolles Leben tragen, ist die schwerste Last — so nimm die schwere Last des Lebens Dir nun hin! So will ich recht es leiden, und so will ich heiter sein, nicht klagen — denn der stumme Schmerz tödtet ja! Doch Du sollst dulden — also darfst Du nicht stumm sein, damit Du ja nicht stirbst!"

Er sprang auf und sagte mit unwilliger Wehmuth: „Ach, den Himmel erträgt kein Mensch, die ungeheure Last! — So drückt der Honig seine eigenen Bienen todt — wie mich das Gedenken seiner ewig reinen Seele!"

Da kam Edmund langsam hervor, und die Brüder sahen sich hier zum erstenmal wieder. Sie erhoben die Hände vor Erstaunen, dann sahen sie sich ruhig, dann freundlich, dann mit äußerster Liebe an, streckten die Arme nach einander und flogen sich an die Brust. Keiner sprach ein anderes Wort, als Jeder rief dem Andern zu: „O mein Bruder!" Was Edmund dem Bruder zu vergeben hatte, war nur Lothars Irrthum gewesen.

Aber was Lothar dem Bruder zu vergeben hatte, das war zu traurig daliegender Wahrheit geworden, und doch vergab ihm Lothar Alles mit dem einzigen Worte: „O mein Bruder!"

Aglaja aber riß sie stumm und hastig auseinander, und bedeutete sie dorthin zu den Lichtern zu sehen! Ihr Gesicht glänzte von himmlischer Freude, ihre Brust athmete nicht, und als wenn eine Liebende die erste Nachtigall hörte, breitete sie vor Entzücken die Arme aus. Auch die Brüder sahen und sahen, und ihre Wangen glühten, ihre Lippen bebten, auch sie streckten ihre Arme aus und standen und schwiegen von Wonne gelähmt; denn in dem Marmorsarge hatte sich die kleine zu sich gekommene Euphrosyne aufgesetzt, und das Kind spielte ruhig mit den Bändern und Blumen an ihrer Mutter. — Es war ein himmlischer Anblick. Das rührendste Bild der ganzen Welt. Keins schöner, heiligernster möglich Keins auf allen Sternen rings umher — und die Erde, diese Halle, dieser Sarg war der Juwel aller Himmel in seiner stillen herzentzückend frohen Wahrheit.

„Giebt es uns noch, uns noch eine Freude in der Welt?" frug Aglaja. „O, so war sie nicht todt!"

„Giebt es mir noch eine Freude?" rief Lothar hingekniet. Aber Edmund war schon hingeeilt, sah freundlich und weinend dem Kinde zu, bis es ihn gewahrte; und nun langte es nach ihm; er hob es hinweg und an seiner Brust trug er es her.

Sie umgaben ihn, sie machten sich seine Liebkosungen streitig; es umschlang Edmund fest, und mit Jubel trug er es fort, von ihnen begleitet.

Und die schöne stille Todte blieb verlassen und einsam hinter ihnen zurück, und lächelte so fort.

Dreizehntes Capitel.

Die Versöhnung.

Durch das Zeichen ihrer Gnade, das die Natur gegeben, indem sie ihnen das Kind lebendig zurückgeschenkt, war ein erregter heiterer Geist über das Haus gekommen. Jeder, der dem Andern begegnete, lächelte ihn an und drückte ihm die Hand. Denn sie empfanden, daß kein Lebender weder in allem Glück, noch in allem Unglück sein könne ohne die unschätzbare Gunst der Natur; und sie empfanden noch erquickender, daß Keiner, Keiner ohne sie sei.

Edmund hatte die kühnsten, verständigsten Schiffer durch ein großes Geschenk bewogen, sogleich auf das stürmische Meer zu fahren, um das doch möglich, wenn denn nicht vielleicht und kaum auch bewahrte andere Kind zu suchen, zu retten, zu bringen: die kleine Aglaja. Das eine Wunder schien das zweite wahrscheinlich zu machen. Aber vergebens. Dagegen war die kleine Euphrosyne durch des Arztes Beistand wieder wohl, und versprach zu leben. Das Kind war wie der Talisman des Hauses, die kleine, schöne, lebendige Schutzgöttin der Herzen. Nach so schwerem, jetzt durch Freude wie vertilgtem Drangsal versammelten sich die Mitglieder der Familie ohne Verabredung in dem Speisesaal, und setzten sich, wie sie kamen, zu Tische. Aglaja hatte in diesem, ihr verhängnißvollen Hause kaum einen Bissen Brot gekostet, kaum ein Auge zugethan, und nun saß sie beruhigt an der großen runden Tafel, die kleine Euphrosyne zwischen sich und Edmund. Dann war ein Platz leer, der Platz für die kleine Aglaja, und einer für Euphrosyne, die Mutter der Kinder; und sonderbar schimmerte ihr silberner Teller und Messer und Gabel, und die crystallenen Gläser blinkten im Scheine der Kerzen. Noch eigener traf es sich aber, daß, zwar etwas entfernt, Euphrosynens blasses, weißes Gesicht — von ihrer vor dem Spiegel stehenden Marmorbüste, den Lebenden zuzusehen schien. Dieser Ansicht, dieser Lücke gegenüber hatte sich Lothar gesetzt, ihm zur Seite die Schwester Adda, die Mündel Cora, und diesen zur Seite wieder ihre Männer, der Baron und der Marquis. Der Arzt sahe sich öfter nach der Thür um, als sollte jemand ängstlich Erwartetes hereintreten. So saßen sie, sprachen kaum, oder nur wenig von vergangenen Tagen, und brachen nur von dem Brote und tranken von dem Weine. Nur die kleine Euphrosyne nahm sich von einer der vielen auf- und unberührt abgetragenen Speisen, wollte aber nicht essen, bis ihre liebe kleine Schwester Aglaja käme, frug den Vater nach ihr und wiederholte die ängstliche Frage. Alle standen Pein darüber aus. Aber Lothar hatte seine Fassung und Kraft, oder doch seine Haltung wiedergewonnen, und war seiner so mächtig geworden um ihr zu sagen: „Du bist Schwester und Mutter!"

Endlich flüsterte der alte Diener dem Arzt ein Wort ins Ohr, und so begann er, schicklich einleitend, die Sicilianerin Lia als unschuldig an ihrer Verlockung und Entführung vom frühen Morgenspaziergange mit der kleinen Adda darzustellen, und erzählte aufrichtig, daß die Aeltern derselben das kleine grüne Grab des Kindes hätten finden sollen, und dann das lebendige Kind selbst. — „Aber," sprach er: „wir Menschen sollen der Natur nicht vorgreifen, ihre Wirkungen nicht wenden, nicht stören, sonst stiften wir nur größere Verwirrung und Elend. Lia steht vor der Thür mit dem Kinde."

Was der herzenskundige Mann, durch diese großen Vorgänge belehrt, vermuthet, das geschahe nun. Weder die Mutter Cora, noch der Vater, der Marquis, regten sich, und wurden nur über und über roth. Adda und der Baron lächelten sich wehmüthig an, und so thaten die Aeltern des Kindes auch, sich, und ihnen.

Lothar also befahl Lia hereinzuführen, und sie mußte sich mit der kleinen Adda auf Euphrosynens leer da stehenden Sessel neben die kleine Euphrosyne setzen. — „Was wollt Ihr nun thun?" frug er die Freunde. „Seid Ihr klug, seit Ihr versöhnlich geworden? Ich hoffe! Ich darf hoffen!"

Die zwei Ehepaare, welche eine Zeit lang vier Paare vorgestellt, sahen sich an, und es erfolgte eine stumme Unterhaltung, in welcher eine geheime Uebereinstimmung der Gesinnungen nicht zu verkennen war. Da aber kein Anderes sprach, so nahm der Marquis das Wort. „Wenn eine große Hauptschlacht gewonnen wird, so wird vieler einzelnen Menschen kleines Schicksal daheim in zwei Landen dadurch zugleich entschieden, aufgelöst und neu verbunden. So hat hier Lothar mit seinem großen Kampfe auch unseren entschieden. Er hat uns weise gemacht. Unsere Sache geht auf in seiner, verliert sich billig vor seiner; und wir schon sind ihm den größten Dank schuldig. Ich sehe, wir sind Eins! nämlich wir sind wieder vier Einzelne! Zuerst gestehe ich für mich zu, daß unsere geheimsten, ja uns selbst verborgenen Wünsche einen furchtbaren Einfluß auf unsern Willen haben — nämlich den: — die Klarheit von uns abzuwenden, die Einsicht, die Gewißheit für überflüßig zu halten! Gewünscht, mag ich haben, Aber ich verwahre mich feierlich gegen Lothars Verdacht, als trage ich Schuld an unserer Verwirrung! . . . daß ich also gewußt. Das ist ein Irrthum, den er aus sich selber heraufgeholt.

Der Irrthum aber löset sich auf, — denn Wir — wir lösen uns auf. Die Natur soll den Menschen zu nichts Neuem zwingen, wenn es nicht das Wahre, das Gute, das Uralte ist. Dann soll er es nicht verachten, ja mit aller Kraft sich herbeiziehn. Es giebt keinen Verlust in der Natur, keinen wahren Verlust für den Menschen; was er leiblich verliert, gewinnt er geistig; was er geistig verliert, gewinnt er leiblich. So geschieht ihm, und so geschieht selbst der Natur, wenn sie ein Mensch wird! oder Er: wieder Natur. So giebt es auch keine wirkliche Scheidung! Wer, oder was irgend sich trennt, thut es bloß, weil ihn etwas Mächtigeres, Schöneres, Besseres anzieht und hält. Und so kann er es leicht! So thut er gut. Also scheiden wir uns auch nur, als von etwas Mächtigerem, Schönerem, Besserem angezogen und festgehalten. O, soll ich es sagen? Selber die Liebe irrt; nicht als das Lieben, sondern in der Weise, in dem Gegenstand. Zur Liebe gehört: Vernunft und Ehre. Die Liebe wäre das Unseligste, Schmählichste ohne die Vernunft, ohne ihr Genie! Nun ist es vernünftig: Uns nicht mehr zu lieben, sondern die Liebe zu bewahren, die Ehre, die Vernunft! Der Mensch kann vergeben, aber nicht vergessen; aber er kann nicht aufhören zu wissen, was ihm geschehen. Und das Geschehene bleibt die gewaltigste Macht. Was sollen wir uns quälen? Freude und Liebe heucheln? Sein, wie er muß, wenn auch nicht sollte, ist immer des Menschen Rettung. Morgen fahren wir auf vier verschiedenen Schiffen auf immer auseinander. So sind wir versöhnt, so sind wir mit dem Edlen verbunden! Cora und ich, wir geben aber der kleinen Adda ein Pathengeschenk, eine Mitgift, oder ein Erbe zusammen von hundert tausend Pfund. Denn die arme Kleine kann einst alle Männer heirathen, nur mich nicht, oder meinen noch möglichen Sohn; und darum thäte es Noth," setzte er lächelnd hinzu, „wir tätowiren dem Kinde um seinen Oberarm in einen blauen Grund mit goldenen Buchstaben den Namen ADDA! und ich warne bloß meinen möglichen Sohn vor jeder Adda!"

„Mich ausgenommen, hoffe ich!" sprach sein Weib Adda.

„Dich eben recht eingeschlossen!" versetzte er, ihr die Hand reichend." Edmund und Aglaja erziehen das Kind mit der kleinen Euphrosyne."

Adda und Cora gaben und empfingen ihre Scheidebriefe, und tranken dann auf ein glückliches Vergessen ihrer schönsten Lebenshoffnung.

Sie sahen sich unter einander noch einmal recht lange, recht freundlich an; dann standen Alle auf. Den vier Geschiedenen waren die Herzen zu schwer, sie beeilten den Abschied. Cora küßte sich noch einmal an ihrem Kinde satt, und segnete es, daß allen die Thränen in die Augen traten. Dann reichten sich die Freundinnen die Hand; die Freunde reichten sich die Hand; der Marquis nahm von Cora Abschied, der Baron von Adda; dann drückte noch Jeder sein Weib an das Herz, und die Männer entflohen; und als die Frauen lange mit gesenktem Haupt gestanden, schlichen auch sie jede zu einer andern Thür hinweg. Erschüttert sahen ihnen die Bleibenden nach, aber erhoben; denn hier winkte die reine göttliche Seele sichtbar.

Der Arzt erklärte Aglaja die Ursachen dieser Vorgänge. Lothar aber stand, auch sichtbar verdüstert, vor Euphrosynens Marmorantlitz; denn er begriff, daß die Freunde an seinem Schicksal gelernt hatten, die möglichste, für sie eben erst recht mögliche Reinheit zu bewahren, und mit ihr der Seele schönstes Glück.

Er blickte seinen Bruder Edmund finster an, da dieser ihn leise hinwegziehen wollte, und Edmund las deutlich in seinen Augen den Vorwurf: „Edmund, ohne Dich lebte sie noch, lebte das Kind!“ Mit Worten sprach er es nicht aus. Aber Edmund stand, kaum seiner mächtig, gebeugt vor ihm, und Lothar legte wieder die Stirn an seine, und, als allen Vorwurf für den geliebten Bruder, berührte er ihm nur einmal wieder leicht die Stirn mit der Stirn. Dann ging er hinweg.

Edmund hatte keine Ruhe, denn er fühlte sich als den Märtyrer für diese Todten und diese Lebenden. Er empfahl die Kinder der guten Aglaja, ging auf sein Zimmer und schrieb die Pergamentrolle zu Ende, welche in einem geschliffenen starken Glascylinder mit Euphrosynen in die Kammer der Gruft gelegt werden sollte. Denn auf dem grünen Vorsprung am Meere, wo er zuletzt mit ihr gestanden, hatte er dem schönen ansehnlichen Hügel, die ruhig sichere Gestalt der alten Grabhügel in der Troas geben lassen, zum heiligen, ja zum endlich namenlosen Angedenken für die Vorüberschiffenden in späterer Zeit; wie Niemand mehr mit Gewißheit die Namen der Todten in einem der Grabhügel von Troja kennt, welche aber grade erst so namenlos oder unbekannt, doch die Herzen eben als schon in uralter Zeit klargeltendes Leben und waltender Tod, als gestorbene und begrabene Natur ganz unaussprechlich rühren! Statt der kleinen, zwei Spannen hohen gedehnt-schlanken Götterbilder aus Erz, der Athene oder des Apollon, welche jene Alten ihren Todten mit in die Erde gegeben, hatte er Euphrosynens Götterbilder, ihre silberne Panagia und ihren silbernen Christus bereit gelegt. Er befahl dem Diener, um seinem theuern Bruder eine so erschütternde Erinnerung schicklich und wohlthätig zu entziehen, auch Euphrosynens schöne Marmorbüste zum Hügel zu tragen. So ging er in seinen Mantel gehüllt, jetzt mit ihm nach Mitternacht an den Strand. Das Erdbeben hatte die Arbeiter fortgeschreckt; das Werk sollte zu Tagesanbruch fertig sein; darum arbeiteten sie jetzt in der Nacht bei vielen Feuern und Fackeln, und mit banger Freude sah er schon von Weitem den Hügel flammen, und das leuchtende Bild sich im Meere spiegeln und in den Wolken. Er grüßte den Schwarm der Männer, und sah, daß sie schon den Hügel lieblich grün mit Rasen belegten, und fast bis zur Krone fertig waren. Er stieg hinauf und fand sich und die Natur droben, gleich in uralten Tagen und Zeiten. Er stieg bei Vorgeleucht der Fackeln in die Kammer hinab, die, drunten nur aus fünf großen Platten zusammengesetzt, den Sarg von Sykomor — statt der Urne — aufnehmen, und dann mit einer mächtigen Platte bedeckt werden sollte, die, schon herangewälzt, ihrer ruhigen Muße in der Erde harrte und blinkte. Der Geistliche, der üblich jeden neuen Kahn weihet, und darin betet und räuchert, hatte auch die Ruhestätte geweiht, und der Myrrhengeruch war noch zu spüren. Er stellte die Götterbilder und das Gleichbild hinein, betete in der Tiefe des Hügels vor Allen verborgen, weinte bitterlich, stieg hinauf und bestellte einen Wächter an die Oeffnung.

Der Morgen graute, ja er bräunte sich schon, darum eilte er nach dem Hause. Er fand schon den Papas in seinem heitern blauen Gewande, seinen langen, schwarzen, zerstreuten Haaren, und fand die Träger. Die Träger hoben den hölzernen Sarg aus dem marmornen, trugen die schöne Todte unter dem Morgenroth des Himmels, zwischen den Nachtigallliedern dahin, und droben auf dem Hügel stand Euphrosyne im freundlichsten, golden glühenden Strahle der purpurn sich heraufwälzenden alten Sonne.

Und als sich Alle satt gesehen und satt geweint, bedeckten die Männer den Sarg, und ließen die Todte hinab, während Aglaja und Edmund Jedes sein Antlitz an dem Andern verbarg. Jetzt ward die mächtige Platte darüber geschoben, Steine darüber gefügt, und die Mutter warf nun die erste Hand voll Erde hinab. Und als die Schacht von den Schollen der Schaufeln erfüllt war, und ein Orangenbaum mit den vollen Wurzeln und der Erde daran auf dem breiten Gipfel des Hügels stand und säuselte, vom Morgenhauch erschüttert, da gingen Edmund und Aglaja den Tag zu verschlafen, wenn sie es vermöchten. —

Vierzehntes Capitel.

Die Ruhe.

Am Abend war die See von Nebeln verschleiert, und wundervolle Stille weit und breit, und Funkeln durch die Nebelschleier. Da ging Lothar mit seiner kleinen Euphrosyne an der Hand, Aglaja's Mädchen hinter ihnen, in die Abendfrische hinaus, sich zu zerstreuen; schön, ruhig, in Kraft und Gesundheit, wie es selber dem Arzte schien.

„Wie schön bist du, Natur!" sprach Lothar, stehen bleibend und aufathmend; „wie blühen deine Gefilde! wie herrlich steigt die Sonne in ihr leuchtendes Grab! So schön bist du, Natur um den Verbrecher auch! Und flößest mit bescheidener Abendröthe mir dein sanftes Leben ein, und deiner Vögel Lied singt mir die stille Wehmuth: Ich bin noch dein Kind! Ihr Blumen, weinet um mich! Euch fülle Abendthau das reine Auge! Ihr Silbernebel, ziehet herauf und umschleiert diesen reinen Himmel! Denn ich bin sein heiteres Blau nicht werth! Die warmen Strahlen nimm zurück von dieser Brust, o Sonne, und sie werde kühl und dunkel, wie die Erde, welche die Blumen hervortreibt, und so sehe mein Auge dein Antlitz nicht! Denn leben kann ich nun nicht mehr, wie ich gemocht! Doch lebe ich! und ich lebe, wie es du gewollt, oder gelitten; wie du es noch duldest in mir, o Natur! So sei es! So lebe Ihr, und glücklich für Andere nur! Und kannst du heilig leben, fromm und schön, ist das ein Leben deiner Klage werth? O, nur so lange du müßig bist und unnütz! Sammle, fasse dich! In frommer, schöner Thätigkeit liegt dir der Schatz des Lebens, ach, so wie Jedem, der ein Edler ist auf der Erde, und dem das Unglück sein Herz brach. Mir aber gab der Gott, auch müßig thätig zu sein: — Wo Ich erscheine, da mache ich jeden Menschen zu einem Glücklichen; unschuldig werden Alle, wie die Kinder, wo Ich komme! Wenn Ich klage, dann leidet Niemand mehr. O Mann! du Mann, der Ich bin, so sei du die Furcht der Stolzen! und der Armen Trost! Ja, selber sollte ich mir gern dieses mein Loos wählen — und wenn ich es recht verstehe, so habe ich es mir gewählt!

„Ha, Euphrosynens Grab!“ rief er, jetzt es erblickend, auf einmal bestürzt, und glaubte hinzulaufen, und seine Füße trugen ihn doch nur langsam hinzu. Er bestaunte es lange, wie es so schön war unter dem schönen Himmel, wie ein Traumbild! Reizenderes, Rührenderes hatte er nie gesehen. Erst nach langer Zeit fand er Worte und setzte jetzt laut seine indeß genährten Gedanken fort: . . . . „Und dennoch, wärest Du die Letzte, die so ruht;“ stöhnte er. „Und Niemand stürbe mehr, nicht durch das

Unglück mehr, nicht durch den Irrthum mehr — und gern hätte ich dann als der Letzte solchen Schmerz getragen! Im Unglück wächst die Weisheit, wie im Schlafe das Wachen! O Schicksal, du langer Traum! Nur aus der Freiheit Aller erst entsteht dem Einzelnen ein Nothwendiges, das da Schicksal heißt, nicht ist; nicht sein wird. Denn auch nicht irren, wie nicht fehlen, soll der Mensch! klar soll er die Natur um sich und die Menschen erkennen, und in solcher Klarheit leben und wirken. Doch jetzt noch eingeflochten in die ganze Menschheit, trägt er seinen Theil, und der Andern Theil, von diesem irrenden, fehlenden Geschlecht, das sich aus Mord und Gräuel und Elend schaudernd ringt, nicht weise und glücklich, aber weiser, glücklicher stets, und doch stets in allen seinen tausend Thaten fromm und gut. Das ganze menschliche Geschlecht ist erst der Mensch; sein Irren und sein Fehlen stirbt mit dem Sterbenden, und Schuld und Sünde bleibt im Grabe zurück des millionenmal jung Auferstehenden! Der Mann ist seines Weibes Weib; das eigne Kind wird ihm wieder sein Vater, und erzeugt ihn schöner und reiner. — Er ist es selbst, der unschätzbare Diamant, der sich verklärt in diesem heiligen Sonnenlicht, bis ihn der Gottheit Feuer rein und hell durchstrahlt. Und erst der Menschen letztes Kind wird wieder ihr Urvater werden; und die Perle, die so lange schmerzlich in der Muschel wuchs — nun ist sie ausgeboren! — ihre Schale bricht — darum ist sie gestorben .... und verschwunden ist der Mensch. Denn wie ein Kind, das seine Mutter vor sich hingestellt hat, und wankt, läuft er in der Gottheit Arme zurück! — Für das, was Ich in dieser Welt durch dich genoß, o Menschheit — nimm mein Unglück an für meinen Dank! Hier liegt Sie; und dort stürzte ich das Kind hinab! —

Er starrte hin. Zuerst nichts sehend — als die Welt! Dann unterschied seine spähende Seele die Gegenstände. Und nach einer stummen Zeit wagte er kaum zu stammeln: — Was sehe ich dort? Im Grunde, den die ebbende See verließ . . . an dem schwarzen alten Olivenstamme? . . . . Es ist ein Kleid . . . . ein Kind! Himmel! es ist dein Kind!" rief er laut, und eilte schnell in das Ebbefeld, schnell, denn die Ebbe war aus und die Fluth rauschte heran.

Edmund, Aglaja und der Schiffscapitain standen indeß auf dem Thurme. Aglaja war unschlüßig gewesen, wieder fort in ihre Heimath zu reisen, und der Capitain war dennoch gekommen, sie abzuholen. Was sie gesollt, schien ihr, habe sie hier gethan. Nur Lothar kümmerte sie, und herzlich. Und doch wäre sie gern wieder heim gewesen. Sie fürchtete sich jetzt vor Allem, selbst vor der See; und der Capitain sagte ihr lachend: „Der See ist wohl zu trauen, denn, wie die Erde, ernährt sie ihrer Kinder unzählige treu, und Sturm ist ihre Lust — nur den Schiffen traue ich selbst nicht ganz! Die Sonne sinkt, der Mond geht auf, die Fluth kommt und wogt einen hellen Silbernebel mit, in welchem die Abendsonne roth und golden blitzt, das bedeutet heitern Tag! So segeln wir noch diese Stunde fort!"

„Ach," seufzete sie, „wie fröhlich grüßte ich jüngst, als die Sonne schied, dies Land! Und schon nun sie wieder scheidet, o, wie anders sehe ich sie! Mir ist ganz öde und wüst von allem, was geschah — in meine Augen kam kein Schlaf in diesem Lande!"

. . . . „Das Schiff wiegt Schläfer und Sorgen ein!"

„O, nähme ich meine alte Hoffnung wieder heim! Mir ist

die Welt nun ganz ein ödes Haus, und doch malt mir die Furcht selber die goldenen Himmelswände voll!"

.... „Ohne Furcht! Das Unglück faßt den Menschen selten zweimal an!"

„Ach! ich bin schon das Kreuz auf meiner Lieben Grabe!"

Edmund aber fesselten indeß andere Gefühle, als er in das obere Gewölbe des Thurmes trat. „Wie ist mir — was ergreift mich — ist es noch die Welt?" frug er. „Bin Ich es! Ach, hier war, hier war Ihr Lieblingsort! Hier sah sie in die Morgenröthe träumend hin, und glühte wie eine Rose in ihrem Feuerglanze .... Sie ist hin! — uud hier stehen noch die Zeichen, die sie an die Wand schrieb — nnd mein Name: „Edmund — Edmund" eingegraben — und ausgelöscht! So bin ich ausgelöscht aus dieser Welt! — O Welt, die du nichtige Steine und schlechtes Erz selber heilig aufbewahrest, und unverweslich höher hältst als deine Menschen! Wen soll ich noch beklagen?"

„Aglaja, siehst Du nicht Lothar drunten gehen?" frug sie jetzt der Arzt besorgt.

„Ich blicke umher .... und sehe ihn nicht! Warum?" erwiederte sie.

„Er war zuletzt am Strande bei Euphrosynens Grab."

„Die Mädchen seh' ich, aber sie laufen hierher! — Mein Gott!" rief sie, „jetzt sehe ich ihn! Eilt hinab! Edmund! hinab! mir beben die Kniee! Dort in das Ebbefeld des Meeres ist er gegangen, seht, er sitzt auf einem alten Stamme. Er hat ein Weißes, wie ein Kind, auf seinem Schooße — Gott, ja! sein Kind, das er hier hinabgestürzt — — — Oh! sie ist es! Gewiß fand er sie an dem schwarzen zackigen Stamme mit ihrem Kleidchen festgehalten im Geäst. Die Fluth, die laut zurückkehrt, ist schon voraus zu seiner Linken — — — und nun rechts umgeht sie ihn! — Lothar! Lothar! entfliehe!" schrie sie mit lauter Stimme. „Ach, er hört es nicht! Er bleibt! und die Welle netzt schon seine Kleider! Nun ist er schon ganz weiß von Schaum! Nun schwillt die neue Woge um ihn auf — und er sitzt ruhig, schon bis an die Brust vom nahen Tode umspült. O Gott, dort naht sich breit und mächtig die große Woge — — — nun hebt sie ihn auf — — sie schwemmt ihn fort, und hingewälzt versinkt er mit dem Kinde in den Armen! Dort — nein, da taucht er halb wieder auf! Nun sinkt er wieder!" Sie verhüllte sich eine Weile; dann sah sie schüchtern auf und sprach zu sich mit gesunkener Stimme: „Ach! siehe, Aglaja, siehe, nun spült das Meer ihn voll weißen Schaumes an's Land, und legt deinen Freund nun todt dir hin."

Niemand hatte Aglaja gehört. Die Männer waren lange hinab. Sie wankte nach und sah vor Thränen die Stufen kaum, auch hielt sie sich schon im Voraus die Augen zu. So fühlte sie sich an den glatten Wänden hinunter in die öde Kapelle, hinaus ins Freie. Dann ging sie kraftlos langsam zum Hügel.

Der Arzt, der um ihn bemüht war, gab keine Hoffnung. Edmund war außer sich, denn er sah die Rechnung für seine Liebe furchtbar wachsen — — — erst durch Euphrosyne schon voll, dann durch die kleine Aglaja, und jetzt durch den geliebten Bruder, für welchen er eben Alles gethan hatte.

Aber der Arzt sagte ihm: „Wir Aerzte müssen einen Geist lernen glauben im Leibe, oder bloß einen Geist, der sich einen Leib angeboren hat, und mit demselben noch geistig, bloß geistig lebt. — Er sah sein Inneres wieder, der Thaten seiner Seele in Werken verkörpert; er erblickte seine Weltschöpfung, und mußte zu ihr sagen: sie ist übel! Das ward des reinen Geistes Tod! Der Meeresschwall hat ihn nicht ersäuft, denn seine Lippen sind geschlossen; er hat sich zwar nicht in sein Schwert gestürzt, noch vom Felsen; aber ist das keine That .... sich das Meer überwälzen zu lassen? Und war sein Wahnsinn nicht schon die leuchtendste, vernunftvollste That seines innern, immerreinen, richtenden, herrschenden Geistes? Den Mord des Weibes nahm ihm die Natur ab durch die Ermordung der Tochter. Aber sein erstes, allen Menschen so klein erscheinendes Unrecht an der Natur, der Frevel: ihre Gaben, die Gaben und Werke der Liebe für Spiel zu halten, sich nicht gebunden zu fühlen durch die reinste, von der Natur selbst heilig geachtete, heilig befolgte Vermählung — dies Unrecht schwoll ihm mit Recht zum Ungethüm. Es vermischte sich mit der Qual um die Tochter — die natürlich-glücklich einem andern Spätergebornen bestimmt ist, als ihrem Vater; denn sonst hörte die Schöpfung auf und das Leben; und das muß die Natur im tiefen Menschengeist als tiefste Schuld empfinden und klar im Menschengeschlecht bezeugen. Und er empfand das — er wollte es austilgen, und tilgte die Kinder aus! Ach, die holden Kinder! Das war der Sinn in seinem Wahnsinn! Und jetzt, als er die Hingeschleuderte, Unvertilgte gefunden, hat er das schöne Leben aufgegeben, um die Quelle des Lebens, die große ewige Seele, getreu und fromm zu bewahren. Und ist je ein Mensch nicht zu schonen, nein, zu ehren, ja zu preisen, so preise ich ihn glücklich, hochehrbar und selig, wie er es ist. Denn er ist todt."

„O," stöhnte Edmund, „die Welt ist nichts; blind ist der Sonne Glanz, und taub und geistergleich der Gestirne fruchtlosmüder Lärm, und nichtig ist das ganze menschliche Geschlecht, das in den Sarg des Lebens eingeschlossen wacht! und seinen schweren Deckel aufzustoßen ringt. Die Welt ist nichts. Nur dieses Wissen ist Etwas! Ist Alles! Außer ihm ist nichts, was des Menschen stolzem Geiste Dasein giebt. Dies Wissen ist der Gott, der diese Welt hier träumt, und wenn es ihm gefällt — und es gefällt ihm immerfort an allen Abenden, in allen Herbsten so — sie hinhaucht in das Nichts. An diesem Grunde ankre, o meine Seele, fest. Die Kunde Gottes ist allein die Seligkeit! Und was der Mensch ist, weißt du nun auch! und Wer er ist, wer Er ist.

Aglaja war untröstlich. So unglücklich war ihr Geliebter! Es konnte kein größeres Leid für sie geben! Sie trocknete sein Antlitz, sein Haar rein, seine Hände. Sie küßte seine Hände, seine hohe schöne Stirn, sie drückte, sie klopfte ihm Arme und Schultern. Sie nahm von ihm Abschied; denn jetzt war sie rasch und gewaltsam entschlossen zu scheiden. Jetzt trugen die Männer ihr ihn hin, auf immer den Geliebten hin, der noch so schön war, so edel, so herrlich erschien, so überirdisch sich erzeigt. „O," rief sie ihm nach, „wenn die liebenden Menschen Alles, Alles dem Geliebten vergeben, wenn Sie Alles dulden -- sollte es Der nicht dulden, Der nicht vergeben, Dem zu Gefallen wir leben? Ja, und giebt es ein eisernes Recht da droben, gegeben zum Wohle alles dessen, was da lebt, so giebt es auch eine heilige Liebe, die mit dem Recht sich vermählt und es beugt, und wenn sie es menschlich macht, erst es recht göttlich macht. Und so lebe wohl! ziehe hin, mein Lothar! ich scheide in das Land meiner Erinnerung, in die Heimath."

Nichts hielt sie. Sie war entschlossen, hier von dem Hü=

gel aus sogleich in das Schiff zu gehen, und reichte Edmund ihre Hand. „Lebe wohl!“ sprach sie weinend.

„Aglaja, lebe wohl!“ sagte er ihr.

„Lebe wohl — o Herzog! setzte sie lauter hinzu; „denn diese Eure Sitte habe ich wohl gelernt! Jetzt laß mich noch von meinem Kinde Abschied nehmen.“

Sie kniete am Fuße des grünen Hügels, sie wollte beten, aber sie konnte nicht. Und so las sie nur mit thränenverquellenden Augen die Inschrift der Marmortafel, welche Edmund namenlos der Geliebten zum Angedenken gesetzt. Und er selber hörte zum erstenmal, aus dem Munde der Mutter, die rührenden Worte:

O heilige Erde! reines, schönes Element,
Das unverweslich-unverwest sich ewig gleicht,
Aus seinem Schooß hervortreibt und ernährt, was lebt,
Und wieder aufnimmt, und sich gleich macht, was da stirbt —
Sei mir gesegnet! und bewahre dies Dein Kind
Bei Dir, Du aller Mütter Mutter! und gieb ihm
Nun Du, was ihm die heil'ge Sonne nicht vermocht: —
Die Heimath! — Fried' und Ruh', und stille Seligkeit!

Gedruckt bei Julius Sittenfeld in Berlin.

FSC
www.fsc.org
MIX
Papier | Fördert gute Waldnutzung
FSC® C083411

Kolibri 360 GmbH
Ferdinand-Jühlke-Straße 7
99095 Erfurt, Deutschland
produktsicherheit@kolibri360.de